일반물리학실험

일반물리학실험 교재집필위원회

BM (주)도서출판 성안당

저자 서문

최근 이공계 대학 신입생 중에서 고등학교에서 〈물리학Ⅰ, Ⅱ〉를 공부하지 않은 학생이 다수 있어 대학에서 일반물리학 및 실험 지도에 어려움이 많은 것이 사실이다. 실제로 대학에서 일반물리학을 강의하는 교수들이 강의수준과 진도를 결정하는데 어려움을 토로하고 실험실습 지도에 상당한 애로가 있다. 본 교재는 물리학이 처한 대내·외적 어려운 상황에서 이공계 대학의 일반물리학 실험실습에 다소나마 도움을 주고자 발간하게 되었다. 실험종목의 선정과 구성은 1년 과정의 이론 강의와 병행하여 진행되도록 편집하였다.

대학 학부에서 사용되는 일반물리학 실험교재는 공통적으로 갖추어야 할 몇 가지 사항이 있다. 먼저 일반물리학의 기본개념 이해를 위한 실험종목들이 다수 포함되어야 하고, 한 종목에 대한 실험실습이 2~3시간 내외에서 마무리 되어야 한다. 또한 교재의 내용이 탐구중심으로 집필되어 기본개념의 이해와 습득이 용이하도록 기술되어야 한다. 현재 발간되어 있는 대다수의 일반물리학 실험교재는 각 대학이 보유하고 있는 기자재 중심으로 집필되어 기본개념을 이해하고 습득하는데 부족한 측면이 있다. 또 일부 교재는 실험종목과 실험내용이 방대하여 실험기구 준비와 부족한 실험시간 등이 문제점으로 나타나고 있다. 본 교재는 이러한 사항들을 종합적으로 고려하여 일반물리학의 기본개념을 이해하고 습득하도록 필수 실험종목을 선정하여 실험자 스스로가 탐구중심의 과정을 이수해 가도록 집필하였다. 일부 종목은 소형 컴퓨터 기반(MBL : Microcomputer-Based Labortory)의 실험종목을 추가하여 개념의 이해를 돕도록 하였다.

교재의 내용은 총론, 힘과 운동, 열과 물성, 파동과 빛, 전자기, 현대물리 영역의 총 6개 단원으로 구성하였다. 수록된 실험주제는 국내 어느 대학 실험실에서도 운영이 가능하고 특정한 실험기구의 추가 구입 없이도 수행이 가능하며, 일반물리학에서 다루는 개념의 비약이 없도록 선정하였다. 각각의 실험주제는 「실험의 목적」, 「준비물」, 「관련이론」, 「실험방법과 유의사항」 등을 기술하여 실험설계 능력을 향상시키고, 탐구능력이 배양되도록 하였다. 또한 실험과정에서 얻은 data나 관찰에서 얻어진 내용을 실험자가 직접 정리하도록 편집하였다.

그리고 결과 도출을 위해 적절한 질문과 토의내용을 제시하여 탐구활동이 활발히 이루어지도록 하였다. 부록에서는 실험실 안전관리 요령과 실험에 필요한 물리상수를 수록하였다.

물리학을 아끼고 사랑하는 독자들의 요구에 따라 수정과 보완을 계속하고 있다. 더 좋은 실험교재로 자리 잡도록 독자 여러분들의 아낌없는 충고와 조언을 기다린다. 매년 새롭게 수정 보완할 수 있도록 배려해주신 BM성안당 이종춘 회장님과 편집부 직원들께 감사드린다.

2024년 2월

저자 일동

차 례

01 chapter 총 론

02 chapter 힘과 운동

03 chapter 열과 물성

04 chapter 파동과 빛

05 chapter 전자기

06 chapter 현대물리

부 록

광복 70주년을 맞아 개최된 '과학기술창의대전'(2015년 7월, 킨텍스)

chapter 01 총론

01. 탐구활동의 개요
02. 내삽법과 외삽법
03. 실험 과정에서 얻은 data의 해석
04. Vernier Caliper와 Micrometer 사용법

01 탐구활동의 개요

1 과학적 탐구

과학적 탐구란 과학 지식 및 진리를 획득하고 검증하는 방법, 그 절차와 과정, 기능과 기술 그리고 그에 따르는 일체의 활동을 말한다.

1) 과학적 탐구의 본성

첫째, 어떠한 현상이나 사물에 대하여 그 원리를 조리있게 조사하여 생각하는 일을 말한다.

둘째, 새로운 사실을 밝혀내고 바르게 해석하며, 새로 발견된 사실에 비추어 기존의 이론 및 법칙을 수정하기 위해 수행하는 일련의 과정을 말한다.

셋째, 자연현상에 관한 가설적 명제에 대하여 체계적이고 통제된 실험 및 비판적 조사를 하는 일을 말한다.

넷째, 과학적 문제를 해결하는 논리적 방법 및 체계적인 활동을 말한다.

2) 과학적 탐구과정

과학적 탐구과정은 학자마다 주장하는 견해가 조금씩 다르나 일반적인 과정은 다음과 같다.

(1) **문제인식** : 자연현상이나 사물의 관찰을 통해 궁금한 사항을 인식하는 과정

(2) **가설설정** : 어떤 문제에 대하여 잠정적인 해답을 설정하는 과정

(3) **탐구설계** : 가설을 검증하기 위한 실험계획을 세우는 과정

(4) **탐구수행** : 관찰·측정·실험·조사·분류 등을 실천하는 과정

(5) **결과해석** : 자료를 기록하고 정리하여 상관관계를 알아내는 과정

(6) **결론도출** : 보편타당한 규칙성을 도출하는 과정

(7) **문제해결** : 도출된 결론으로부터 문제를 해결하는 과정

3) 과학적 탐구활동의 몇 가지 종류

(1) **조사** : 자연현상들 사이의 상관관계나 인과관계를 밝히는 능동적이고 의도적인 활동을 말한다. 조사는 탐구대상을 통제하지 않은 상태에서 이루어진다는 점에서 실험과 다르다.

(2) **추론** : 관찰·측정·분류 과정을 통하여 모은 자료를 바탕으로 어떤 결론을 이끌어내고 자연현상을 설명하는 활동이다.

(3) **토의** : 어떤 문제에 대한 여러 사람의 의견을 듣고 협의를 통해 그 해결방법을 찾는 활동으로, 과학적 발명이나 발견이 사회에 민감한 영향을 미칠 경우에 아주 효과적으로 적용된다.

(4) **실험** : 과학자들이 자연을 탐구하는 가장 강력한 방법으로, 자연현상을 관찰하고 적당한 변인을 통제하여 정밀한 측정 등을 통해 문제를 해결해 나가는 과정이다.

2 탐구적 실험

실험은 새로운 사실을 발견하거나 이미 알려진 지식을 예증하기 위한 활동이며, 가설을 검증하고 규칙성을 찾아내기 위한 과학적 조작이다. 즉, 실험은 자연과학을 탐구하는 방법이자 기능인 동시에 일종의 창의성을 요하는 과학적 탐구의 중심활동이다.

탐구적 실험은 여러 과학적 방법들 가운데에서 가설의 검증을 통해 자연에서 일어나는 현상들 사이의 관계를 규명하는 데 목적을 두고 수행되는 연구방법이며, 자연을 간섭하거나 조건을 통제·조절하고, 그 결과로 나타나는 현상들을 관찰하거나 측정·관측하는 탐구기능이다.

1) 탐구적 실험의 기능

탐구적 실험은 강의의 방향과 방법을 유도하는 기능을 하며, 과학적 탐구의 축소된 모형이거나 학생들 스스로 탐구할 기회를 제공한다. 그리고 강의실과 실험실, 생각과 체험의 인위적 구분을 없앤다. 이러한 차이는 탐구적 실험과 일반적인 과학실험을 구분하는 기준이자 탐구적인 실험의 본성을 나타내는 수단이 된다.

2) 탐구적 실험의 고려 사항

(1) **실험설계** : 세워진 가설을 검증하기 위해 객관적인 자료를 수집할 수 있는 방법과 그 절차를 체계적으로 수립해야 한다.

(2) **대조군과 실험군** : 실험결과를 서로 비교할 수 있도록 변인이 작용하지 않는 군을 대조군, 변인이 작용한 군을 실험군이라 하는데 이를 잘 조절해야 한다.

(3) **변인** : 실험결과에 영향을 끼칠 수 있는 요인을 말한다. 변인에는 독립변인과 종속변인으로 나눌 수 있다. 독립변인은 실험결과에 영향을 줄 수 있는 요인 중 독립적으로 변화시키는 요인이며, 종속변인은 독립변인의 변화에 따라 변하는 변인을 말한다.

3 물리실험의 목표

물리학의 지식・개념 등을 올바로 이해하려면 이론과 실험의 조화있는 학습이 이루어져야 하므로 실험과 이론강의가 병행하여 운영되어야 한다. 일반 실험 연구자들이 수행하는 순수한 발견실험은 아니지만 학생들의 입장에서 처음으로 알게 되는 것이라면 그것은 분명 발견이 된다. 비록 이론을 확인하는 검증실험이라 할지라도 생각하는 관점이나 방법을 달리하면 그 속에서 새로운 것을 찾게 되며, 그러한 노력을 통해 탐구과정에 대한 기능을 습득하게 된다.

실험을 통한 물리학의 교수・학습목표가 전문가들에 따라 내용과 강조점이 조금씩 다르게 진술되고 있으나 일반적으로 물리실험의 목표는 다음과 같이 요약할 수 있다.

첫째, 물리학의 기본개념에 대해 이해한다.

둘째, 여러 기구의 사용법을 이해하고, 신뢰할만한 측정결과를 얻는 방법을 습득한다.

셋째, 주어진 기구를 이용하여 측정오차 내에서 얼마나 정확히 측정할 수 있는지를 배운다.

넷째, 결과를 해석할 때 적절한 유효숫자를 가지도록 계산하는 방법을 배운다.

다섯째, 결과를 함수관계로 나타내는 방법과 graph를 분석하는 방법을 배운다.

여섯째, 실험보고서를 작성하는 방법을 배우고 익힌다.
일곱째, 또 다른 새로운 실험문제해결을 위해 접근하는 방법을 배운다.

4 실험보고서 작성요령

실험한 결과를 자기 자신에게 뿐만 아니라 다른 사람에게 명확하게 제시할 수 있도록 실험보고서를 작성하는 것은 실험활동의 일부로서 매우 중요한 일이다.

낱장으로 된 종이에 실험데이터를 기록하거나 계산을 하는 것은 적절하지 않으며, 실험보고서에 직접 기록하고 계산하는 것이 좋은 방법이다. 실험보고서를 작성할 때 고려해야 할 것은 수년이 지난 후에 그것을 보았을 때 당시에 무슨 실험을 하였고, 왜 하였으며, 어떠한 결과와 결론이 얻어졌는가를 충분히 알 수 있도록 해야 한다. 뿐만 아니라 당시의 실험을 다시 재현할 경우 동일한 절차와 결과가 얻어질 수 있을 정도로 구체적으로 작성해야 한다.

1) 실험보고서의 내용

실험보고서에 포함시킬 내용은 조금씩 상이할 수 있으나 일반적이고 공통적인 사항은 다음과 같다.

(1) **제목, 날짜, 공동실험자, 온도, 습도** : 간략히 기록하며, 온도나 습도는 정확한 단위를 기록한다.
(2) **실험목적** : 간결하고 정확하게 기술한다.
(3) **실험기기 구성(그림)** : 자유롭게 그리되 실험기기의 이름을 정확하게 기입한다.
(4) **실험데이터** : '무엇을 측정하였는지', '단위는 무엇인지'에 대해 명확하게 기록하고, 자기가 판단하여 잘못된 측정도 기록으로 남겨 놓아야 한다.
(5) **계산** : 계산방법을 명시하고 유효숫자를 적절하게 처리하며 오차를 명시한다.
(6) **graph 그리기** : 얻어진 변인 사이의 관계를 graph로 나타낸다.
(7) **결론** : 무엇을 측정했는지 명시하고 결과의 의미를 기술하고, 상수를 측정했으면 참값과 비교하고 상대오차를 명시한다.
(8) **참고문헌** : 실험 및 실험결과 해석에 사용한 참고문헌을 격식에 맞게 기록한다.

2) graph 그리기

실험의 결과로 얻어진 데이터를 정량화하기 위해서는 graph를 그려 물리량 사이의 함수관계를 밝히는 것이 바람직하다.

graph를 그릴 때 일반적인 원칙은 다음과 같다.

(1) 독립변수는 x축으로 잡고, 종속변수는 y축으로 설정하는 것이 일반적이지만, 필요한 경우 임의로 정할 수 있다.

(2) 각 축의 눈금은 일반적으로 등간격으로 하지만 필요에 따라 로그 스케일(Logarithmic scale)을 사용해도 좋다.

(3) 측정값의 최고점과 최저점을 고려하여 graph용지에 전체적으로 그려지도록 해야 한다.

(4) 측정값의 표시 및 각 축의 이름 등은 정확하고 명확하게 표기하고, 한 graph 안에 몇 가지 측정값이 함께 표기되거나 그려지는 경우 서로 다른 기호를 사용하여 구분해야 한다.

(5) 측정값이 전체적인 경향에서 너무 벗어난 것이 있으면 그 부분을 다시 한번 실험하는 것이 좋다.

(6) 필요에 따라 외삽과 내삽을 한다.

5 오 차

측정을 할 때 동일조건에서 측정하여도 측정값이 다를 수 있다. 측정에 의해 얻어지는 값은 항상 어떠한 원인에 의하여 오차를 동반한다고 보아야 한다. 측정하려고 하는 양에 '이상적으로 맞는 값'을 **참값**(true value)이라고 하는데 측정의 목적은 이 참값을 아는 것이나 이것은 개념적인 것으로 특별한 경우를 제외하고는 실제로 알 수가 없다.

실제의 측정에 의하여 얻어진 값, 즉 측정값은 측정이라고 하는 조작에서 생기는 여러 가지 원인 때문에 참값을 나타낼 수 없고, 또 측정할 때마다 다르게 되는 것이 일반적이다. 이때 측정값과 참값과의 차를 오차(error)라고 정의한다. 이 정의가 원안이지만, 최근에는 참값의 존재 자체도 유동적이므로 참값 대신에 기준값(reference value)을 설정하여 **기준값과 측정값의 차를 오차로 정의하고 있다.**

1) 오차의 종류

오차에는 크게 계통오차, 우연오차, 과실오차 등으로 나눌 수 있다.

(1) **계통오차**(systematic error) : 측정계기의 고유한 오차인 기계오차와 개인의 측정 버릇에서 오는 개인오차, 측정실의 온도나 습도 등의 변화에 의한 환경오차로 나눌 수 있다.

(2) **우연오차**(acciental error) : 미소한 다수의 원인(전압의 변동, 기온의 미소 변동, 장치의 진동, 먼지 등)이 불규칙적으로 작용하여 생기는 오차를 말한다.

(3) **과실오차**(erratic error) : 측정기의 눈금을 잘못 읽거나 측정자의 부주의와 측정방법에 대한 과오에서 생기는 오차를 말한다.

2) 오차 표시방법

(1) 절대오차 : 측정값과 기준값과의 차이의 절대값

(2) 상대오차 : $\dfrac{|\text{측정값} - \text{기준값}|}{\text{기준값}}$

(3) 상대오차에 대한 백분율(%) : $\dfrac{|\text{측정값} - \text{기준값}|}{\text{기준값}} \times 100$

3) 정밀도와 정확도

측정에는 반드시 오차가 수반된다. 이 오차의 정도 즉, 측정이 어느 정도 올바른가를 객관적으로 나타내기 위해 **정확도**(accuracy)와 **정밀도**(precision)를 사용한다. 정밀도와 정확도는 꼭 구별하여 사용하지는 않지만 그 차이점은 알고 있어야 한다.

(1) **정확도** : 측정값들이 한쪽으로 몰리는 일이 작은 정도를 나타내며 계통오차가 작은 정도를 나타내는 개념이다.

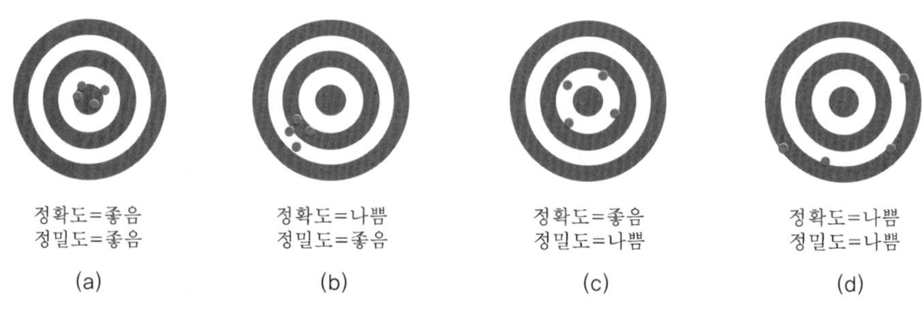

〈그림 1-1〉 **정확도와 정밀도 비교**

(2) **정밀도** : 측정값의 퍼짐이 좁은 정도, 즉 우연오차가 작은 정도를 나타내는 개념이다.

6 단위의 중요성

단위는 인류와 오랜 역사를 같이 해 왔다. 연장이나 도구를 사용하여 농지를 경작하고 생산물을 분배하며 물건의 가치를 합리적으로 매길 필요가 생기고 사회가 발전하는 과정에서 물물교환 등의 과정을 통하여 자연스럽게 단위가 출현하게 되었다.

기록으로 남아있는 가장 오래된 단위는 고대 이집트에서 사용한 길이 단위인 '**큐빗(cubit)**'이다. 큐빗은 팔을 구부렸을 때 팔꿈치에서부터 손가락 중지 끝까지의 길이로, 이 단위는 근대까지도 사용하였으며, 당시 1큐빗의 길이는 약 45.8 cm이다. 기원전 2500년 경 건축된 피라미드(pyramid)도 당시 이집트를 통치한 파라오의 팔꿈치에서 가운데 손가락 끝까지의 길이인 '**로열 이집트 큐빗**'이라는 기준이 있었기 때문이다. 중국의 진나라 황제인 진시황(秦始皇)은 기원전 221년 춘추전국을 통일하고 도량형을 정리시킴으로써 그의 통치 기반을 공고히 한 바 있다.

〈그림 1-2〉 **로열 이집트 큐빗**

현재 통용되고 있는 국제표준인 '**미터법**'의 출발은 1789년 프랑스 대혁명 이후 "**미래에도 변치 않을 도량형 기준을 만들자**"는 목표로 프랑스 과학아카데미에서 연구를 시작한 것이 계기였다. 이후 1875년 프랑스에서 17개국이 모여 국제도량형국(IBWM : International Bureau of Weights and Measures)을 조직하여 국제미터조약을 체결함으로써 미터법이 국제단위(SI단위)체계로 출발하였다. 과학의 발달과 함께 기본단위를 측정하는 기술도 발전해 오고 있다. 이에 따라 기본단위의 정의도 달라지고 있으며, 이러한 역할을 담당하는 국제기구가 바로 **국제도량형총회**(CGPM : General Conference on Weights and Measures)이다. 우리나라는 1959년에 이 조약에 가입하였다.

과학적인 양을 다룰 때 단위의 중요성은 여러 번 강조해도 지나치지 않다. 측정결과에 대한 숫자만은 아무 의미가 없다. 숫자와 단위가 함께 표기될 때 비로소 그 의미를 해석할 수 있다. 1999년 미국 NASA가 쏘아 올린 화성기후 탐사선은 그 해 9월 화성 대기권 근처에서 너무 낮은 고도로 비행하다가 화성 대기권에 부딪혀 추락하는 사고가 일어났다. 추락 원인은 의외로 단위의 혼선 때문에 일어난 것이었다. 탐사선을 제작하는 팀에서는 야드(yd)를 사용한 정보를 제공하였고, 탐사선을 조종하는 팀에서는 야드를 미터로 착각해서 일어난 사고였다. 참고로 1야드(yd)는 약 0.9144미터(m)이다.

7 단위의 올바른 사용

물리학에서 사용하는 몇 가지 단위의 올바른 사용법에 대해 알아보자.

1) 단위기호는 반드시 로마(직립)체로 표기한다.

예 틀린 표기 : *kg, mm, cm, km, m/s, kV*

올바른 표기 : kg, mm, cm, km, m/s, kV

2) 양과 단위를 함께 표기할 경우 한 칸 띄운다. 단, 각의 도, 분, 초는 띄지 않는다.

예 틀린 표기 : 35mm, 70kg, 27℃

올바른 표기 : 35 mm, 70 kg, 27 ℃, 23°35′27″

3) 하나의 표현에서 단위기호와 단위명칭을 혼용해서 사용할 수 없다. 그 이유는 명칭은 수학적 구성요소가 아니기 때문이다.

   예 틀린 표기 : 쿨롬 매 kg, C 매 킬로그램

   올바른 표기 : 쿨롬 매 킬로그램, C/kg

4) 단위기호들이 곱의 형태나 나누기의 형태를 구성할 때에는 대수의 곱하기와 나누기의 일반법칙을 적용한다. 곱하기는 빈칸이나 가운뎃점(·)으로 나타내야 한다. 그렇지 않을 경우 어떤 접두어들을 단위기호로 오해할 소지가 있다. 나누기는 수평선, 빗금 또는 음의 지수로 나타낸다.

   예 곱의 형태 : 뉴턴과 미터의 곱에 대해서는 Nm 또는 N·m 로 표기한다.

   예 나누기의 형태 : 미터 매 초에 대해서는 m/s 또는 $\frac{\mathrm{m}}{\mathrm{s}}$ 또는 $\mathrm{m\,s^{-1}}$ 로 표기한다.

5) 접두어 기호도 단위기호와 같이 로마(직립)체로 나타내며, 두 기호 사이는 빈칸이 없도록 붙여서 사용한다. 접두어는 홀로 고립되어 사용될 수 없으며, 문장의 앞에 오더라도 변하지 않는다.

   예 틀린 표기 : Kg, Km, Cm, Nm

   올바른 표기 : kg, km, cm, nm

6) 접두어 명칭은 그 접두어가 붙어 있는 단위의 명칭으로부터 분리될 수 없다.

   예 틀린 표기 : 밀리 미터, 킬로 그램, 센티 미터

   올바른 표기 : 밀리미터, 킬로그램, 센티미터

7) 접두어를 2개 이상 연속하여 붙여 쓰지 않는다.

   예 틀린 표기 : 1 mμm, 1 μμV

   올바른 표기 : 1 nm, 1 pV

8) 접두어를 가진 단위에 붙은 지수는 그 단위의 배수나 전체에 적용된다.

   예 $1\ \mathrm{cm^3} = (10^{-2}\ \mathrm{m})^3 = 10^{-6}\ \mathrm{m^3}$

(a)

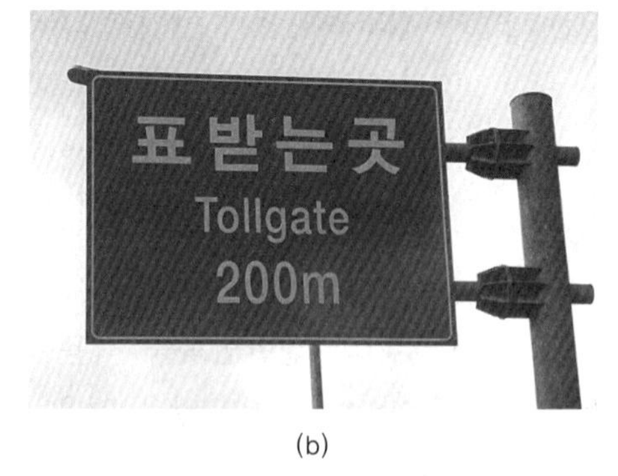

(b)

〈그림 1-3〉 (a) 양(500)과 단위(m) 사이를 한 칸 띄운 안내판으로 올바른 표기이다.
(b) 200과 m 사이를 한 칸 띄어야 올바른 표기이다.

8 시간은 언제부터 사용되었는가?

시간에 관한 가장 오래된 기록은 그리스의 철학자 **플라톤**(Platon, BC 427~347년)의 저서 '티마에우스(Timaeus)'에 언급되어 있다. 그는 이 책에서 "조물주가 태고의 혼돈에 형태와 질서를 부여할 때 시간이 탄생되었다"고 기술하고 있다. 고대 이집트에서는 라일강이 범람하는 시기를 예측하여 천문학과 달력을 고안하였으며 계절이 약 365일마다 반복된다는 사실도 알았다. 기원전 2000년 경부터 이집트에서는 낮과 밤을 각각 12시간으로 구분해 하루를 24시간으로 사용하였다. 그러나 낮과 밤의 길이가 계절에 따라 달라 1시간의 길이도 계절에 따라 달라진다는 사실을 알게 되었다. 이러한 변화는 기원 전후에 와서야 조절하게 되었다. 1시간을 60진법으로 나누는 방식은 기원전 2000년 경 바빌로니아 지방에서 시작되었으며 당시에는 더 짧은 시간의 개념은 사용하지 않았다.

기원전 4000년 경에 중국에서는 **물시계**를 사용한 기록이 있다. 물시계의 기본원리는 흐름을 일정하게 조절한 물이 그릇 안으로 들어가거나 나오는 양으로 시간을 측정하였다. 기원전 1500년 경 고대 이집트와 바빌로니아 천문학자들은 **해시계**를 사용하였으며, 유럽에서는 8세기에 **모래시계**가 등장하여 항해에 이용되기도 하였다.

오늘날 사용하는 시, 분, 초라는 시간 단위를 처음으로 고안한 것은 1000년 경 페르시아의 **알 비루니**(Al-Biruni, 973~1048)로 알려져 있다. 기계식 시계는 1410년 체코의 시계공 **하누슈**(Hanus)에 의해 만들어진 '**프라하 천문시계**'를 들 수 있다. 이 시계는 천동설을 기반으로 만들어졌으며, 현재도 관광용으로 사용하고 있다. 실제로 1초의 시간 간격을 나타내는 시계를 만든 사람은 1577년 오스만 제국(현 터키)의 천문학자 **타키 알딘**(Taqi ad-Din, 1521~1585)으로 알려져 있다.

국제적으로 초(second)의 정의는 1960년까지는 평균태양일의 86400분의 1을 1초로 사용하였다. 이 1초를 **평균 태양초**라고 불렀다. 그러나 지구 자전속도가 일정하지 않음이 확인되면서 이 정의에 문제가 있음을 알게 되었다. 과학자들은 천체가 아닌 원자의 세계에 관심을 갖게 되었다. 변하지 않고 영원한 기준을 찾은 것이 바로 원자의 진동수를 이용한 원자시계의 개발이었다. 현재는 세슘133 원자에서 나오는 복사선의 특성을 이용하여 1초를 정의하였다. 즉, **세슘원자**(Cesium)**의 바닥상태**(ground state)**에 있는 두 초미세준위**(hyperfine structure) **간의 전이에 대응하는 복사선의 9 192 631 770주기의 지속시간을 1초로 정의한다.** 이 준위의 에너지 차이는 외부의 어떤 교란에도 변하지 않고 안정적으로 일정하기 때문이다.

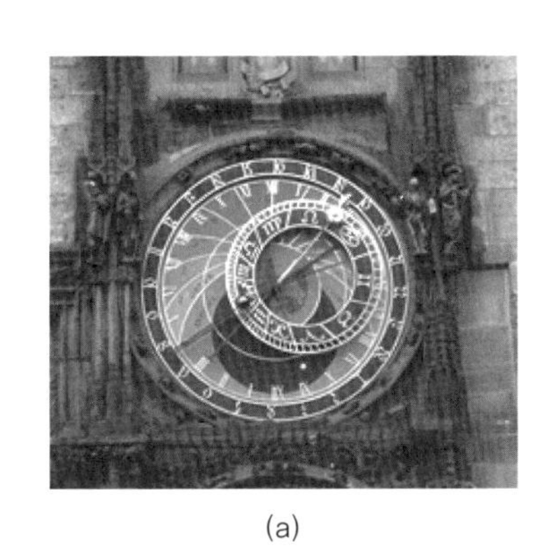

(a)

(b)

〈그림 1-4〉 (a) 1410년 체코 하누슈(Hanus)가 제작한 프라하 천문시계
(b) 1577년 타키 알딘이 고안한 1초 단위를 구분할 수 있는 최초의 시계

02 내삽법과 외삽법

1 목 적

실험을 통해 얻은 데이터(data)를 이용하여 독립변수의 제한된 수의 값들을 예측하는 방법을 이해한다.

2 관련 이론

과학분야의 실험실습에서는 측정으로 얻어진 많은 데이터 지점이 있을 수 있다. 이들 측정값은 표집, 실험실습 등을 통해 얻을 수 있는데, 이 측정값을 이용하여 독립변수의 제한된 수의 값들을 예측하는 작업이 필요하다. 이러한 작업에 사용되는 방법이 바로 내삽과 외삽이다. 이 방법은 어디까지나 예측이므로 엄밀한 추론이 아니다. 그러나 이러한 예측은 실험적인 은유를 통해 새로운 발견을 위한 한 방법으로 유용하게 사용되고 있다.

1) 내삽법(内插法, interpolation)

주변에 있는 측정 데이터를 이용하여 그 사이에 있는 점의 함수값을 추측하는 기법을 **내삽법** 또는 **보간법**이라 부른다. 내삽법은 여러 학문분야에서 많이 사용되는 기법이기도 하다. **물리학에서는 매우 잘 통제된 상황에서 얻어진 데이터들을 이용하여 그 사이에 위치하는 고립된 위치의 새로운 데이터 값을 예측하는 방식을 말한다.** 수학적으로 표현하면 둘 이상의 변수값에 대한 함수값을 알고서, 그것들 사이의 임의의 변수값에 대한 함수값이나 그 근사값을 구하는 방법을 말한다.

내삽을 사용하기 위한 절차는 먼저 주어진 데이터를 모두 지나는 추정함수를 구한다. 이어 이 추정함수를 이용하여 알고자 하는 값을 구한다. 내삽법의 기본적인 방법을 **선형 내삽법**(linear interpolation)이라고 하는데, 이 방법은 측정된 데이터(data)가 선형적인 경향을 가질 때 사용한다.

〈그림 1-5〉 (a)와 같이 두 측정값이 (x_1, y_1), (x_2, y_2)로 주어졌을 때 그 두 측정값 사이의 임의 좌표(x, y)를 구해 보자. 주어진 graph와 같은 1차 함수를 $f(x) = a_0 + ax$라고 나타낼 때 이 함수에서 a_0, a를 구할 수 있으면 추정함수를 찾을 수 있다. 찾고자 하는 좌표(x, y)는 이 함수의 기울기를 이용하여 구할 수 있다. 또한 〈그림 1-5〉 (b)와 같이 4개의 측정값이 (x_1, y_1), (x_2, y_2), (x_3, y_3), (x_4, y_4)로 선형적인 관계가 있을 때 그 사이에 위치한 임의 점 x에서 y값은 다음과 같이 구할 수 있다.

$$y = y_2 + (x - x_2)\left(\frac{y_3 - y_2}{x_3 - x_2}\right)$$

예를 들어 주어진 측정값이 다음과 같을 때, 측정이 이루어지지 않은 임의의 점 x에서의 y값은 다음과 같이 구해진다.

$x_1 = 2$	$y_1 = 1$
$x_2 = 4$	$y_2 = 2$
$x = 5$	$y = ?$
$x_3 = 6$	$y_3 = 3$
$x_4 = 8$	$y_4 = 4$

$$y = y_2 + (x - x_2)\left(\frac{y_3 - y_2}{x_3 - x_2}\right) = 2 + (5 - 4)\left(\frac{3 - 2}{6 - 4}\right) = 2.5$$

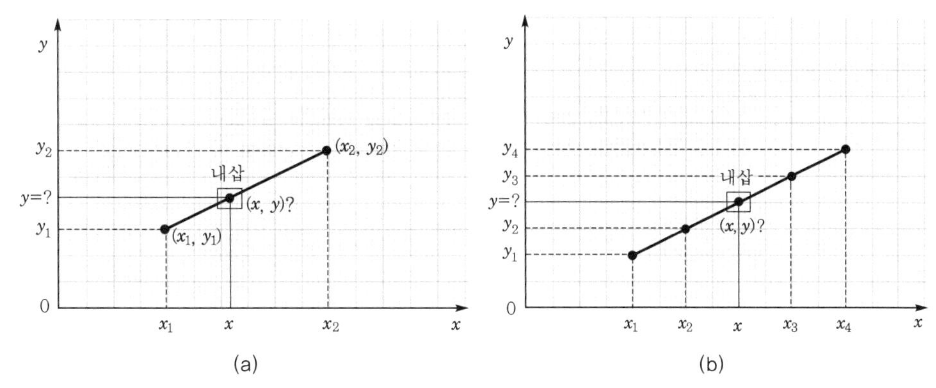

〈그림 1-5〉 **(a) 내삽법으로 임의의 점 좌표(x, y)를 정할 수 있다.**
(b) 내삽법으로 임의의 점 x에서 y값을 정할 수 있다.

2) 외삽법(外揷法, extrapolation)

실험으로부터 얻은 데이터(data)를 바탕으로 측정하지 못한 범위에 있는 독립변수의 값을 예측하는 기법이다. 외삽법은 함수값이 알려져 있는 점을 포함하는 구간 밖에서의 값을 추정하는 기법을 말한다. 즉, 어느 순간까지의 흐름에 미루어 아직 나타나지 않은 또는 나타나게 만들 수 없는 부분을 예측하는 기법이다. 엄밀히 말하면 외삽기법은 불완전한 방법이다. 왜냐하면 특이점이 나타날 경우 더 이상 외삽할 수 없기 때문이다. 그러나 발견을 위한 예측으로 때때로 매우 유용하다.

〈그림 1-6〉 (a)는 5개의 측정값을 가지고 측정값 밖에 있는 점들을 외삽하기 위해 직선을 그려본 그림이다. 이와 같이 측정값이 직선관계가 나타나면 측정값 밖의 임의 지점의 값을 추정하기가 쉽다. 〈그림 1-6〉 (b)와 같이 측정값이 포물선 형태를 갖는다면, 앞쪽의 측정값과 대칭이 되는 지점을 외삽으로 임의 점 x 에서 y 값을 추정할 수 있다.

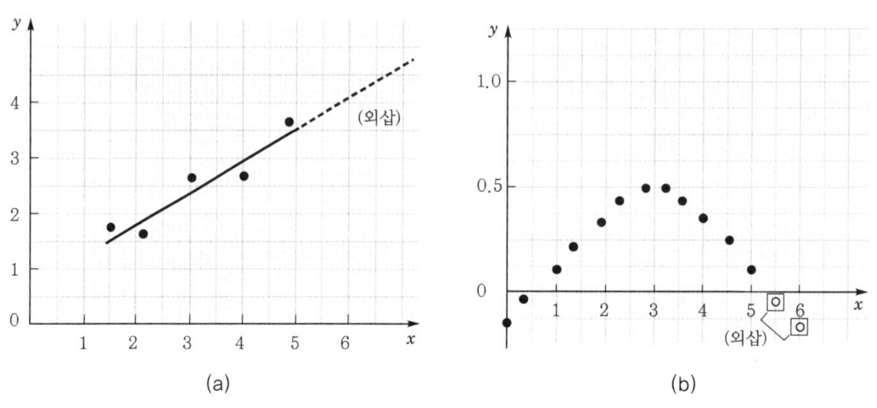

〈그림 1-6〉 **(a) 외삽법으로 측정값 밖의 값을 추정할 수 있다.**
(b) 외삽법으로 측정값 밖의 점 x 에서 y 값을 추정할 수 있다.

3 해보기

■ 〈그림 1-7〉 (a)에 표시된 14개의 점들은 x와 y의 두 변수 사이의 관계를 실험을 통해 측정한 값이다. 이 측정값을 가지고 추정되는 graph 형태를 내삽으로 그려 본 그림이다. 이 그림을 보고 답하라.

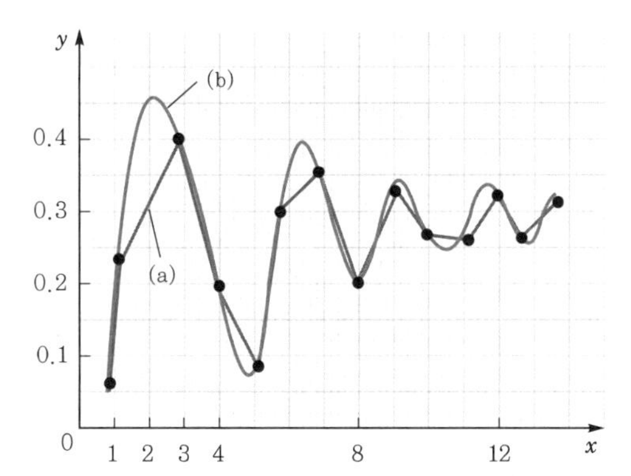

〈그림 1-7〉 **(a) 측정값 14개를 가지고 직선으로 연결한 경우**
(b) 곡선으로 연결한 경우

- 내삽으로 그림의 (a)와 같이 측정값 사이를 직선으로 연결하였다고 하자. 이때 x와 y 두 변수 사이에 특별한 관계를 예측할 수 있는가?

- 내삽으로 그림의 (b)와 같이 측정값 사이를 곡선으로 연결하였다고 하자. 이 graph의 형태를 보고 추정이 가능한 관계는 무엇인가?

- 측정값 사이를 곡선으로 연결시킬 때, 곡선의 많은 점들은 내삽에 의해 추정할 수 있는 점들이다. 내삽 기법을 이용할 때 착안점이 있다면 무엇인가?

■ 〈그림 1-8〉에 표시된 5개의 점들은 두 변수 사이의 관계를 여러 번 측정하여 얻은 측정값이고, 이 점들의 경향을 보고 내삽을 이용하여 두 변수 사이를 예측하여 graph로 그렸다. 그리고 외삽을 통하여 점선으로 ①, ②와 같이 추정한 결과이다.

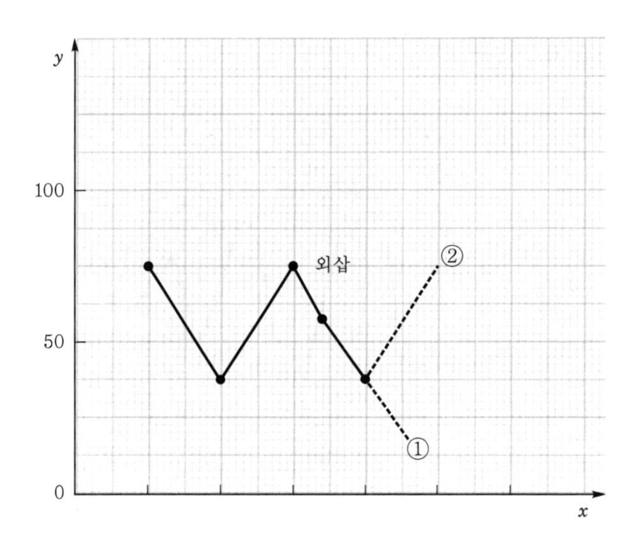

〈그림 1-8〉 **다섯 개의 측정값의 경향을 보고 내삽과 외삽으로 그린 graph**

- 만약 두 명의 학생이 외삽으로 ①, ② 형태로 추정하였다고 하자. 어떤 근거로 추정하였는지 여러분의 입장에서 생각해 보자.

- 외삽법을 이용할 때 주의할 점은 무엇인가?

03 실험 과정에서 얻은 data의 해석

1 목 적

- 실험 결과에서 얻어진 data를 해석하는 방법을 익힌다.
- 이와 비슷한 데이터를 얻었을 때 그 결론을 예측할 수 있는 능력을 기른다.
- 독립변수와 종속변수 사이의 관계를 이해한다.

2 준비물

모눈종이 4장, 로그 모눈종이(양로그) 1장, 자(30 cm) 1개

3 Data분석 및 결과

- 〈표 1-1〉은 용기에 들어 있는 물이 바닥에 뚫려 있는 작은 구멍을 통하여 전부 흘러나오는 데 걸리는 시간을 조사한 것이다.

  물이 모두 흘러나오는 데 걸리는 시간이 구멍의 크기에 따라 어떻게 달라지는지 알아보기 위하여 크기가 같은 용기 바닥에 지름이 각각 다른 작은 구멍을 뚫고 같은 양의 물을 넣었다. 또 물의 유출시간이 물의 양에 따라 어떻게 변하는지 알아보기 위하여 같은 용기에 넣는 물의 높이를 달리하였다.

  여러 번 측정하여 각 용기가 빌 때까지 걸린 시간을 〈표 1-1〉에 기입하였다.

〈표 1-1〉 용기가 빌 때까지 걸린 시간(초)

지름(cm) \ 높이(cm)	30	10	4	1
1.5	73.0	43.5	26.7	13.5
2	41.2	23.7	15.0	7.2
3	18.2	10.5	6.8	3.7
5	6.8	3.9	2.2	1.5

■ 이 자료를 이용하여 물의 유출시간과 구멍의 크기, 물의 양의 관계를 쉽게 알아내고 이들 사이의 수학적 관계를 찾아내려면 어떻게 하면 좋을까?

1) 높이 30 cm일 때 $t-d$ graph 그리기

■ 높이가 30 cm인 물이 모두 유출되는 데 걸리는 시간이 구멍의 지름이 달라짐에 따라 어떻게 변하는가를 graph로 〈그림 1-9〉에 그려라. graph를 그릴 때에는 독립변수(이 경우에는 지름 d)를 가로축(x축)으로 잡고, 종속변수(이 경우에는 시간 t)를 세로축(y축)으로 잡는 것이 보통이다. graph의 정확도를 높이기 위해서는 graph가 모눈종이 전체에 그려질 수 있도록 크게 그리는 것이 좋다. 그리고 눈금은 읽기 쉽게 정한다. 측정값을 나타내는 점을 찍고 각 점을 매끈한 곡선으로 이어라.

• 이 graph에서 구멍의 지름이 4 cm와 8 cm일 때 같은 양의 물이 완전히 흘러나오는 데 걸리는 시간을 어느 정도까지 정확하게 예측할 수 있는가?

2) $t-\frac{1}{d}$, $t-\frac{1}{d^2}$ graph 그리기

■ 위에서와 같이 각 측정값 사이에 내삽을 하거나 측정범위 외부의 값을 외삽하기 위하여 이 곡선을 이용할 수는 있으나, 이 곡선만으로 t와 d 사이의 관계를 수식으로 나타내는 방법은 찾을 수 없다.

graph를 보면 d가 커짐에 따라 t는 약간 빨리 감소하는 것을 알 수 있다. 이것은 어떤 반비례 관계가 있음을 암시해 준다. 더욱이 구멍의 크기가 크면 클수록 같은 시간에 유출하는 물의 양도 더 많아지므로 물의 유출시간은 구멍의 크기에만 관계될 뿐이라고 말할 수 있다. 이런 경우에는 $t-\frac{1}{d^2}$의 graph를 그리면 상관 관계를 얻을 수 있다.

$\frac{1}{d^2}$의 값을 구하여 표 옆에 기록하고 적당한 눈금을 정하여 $t-\frac{1}{d^2}$의 graph를 〈그림 1-10〉에 그려라(각 점을 매끈한 곡선으로 이어라).

- 이 graph로 무엇을 알 수 있는가? 예측한 대로 나타났는가?

- 특정한 높이에 대하여 t와 d의 관계를 수식으로 나타낼 수 있는가?

■ t와 d 사이의 이러한 관계가 용기에 넣은 물의 높이가 다를 때에도 성립되는지 알아보기 위하여 같은 모눈종이에 다른 높이에 대한 $t-\frac{1}{d^2}$의 graph를 함께 그려 보자.
$h=1\,\mathrm{cm}$일 때의 graph는 위쪽으로 조금밖에 뻗쳐 있지 않은 것에 유의하라. 따라서 이때에는 시간 t의 눈금간격을 더 넓게 잡아 그리는 것이 좋다.

- graph는 어떻게 되는가?

- $h=20\,\mathrm{cm}$, $d=4\,\mathrm{cm}$일 때의 유출시간 t를 예측하기 위해 $t-\frac{1}{d^2}$의 graph를 어떻게 이용할 수 있을까?

3) 구멍의 지름이 $d=1.5\,\mathrm{cm}$일 때 $t-h$ graph 그리기

■ 이번에는 구멍의 지름을 일정하게 했을 때 물의 높이 h가 유출시간 t와 어떻게 관계되는가를 알아보자. 먼저 $d=1.5\,\mathrm{cm}$인 경우를 생각해 보자. h를 가로축으로 잡고 t를 세로축으로 잡아 $t-h$의 graph를 〈그림 1-11〉에 그리고 각 점을 하나의 곡선으로 이어보자.

- 이 곡선은 원점을 지난다고 생각할 수 있는가? 만약 원점을 지난다고 하면 원점을 향해 외삽하라.

4) $\log t$와 $\log h$ graph 그리기

■ 구멍의 크기나 물의 높이에 관한 간단한 고찰만으로는 $t-h$에 관한 정확한 수학적 관계를 도출할 수 없다. 그러나 만일 로그에 익숙하다면 이 관계식이 멱법칙(冪法則), 즉 $t \propto h^n$과 같은 보통 흔히 있는 종류의 관계식인지를 조사할 수 있다.

이 graph를 그리는 방법은 2가지가 있다. 하나는 $\log t$와 $\log h$를 모두 구하여 일반적인 모눈종이에 그리는 방법이고(〈그림 1-12〉), 다른 하나는 t와 h를 로그 모눈종이에 직접 표시하여 그리는 방법이다(〈그림 1-13〉). 이 두 가지 방법 모두 수학적으로는 같은 것이다.

- 이 graph로부터 무엇을 알 수 있는가?

- n의 값은 얼마인가?

- t와 h 사이에는 어떤 관계가 있는가? 식으로 정리해 보자.

5) 세 변수 사이의 관계식 도출

■ 유출시간 t, 구멍의 지름 d, 물의 높이 h 사이에는 어떤 관계가 있는지 정리해 보자.

- 유출시간 t를 h와 d의 함수로 나타내는 일반식을 찾아낼 수 있는가? 일반식을 써 보자.

- 비례상수는 얼마인가?

■ 처음 graph에서 $h=30\ \mathrm{cm}$, $d=4\ \mathrm{cm}$일 때와 $h=30\ \mathrm{cm}$, $d=8\ \mathrm{cm}$일 때의 유출시간 t를 예상하였다. 이들 각 경우에 대해서 일반식으로 t를 구해 보자.

- 일반식으로 구한 유출시간 t는 앞에서 예상한 값과 비교할 때 얼마나 차이가 있는가?

■ 일반식을 이용하여 $h = 20\ \mathrm{cm}$, $d = 4\ \mathrm{cm}$일 때의 유출시간 t를 계산하고 이것을 graph에서 구한 값과 비교해 보자.

- 일반식으로 구한 유출시간, graph에서 직접 구한 유출시간은 각각 얼마인가?

- 어느 값이 더 신뢰할 수 있는 것으로 생각되는가?

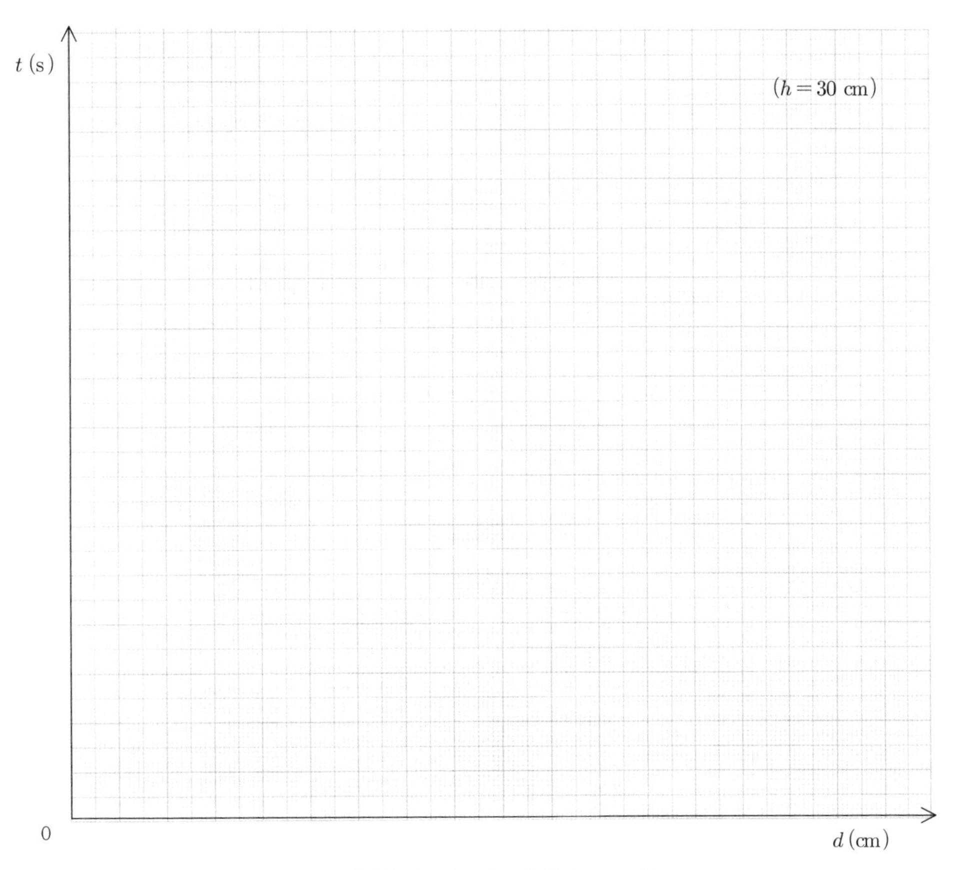

〈그림 1-9〉 $t-d$ 관계 graph

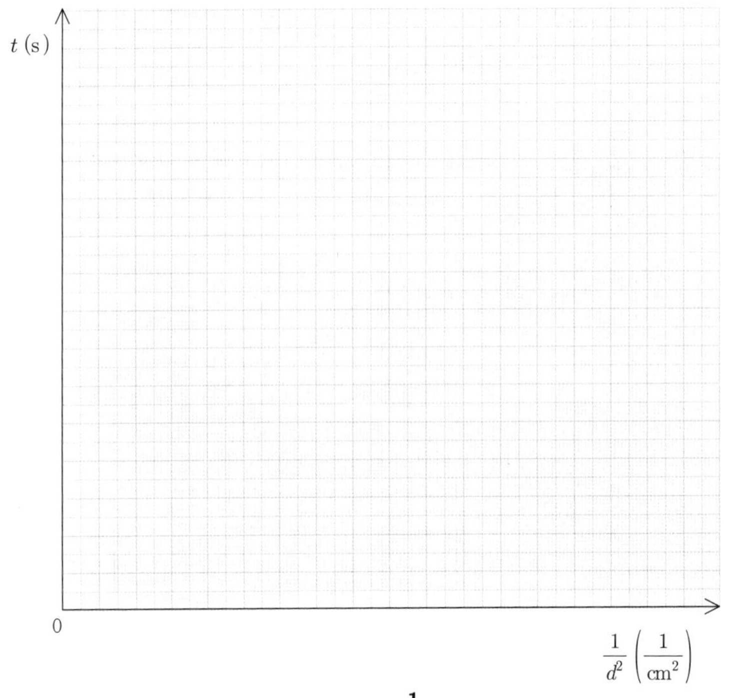

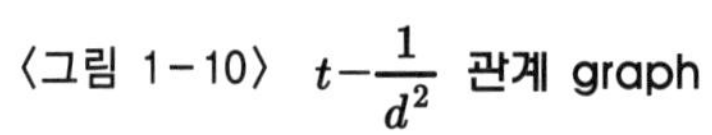
〈그림 1-10〉 $t-\frac{1}{d^2}$ 관계 graph

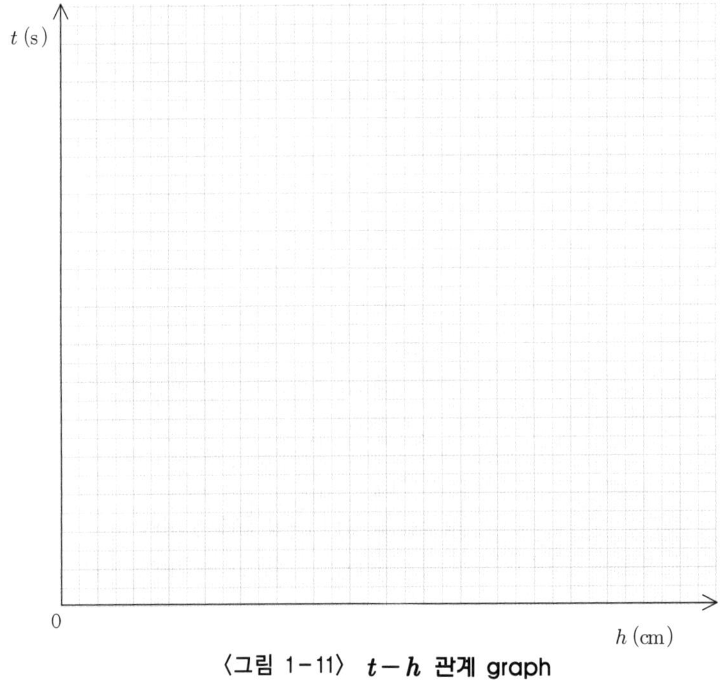

〈그림 1-11〉 $t-h$ 관계 graph

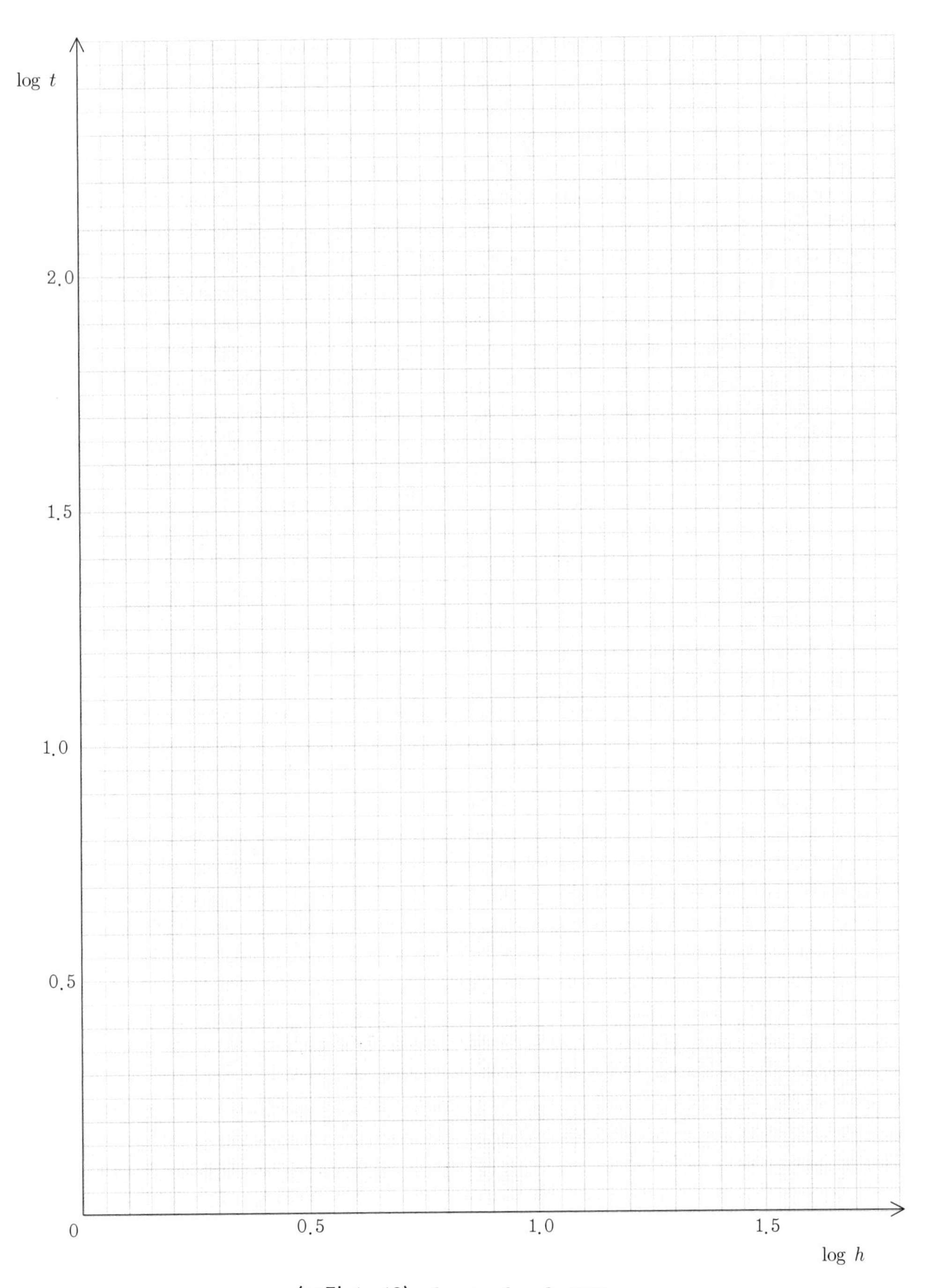

〈그림 1-12〉 **$\log t - \log h$ 관계 graph**

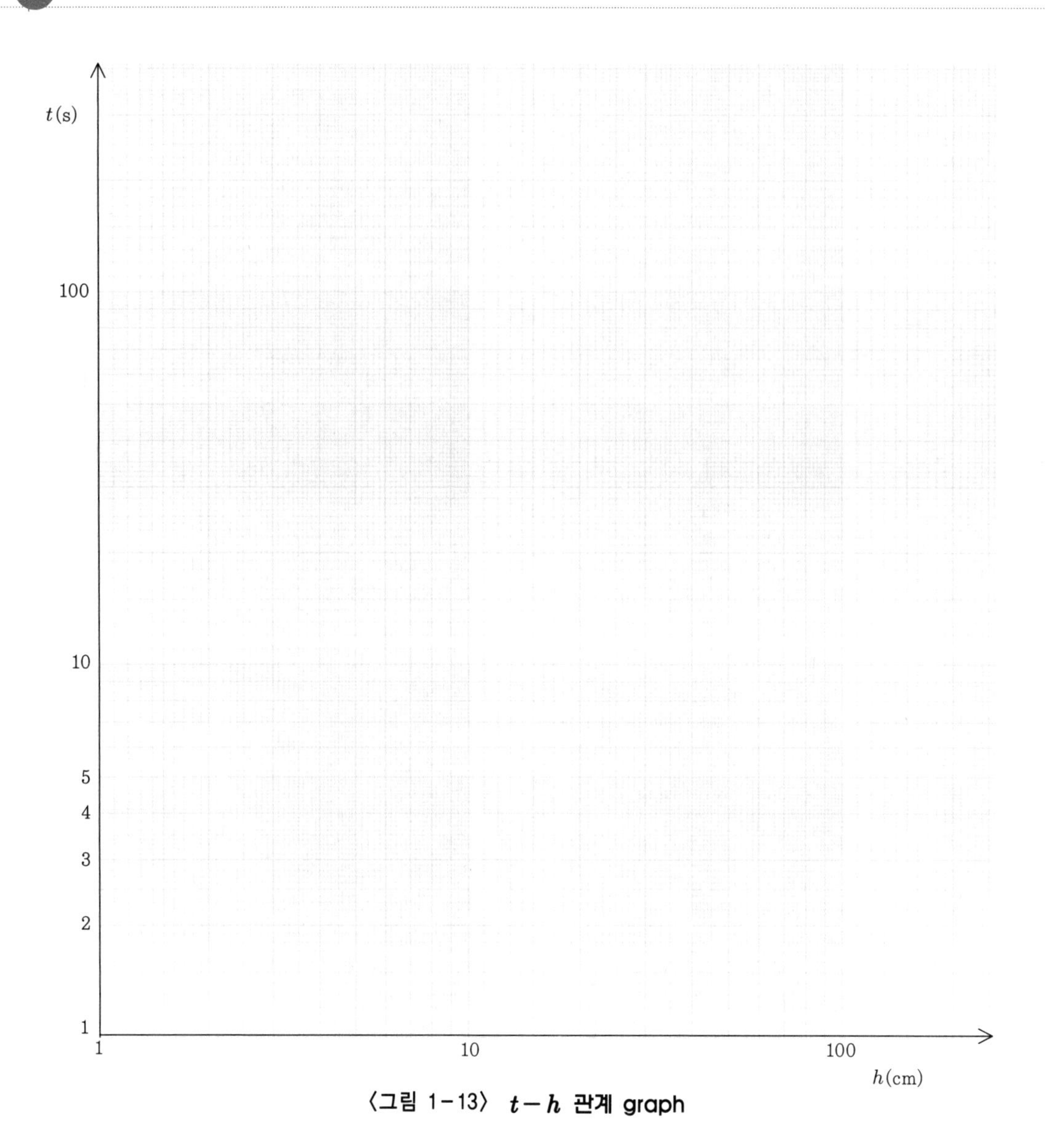

〈그림 1-13〉 $t-h$ 관계 graph

04 Vernier Caliper와 Micrometer 사용법

1 목 적

버니어 캘리퍼스(Vernier Caliper)와 마이크로미터(Micrometer)의 사용법을 익힌다.

2 준비물

버니어 캘리퍼스, 마이크로미터

3 Vernier Caliper 사용법

물체의 길이를 자로 잴 때 그 물체의 끝이 자의 눈금과 일치하지 않을 때에는 눈어림으로 눈금의 1/10까지는 읽을 수 있다. 눈어림은 여러 번 연습하면 숙달되어 비교적 정확하게 읽을 수 있지만 오차가 생기기 쉽다. 눈어림으로 읽을 때 생기는 오차를 막기 위하여 프랑스의 수학자 Pierre Vernier는 **부척**(副尺)을 써서 눈금을 정확히 읽을 수 있는 **버니어 캘리퍼스(vernier caliper)**를 고안하였다. 캘리퍼스는 cm나 mm 눈금이 있는 **주척**(主尺)과 움직일 수 있는 부척으로 되어 있다. 부척은 이것을 고안한 사람을 기념하여 Vernier라고도 한다. 주척은 **어미자**라고도 부르고, 부척은 **아들자**라고도 부른다.

부척은 보통 주척의 눈금 $n-1$개를 n등분한 눈금이 매겨져 있는 것을 사용하며, 주척의 $(n+1)$개의 눈금을 n등분한 부척을 사용하기도 한다. 캘리퍼스의 실제 구조는 〈그림 1-14〉와 같다. 캘리퍼스의 A, B(outside jaws)로는 물체의 외경을 측정하고, C, D(inside jaws)로는 물체의 내경을 측정한다. 그리고 캘리퍼스의 끝에 있는 E(depth bar)는 깊이를 측정하는 데 사용한다.

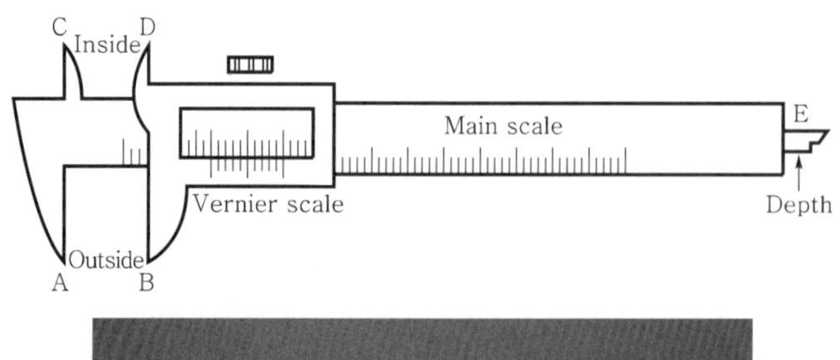

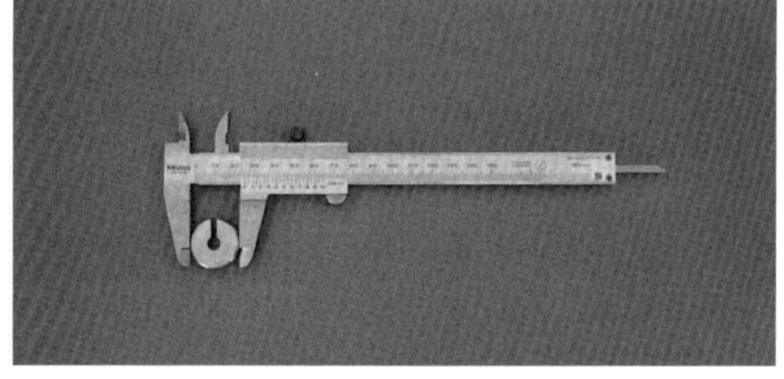

〈그림 1-14〉 버니어 캘리퍼스

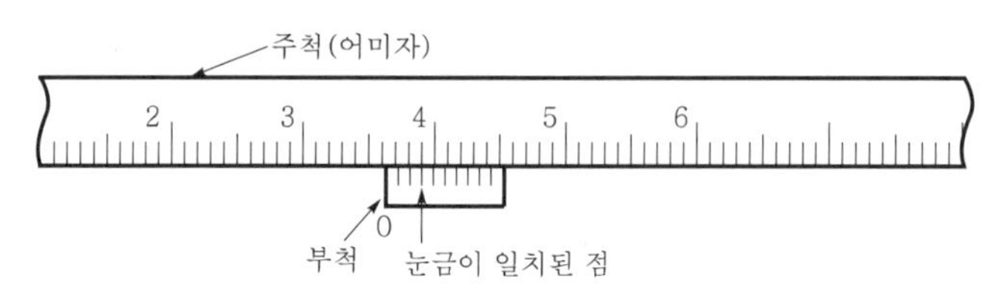

〈그림 1-15〉 주척과 부척의 눈금

〈그림 1-15〉는 주척의 9 mm를 10등분한 부척으로 물체의 길이를 측정하는 경우를 나타낸 것이다. 이것은 부척의 0점이 주척의 눈금 3.6과 3.7 사이에 있으므로 물체의 길이는 3.6 cm보다는 크다는 것을 알 수 있다. 그런데 부척의 눈금을 보면 ↑표가 있는 곳에서 주척의 눈금과 부척의 눈금이 일치해 있는 것을 볼 수 있다. 부척의 몇 번째 눈금이 주척의 눈금과 만났는가를 보아 1 mm의 $\frac{1}{10}$까지 읽으면 된다. 즉, 부척의 3번째 눈금이 주척의 눈금과 일치하였으므로 물체의 길이는 3.63 cm이다.

- 이 측정에서 측정값은 얼마인가? 측정값의 마지막 자릿수는 보통 눈어림으로 측정한 값의 끝자릿수와 어떻게 다르다고 생각하는가?

- 캘리퍼스의 A, B 사이에 물체를 끼우지 않고 A, B를 꼭 접촉시켰을 때 주척과 부척의 0점이 정확히 일치하는가? 만일 일치하지 않는다면 어떻게 하면 되는가?

■〈그림 1-16〉은 버니어 캘리퍼스의 사용법을 나타낸 그림이다. 이 그림을 보고 올바른 사용법을 익혀 측정에 적용해 보자.

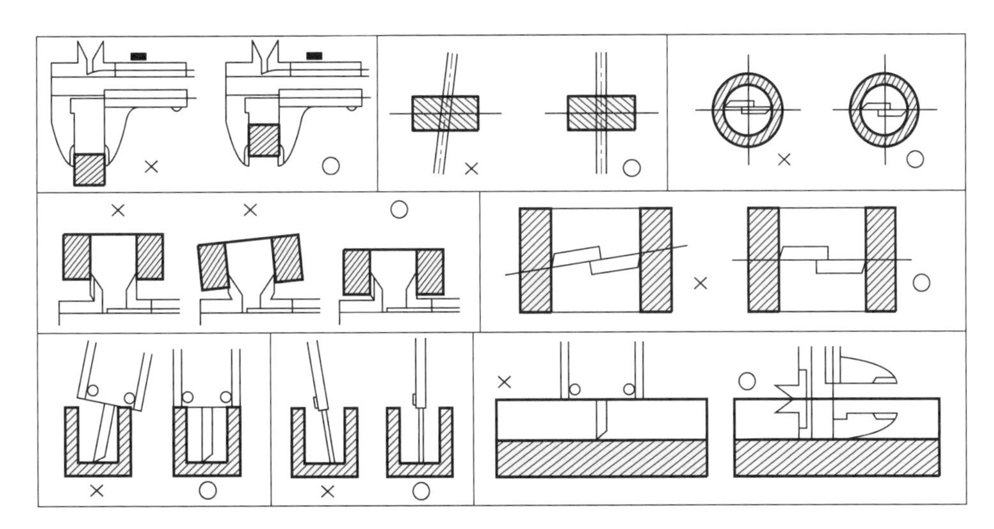

〈그림 1-16〉 버니어 캘리퍼스의 올바른 사용법

- 유리관이나 금속관 또는 와셔(washer) 등의 내경과 외경을 측정해 보자.

4 Micrometer 사용법

마이크로미터는 나사의 원리를 이용하여 길이를 정밀하게 측정하는 도구이다. 마이크로미터 나사를 360° 회전할 때마다 즉, 1회전시킬 때 0.50 mm(또는 1.00 mm)씩 이동하는 나사를 이용하여 물체의 직경이나 얇은 판의 두께를 측정하는 기구이다. 마이크로미터의 외형과 각 부분의 명칭은 〈그림 1-17〉과 같다.

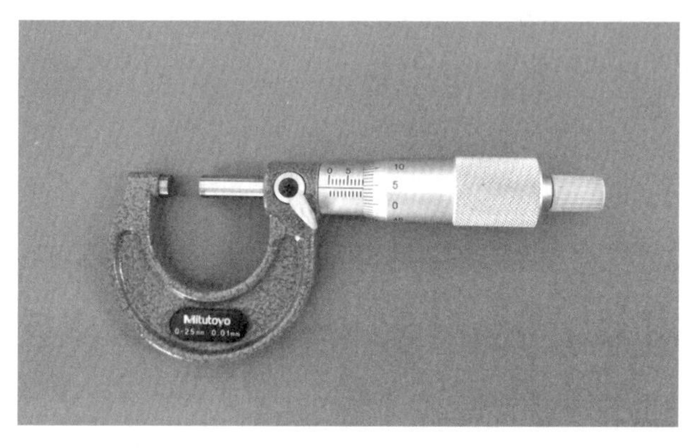

(a)

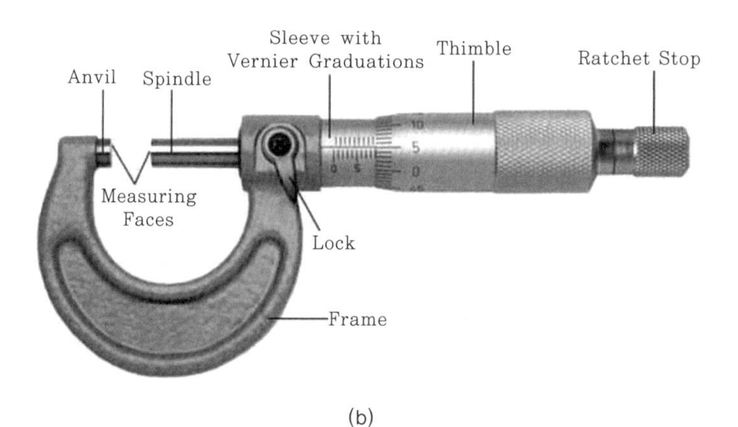

(b)

〈그림 1-17〉 **(a) 마이크로미터의 외형**
(b) 각 부분의 명칭

마이크로미터의 구조는 〈그림 1-17〉과 같이 Frame(프레임), Anvil(앤빌), Spindle(스핀들), Sleeve(슬리브), Thimble(심블), Ratchet Stop(래칫스톱), Lock(록) 등으로 구성되며 **측정값은 슬리브와 심블에 새겨진 눈금으로 읽는다.**

마이크로미터는 U자형 프레임과 한쪽 끝에는 고정된 앤빌(anvil)이 있고, 다른 쪽 끝의 스핀들(Spindle) 안쪽은 암나사로 되어 있으며 정밀한 피치의 수나사로 된 스핀들이 그 속에 들어 있다. 가장 일반적인 마이크로미터는 스핀들의 나사 피치를 0.5 mm로 만들고 심블의 원주를 50등분으로 눈금을 매겼다. 따라서 심블이 1눈금이 회전하면 스핀들이 전진(또는 후진)하는데 이 길이를 L이라고 하면 $L = 0.5 \times (1/50) = 1/100$ 즉, 0.01 mm이다. 다시 말하면 0.01 mm가 최소 눈금이 된다. 심블과 심블 사이의 1눈금도 눈어림으로 읽는다면 0.001 mm까지도 측정이 가능하다.

▪ 마이크로미터 사용법은 다음과 같다.

- 측정 부분인 앤빌과 스핀들의 표면을 깨끗하게 한다.
- 측정물을 앤빌에 축 직각으로 정확하게 맞춘다.
- 래칫스톱을 딸깍소리가 날 때까지 정확히 돌린다. 이때 스핀들이 측정물에 닿기 전에는 천천히 돌려 관성으로 스핀들이 돌아가지 않도록 한다.
- 눈금을 읽는다.

▪ 앤빌과 스핀들 사이에 물체를 끼우고 래칫스톱을 돌려 앤빌과 스핀들이 맞닿도록 하고, 0점이 일치하는지 확인하자. 0점의 위치는 측정할 때마다 다를 수 있으므로 측정할 때마다 0점의 위치를 기록해서 0점을 보정해 주어야 한다.

- 0점이 일치하지 않는다면 어떻게 하면 되겠는가?

■ 실험실에 있는 철사의 직경을 측정해보자. 철사의 직경을 여러 번 측정하여 그 평균값을 구하자. 또 종이 1장의 두께를 측정해 보자.

횟 수	0점	철사 A의 직경	보정값	0점	종이 1장의 두께	보정값
1						
2						
3						
4						
5						
평 균						

▌여자수영경기 출발모습(제95회 전국체전, 제주수영경기장)▌

chapter

02 힘과 운동

01. 힘의 평형
02. 1차원 운동의 분석
03. 포물체 운동의 분석
04. Newton의 운동 제2법칙
05. 원운동 분석
06. 단진자를 이용하여 중력가속도 구하기
07. 역학적 에너지 보존
08. 중력 퍼텐셜에너지와 탄성 퍼텐셜에너지의 변화
09. 1차원에서 운동량 보존
10. 2차원에서의 충돌
11. 강체의 공간운동
12. 부력 측정

01 힘의 평형

1 목 적

한 점에 여러 힘을 동시에 작용시키고, 이 힘들이 평형을 이루게 하여 힘의 평형조건을 알아냄으로써 힘의 합성과 분해를 이해한다.

2 준비물

힘의 합성실험장치 1조, 수준기 1개, 각도기 1개, 삼각자 1개, 추

3 이 론

물체의 평형상태는 물체가 원래의 상태를 변함없이 계속해서 유지하고 있는 상태를 의미하는데 정지상태, 등속직선 운동상태, 등속회전 운동상태 등이 여기에 속한다. 여러 힘을 받고 있는 물체가 평형상태에 있으려면 다음 2가지 조건을 만족해야 한다.

① **제1조건** : 정지 또는 등속직선 운동상태를 유지하기 위해서는 모든 외력의 합이 0이 되어야 한다. 즉, $\Sigma F = 0$ 상태인 선형적 평형상태를 말한다.

② **제2조건** : 정지 또는 등속회전 운동상태를 유지하기 위해서는 임의의 축에 관한 모든 힘의 모멘트, 토크(torque)의 합이 0이 되어야 한다. 즉, $\Sigma \tau = 0$ 상태인 회전적 평형상태를 말한다.

본 실험에서는 질점의 평형상태에 대해 실험하므로 제1평형조건만 만족하면 된다. 그리고 문제를 단순화하기 위해 모든 힘이 한 평면상에서 작용하도록 하였다.

1) 벡터의 합성

벡터를 합성할 때에는 평행사변형법, 삼각형법, 다각형법 등을 이용한다. 〈그림 2-1〉의 $\vec{A}$와 $\vec{B}$의 합은 〈그림 2-2〉와 같이 두 벡터를 한 쌍의 변으로 하는 평행사변형을 그려서 두 벡터가 만나는 점으로부터 평행사변형의 대각선을 그려 구할 수 있다. 이 대각선 $\vec{R}$은 두 벡터의 합으로써, 합력의 크기와 방향을 나타낸다.

두 개 이상의 벡터들의 합력을 구할 때는 〈그림 2-3〉과 같이 다각형법을 이용하여 합 벡터를 구한다. 그리는 방법은 처음에 $\vec{A}$의 화살표 끝에서 $\vec{B}$를 그리고, $\vec{B}$의 화살표 끝에서 다시 $\vec{C}$를 그린 다음 $\vec{A}$의 시작점으로부터 $\vec{C}$의 끝을 연결하면 합 벡터 $\vec{R}$을 구할 수 있다.

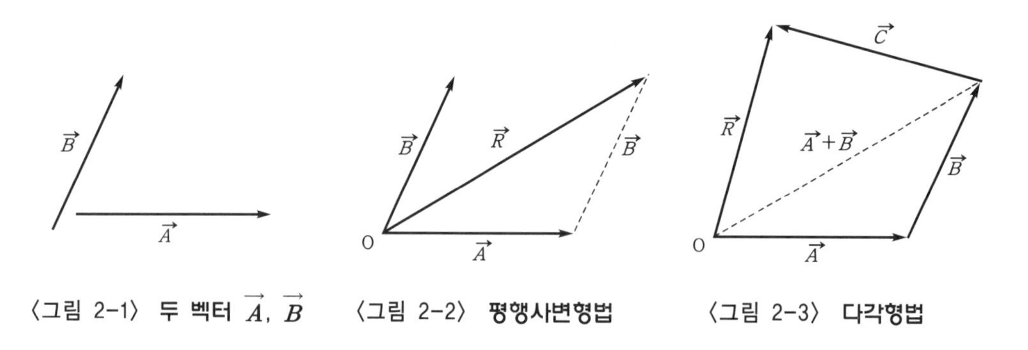

〈그림 2-1〉 두 벡터 $\vec{A}$, $\vec{B}$ 〈그림 2-2〉 평행사변형법 〈그림 2-3〉 다각형법

2) 벡터의 감법

한 벡터에서 다른 벡터를 뺄 때에는 한 벡터에 다른 벡터의 (−)벡터를 합성하면 된다.

$$\vec{A} + \vec{B} = \vec{A} + (-\vec{B})$$

3) 벡터의 분해

한 벡터를 2개 이상의 성분으로 분해하면 편리한 경우가 많다. 이때 한 벡터를 대각선으로 하는 평행사변형을 그리면 이웃한 두 변이 분해된 성분이 된다.

〈그림 2-4〉와 같이 한 벡터 $\vec{F}$가 x축과 이루는 각을 θ라고 하면 x축과 y축 성분의 크기는 다음과 같다.

$$F_x = F\cos\theta,\ F_y = F\sin\theta$$

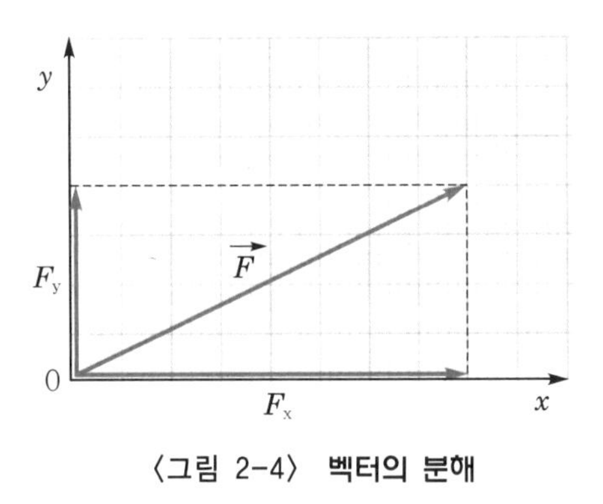

〈그림 2-4〉 **벡터의 분해**

4 실험방법 및 결과

- 힘의 합성실험장치를 〈그림 2-5〉와 같이 설치하고 수준기로 원판이 수평인지 확인하자. 만약 수평이 아니면 수평조절나사 S로 수평이 되도록 조정하고, 도르래의 받침대를 조절하여 도르래의 회전축이 원판과 평행이 되도록 고정시키자.

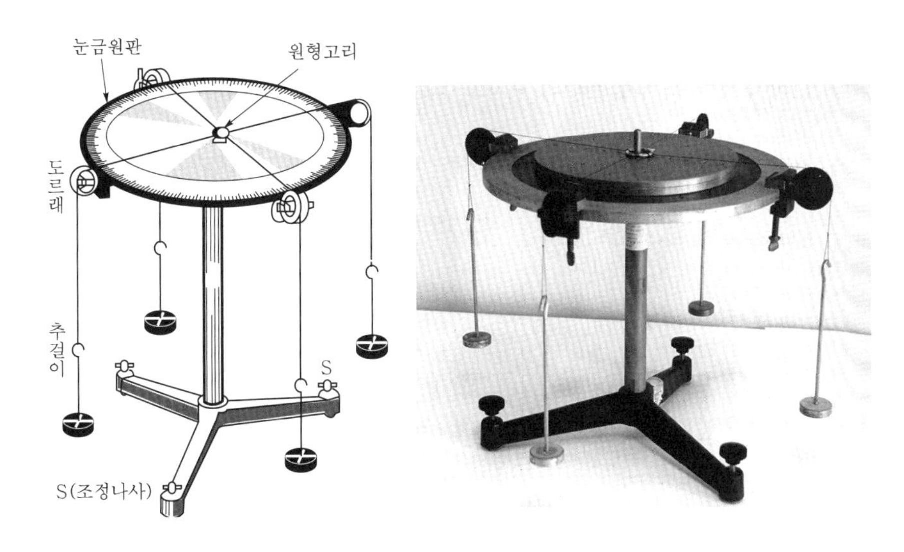

〈그림 2-5〉 **힘의 합성실험장치**

3개의 추걸이(추걸이가 4개인 기구도 있다)에 추를 하나씩 걸고 도르래의 위치를 변화시키면서 세 힘이 평형을 유지하도록 하자. 힘의 평형이 이루어지면 원형고리는 원판의 중심에 있는 작은 핀에 닿지 않고 원판의 중심에 놓이게 된다. 이 원형고리에 작용하는 힘들은 각 줄의 장력이다. 도르래의 마찰을 무시하면 각 줄의 장력은 줄에 매달린 추에 작용하는 중력이다.

■ 모눈종이에 적당한 크기의 축척을 사용하여(예를 들면 100 g중 : 5 cm) 두 힘 A, B의 합력을 평행사변형법으로 그림을 그려 구해 보아라. 작도할 때에는 되도록 가는 연필을 사용하고, 정확하게 그려야 한다.

• 두 힘 A, B의 합력의 크기는 얼마인가?

• 두 힘 A, B의 합력을 벡터 합성으로 구하면 그 크기는 얼마인가?

■ 힘의 합성실험장치에 있는 2개의 추걸이에 적당한 추를 걸어서 앞에서 합력을 구한 두 힘 A, B를 만들고 다른 하나의 추걸이에 평행사변형법으로부터 얻은 평형력을 작용시키자.

3개의 작용선이 원판의 중심에 있는 핀에서 만나도록 줄들이 잘 정렬되어 있는지 확인하고, 원형고리를 약간 옆으로 밀었다 놓았을 때 다시 원래의 위치로 되돌아가는지 확인하자. 원형고리가 원래의 위치로 되돌아가지 않으면 평형이 되도록 평형을 조절하자.

실험 횟수	A		B		C	
	힘 (g중)	각도 (도)	힘 (g중)	각도 (도)	힘 (g중)	각도 (도)
1	150	0	110	70	250	135
2	200	0	100	55	200	135
3	200	0	100	41	150	132
4	200	0	200	97	150	138
5	150	0	200	79	150	154
6	100	0	200	71	160	144

• 평형력은 얼마인가? 평행사변형법으로 구한 평형력과 비교해 보자.

■ 표에서 적당한 문제를 골라서 세 힘 A, B, C의 합력을 다각형법으로 구하고 그 합력의 평형력을 작도하자.

- 세 힘 A, B, C 합력의 크기는 얼마인가?

- 힘의 합성실험장치로 세 힘의 합력과 평형력을 만들면 평형력은 얼마인가? 작도법으로 구한 값과 비교해 보자.

- 계산값과 실험값이 차이가 생기는 원인은 무엇이라고 생각하는가?

- 평형조건을 설명해 보자.

02 1차원 운동의 분석

1 목 적

일정한 시간 간격으로 타점을 찍는 시간기록계를 이용하여 1차원에서 움직이는 물체의 속력 및 가속도를 측정하고 그 개념을 이해한다.

2 준비물

교류용 시간기록계 1개, C형 클램프 1개, 종이테이프, 모눈종이 3장, 자(30 cm) 1개, 풀, 가위

3 실험방법 및 결과

1) 시간기록계 사용법

시간기록계(ticker-timer)는 **기록타이머**(recording-timer)라고도 부른다. 전자석을 이용하여 진동판을 일정한 시간 간격으로 상하 진동시키는 장치이다. 먹지를 입힌 종이테이프를 진동판 아래로 통과시키고 작동시키면 종이테이프에 연속적으로 작은 타점이 찍힌다. 종이테이프의 한 끝을 잡아당기면 일정한 시간마다 작은 타점이 테이프 위에 찍히고, 이들 타점 사이의 간격을 보고 물체의 속력을 구할 수 있다. 타점 사이의 간격이 좁은 것은 일정 시간에 이동거리가 짧아 물체의 속력이 느린 상태를 나타내고, 타점 사이의 간격이 넓다는 것은 물체의 속력이 빠르다는 것을 의미한다.

교류용 시간기록계의 진동주기는 교류전원의 주파수와 동일하게 1/60 초이다. 즉, 6타점을 찍는 데 걸린 시간은 0.1 초이다. 이 6타점을 하나의 시간단위로 간주하면 속력계산이 편리하다. 직류용 시간기록계는 진동주기가 동작전압에 따라 조금씩 다르므로 사용할 때마다 그 주기를 정확하게 아는 것이 중요하다. 직류용 시간기록계의 진동주기를 정확히 알기 위해서는 5 초 또는 10 초 동안 동작시켜 찍히는 타점의 개수를 세어 평균을 구하면 된다. 일반적으로 직류용 시간기록계의 진동주기는 1/40~1/45 초 정도이다.

2) 운동의 분석

■ 〈그림 2-6〉과 같이 교류용 시간기록계를 실험대의 한끝에 설치하고 작동시킨 다음 종이테이프의 한 끝을 손으로 잡고 자연스럽게 걸어가보자. 종이테이프에 찍힌 타점을 조사해 보자.

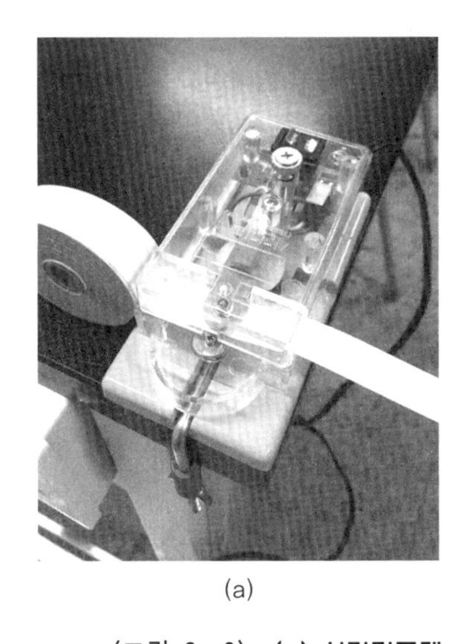

(a)

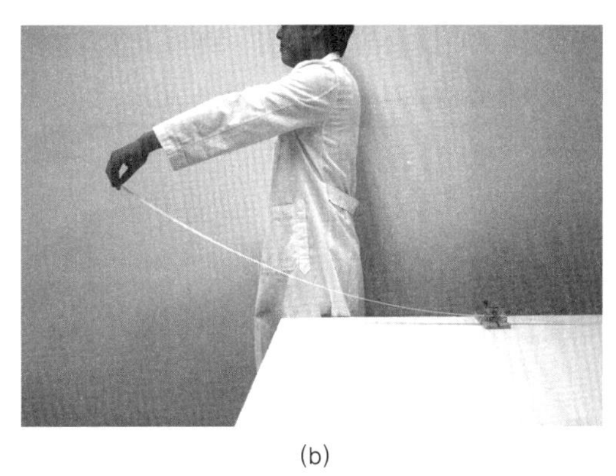

(b)

〈그림 2-6〉 **(a) 시간기록계**
(b) 시간기록계를 이용해 종이테이프에 타점을 찍는 모습

• 속력이 최대인 곳과 최소인 곳은 각각 어디인가?

- 가속도가 최대인 곳과 최소인 곳은 각각 어디인가?

- 만일 인접하는 두 타점 사이의 시간 간격을 시간의 단위 '똑딱'으로 정한다면 임의의 인접하는 두 타점 사이의 거리는 무엇을 나타내는가?

■ 팔의 운동이 기록된 종이테이프에서 타점이 잘 구분되는 곳으로부터 시작하여 6타점씩 구분하고 각 구간의 길이를 정확히 측정하자. 시간기록계가 6타점을 찍는 데 걸리는 시간 '6똑딱'을 시간의 단위시간으로 정하면 각 구간의 길이는 그 구간의 평균속도를 나타낸다.

매 '6똑딱'의 시간 간격에 대한 속도를 구하여 다음 표를 완성하고 속력 v를 시간 t의 함수로 나타내는 graph를 〈그림 2-7〉에 그려라(종이테이프를 6타점씩 자른 것을 직접 모눈종이에 붙여서 graph를 완성하는 것도 좋은 방법이다).

시간 t (6똑딱)	0	1	2	3	4	5	6	7	8	9	10	11	12	13	14	15
속력 v (cm/6똑딱)																

- 걷고 있는 동안 팔의 속력은 일정한가?

- $v-t$ graph에서 속력이 최대인 곳과 최소인 곳을 종이테이프에서 직접 추정한 곳과 비교했을 때 이들은 어느 정도 잘 일치하는가?

- $v-t$ graph에서 곡선 아래의 면적은 무엇을 나타내는가?

■ 6타점을 찍는 데 걸리는 시간을 단위시간으로 할 때 각 구간의 평균속도의 차이 Δv_1, Δv_2, Δv_3 등은 각 구간 사이의 평균가속도를 나타낸다. 다음 표를 완성하고 가속도 a를 시간 t의 함수로 나타내는 graph를 〈그림 2-8〉에 그려 보자.

시간 t (6똑딱)	0	1	2	3	4	5	6	7	8	9	10	11	12	13	14
속력 v (cm/6똑딱)															
가속도 a [cm/(6똑딱)^2]															

• $a-t$ graph에서 가속도가 최대인 곳과 최소인 곳을 종이테이프에서 직접 추정한 곳과 비교했을 때 이들은 어느 정도 잘 일치하는가?

• $a-t$ graph에서 (+)가속도의 곡선 아래의 면적은 무엇을 나타내는가? 또, (−)가속도 곡선 위의 면적은 무엇을 나타내는가?

• 이 실험에서 사용한 교류용 시간기록계의 주기는 얼마인가?

• 어느 구간의 가속도를 선택하여 m/s^2 단위로 환산해 보자.

〈그림 2-7〉 $v-t$ 관계 graph

※ 만약 구간이 늘어나면 이 graph 용지 우측에 또 다른 graph 용지를 연결하여 완성할 것

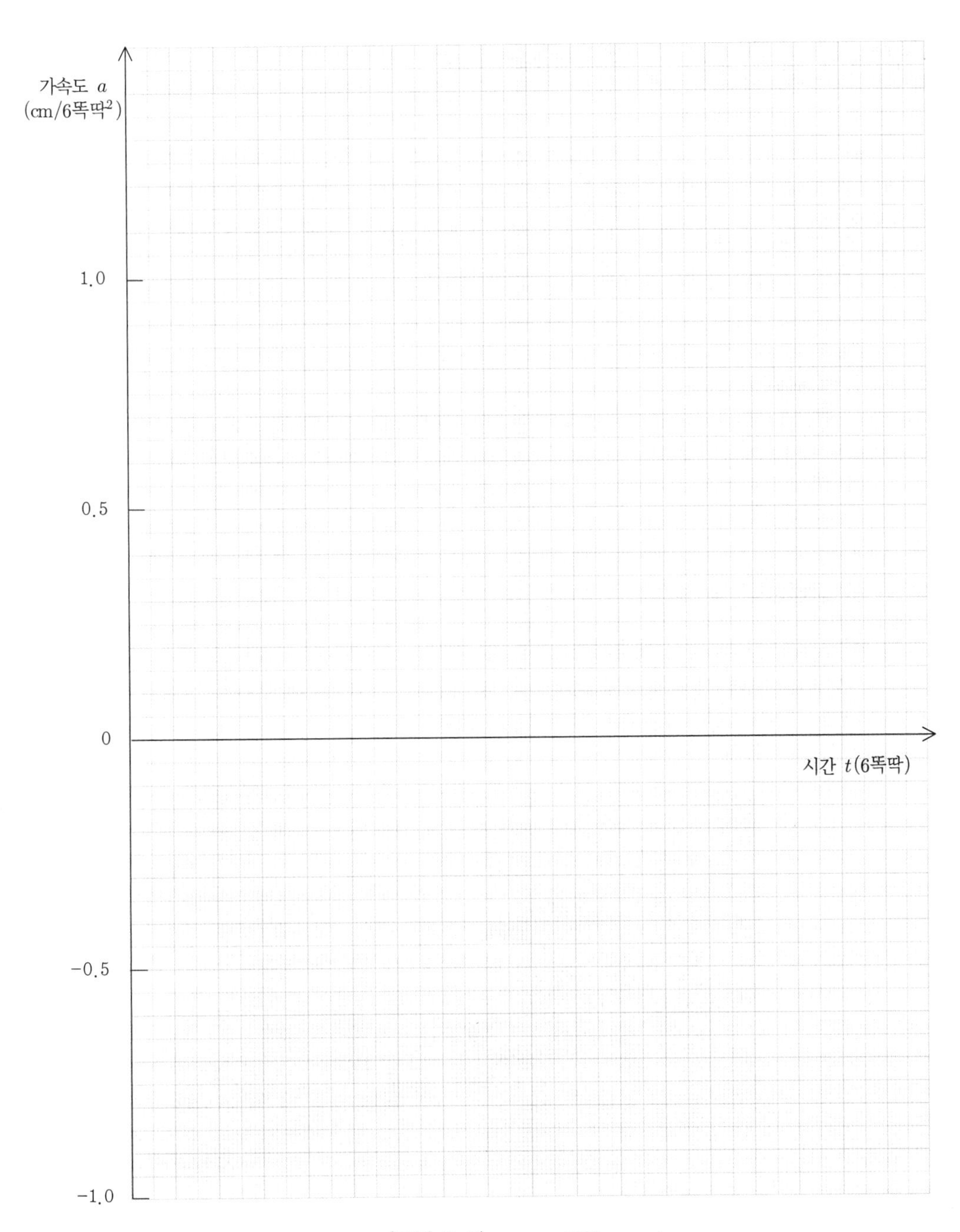

〈그림 2-8〉 $a-t$ 관계 graph

4 MBL을 이용한 물체의 속력 측정

- MBL은 'Microcomputer Based Laboratory'의 약자로, '컴퓨터에 기반을 둔 실험장치'를 말한다. 이 장치는 탐구과정보다는 실험과정에서 정밀한 측정량이 필요할 때 사용되는 측정장치이다. 본 교재에서는 측정과 탐구과정을 통해 얻은 물리학의 개념을 재확인하기 위해 부분적으로 MBL 장치를 소개한다.

1) 준비물

버니어 랩프로 인터페이스, 버니어 포토게이트, 금속구, 버니어 캘리퍼스, 스탠드, 경사로, 미터자

2) 실험방법 및 결과

- 경사로를 따라 굴러 내려가는 금속구의 속력을 측정해보자. 실험대 위에 금속구가 굴러갈 수 있도록 작은 각도의 경사로를 설치한다. 경사로를 빠져 나온 구슬이 MBL 장치의 포토게이트(photo-gate)를 통과하도록 위치시킨다.

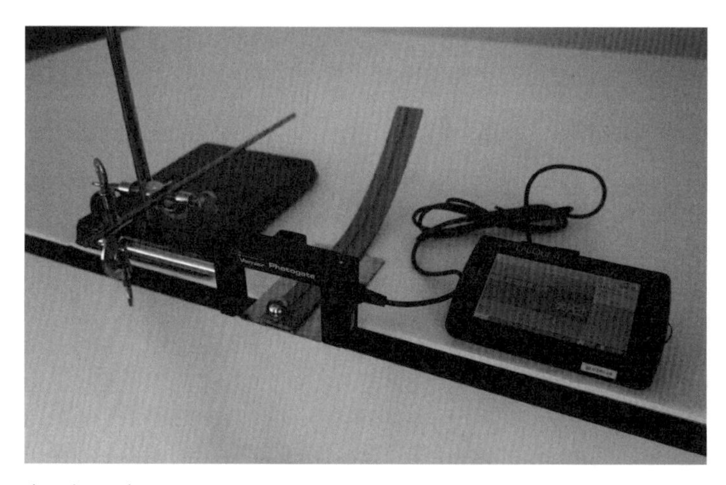

〈그림 2-9〉 **포토게이트를 이용한 빗면을 구르는 금속구의 속력 측정**

■ 포토게이트의 한쪽에서 적외선을 발사하면, 통과하는 물체에 의해 차단되는 시간이 측정된다. 이어서 금속구의 지름을 입력하면 속력이 얻어진다.

• 금속구와 포토게이트에서 나오는 적외선이 같은 축상에 일치하도록 설치하였는가?

• 금속구의 지름은 몇 m인가?

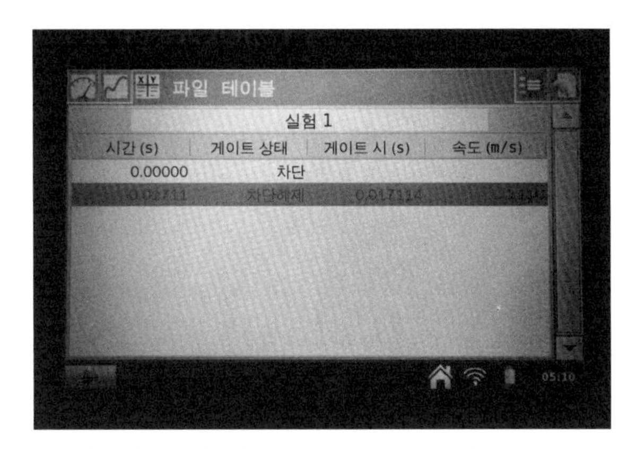

〈그림 2-10〉 **인터페이스에 나타난 측정 결과**

■ 경사로 위에 출발 지점을 표시하여 금속구를 굴려보고, 인터페이스를 분석해 다음 표를 완성하자.

횟 수	1	2	3	4	5	평 균
속도 (m/s)						

• 위의 결과로부터 어떤 결론을 내릴 수 있는가?

■ 출발 지점을 점차 높여가며 실험을 반복하여 속력을 구해보자.

• 출발 지점이 높아질 때 물체의 속력은 어떻게 변하는가?

03 포물체 운동의 분석

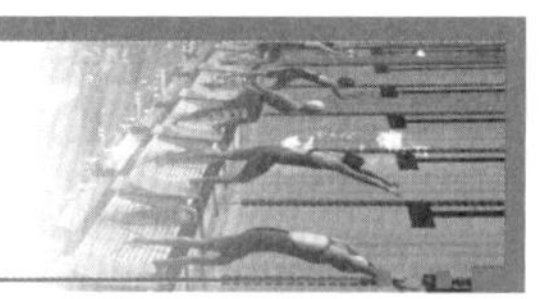

1 목 적

- 포물체 운동 사진을 분석하여 속도와 가속도의 크기와 방향을 알아보고 포물체 운동을 하는 동안 물체에 어떤 힘이 작용하는지 조사한다.
- 포물체 운동에서 물체의 수평방향과 수직방향의 운동은 서로 독립적임을 이해한다.

2 준비물

다중섬광사진 1매, 트레이싱 종이 1장, 자(30 cm) 1개

3 자료분석 및 결과

- 〈그림 2-11〉은 수평면과 27°의 각을 이루는 방향으로 던진 작은 공의 운동을 찍은 다중섬광사진이다. 섬광의 발광주기는 $\frac{1}{30}$ s이며, 공은 왼쪽으로부터 오른쪽으로 운동한다(축척은 1 : 10이다).

  • 이 사진에서 공의 속력과 운동방향은 일정한가?

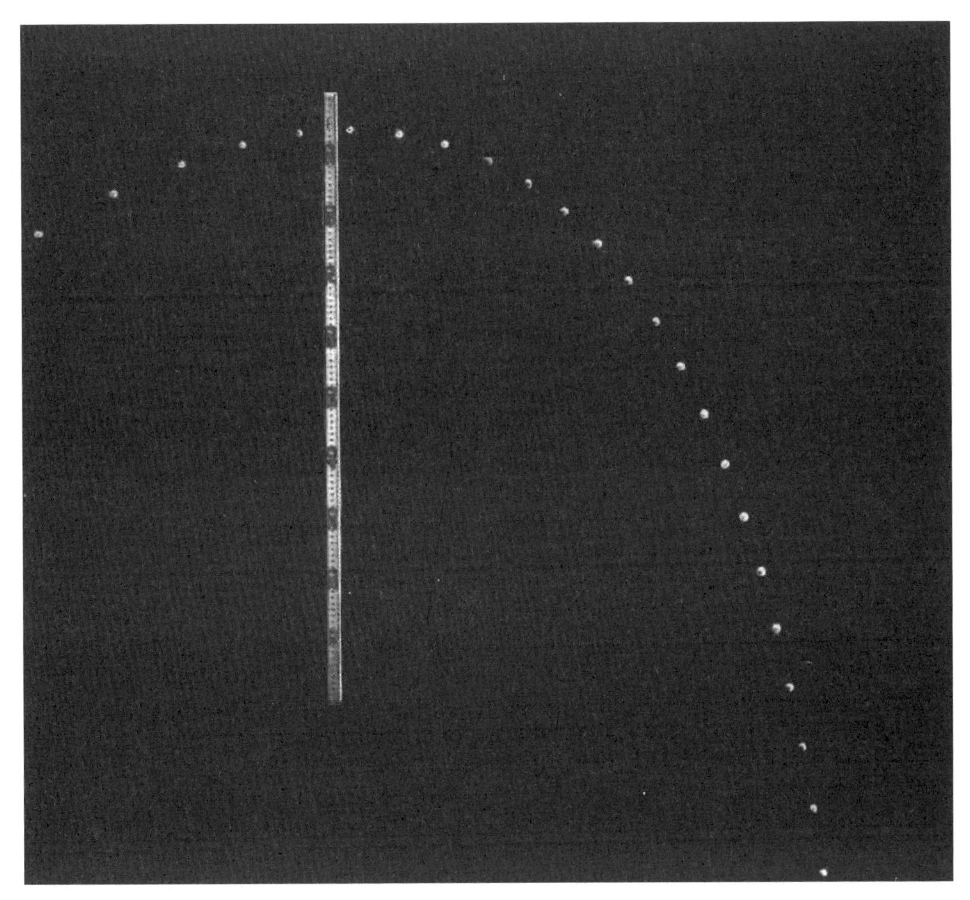

〈그림 2-11〉 **다중섬광으로 찍은 포물체 운동사진**

■ 트레이싱 종이를 사진 위에 놓고 공의 중심에 점을 찍어서 공의 운동경로를 복사하여라. 그리고 미터자 위의 끝에 수평으로 직선을 긋고 공이 수평방향으로 이동한 거리를 표시하자.

• 수평방향의 속도는 어떠한가?

• 왜 그렇게 되는지 설명해 보자.

■ 0.1s(그림에서 3개 간격)마다의 공의 운동을 분석하려면 공의 중심점을 2개씩 건너 직선으로 연결하면 된다. 그러면 이 선분은 0.1s 사이의 공의 변위이며, 또 같은 시간 사이의 평균속도를 나타낸다. 0.1s마다 각 구간에서 속도의 변화를 구하려면 〈그림 2-12〉(a)와 같이 나중 속도벡터 $\vec{v}_2$에서 처음 속도벡터 $\vec{v}_1$을 빼면 된다. 즉, $\vec{v}_2 + (-\vec{v}_1)$이다.

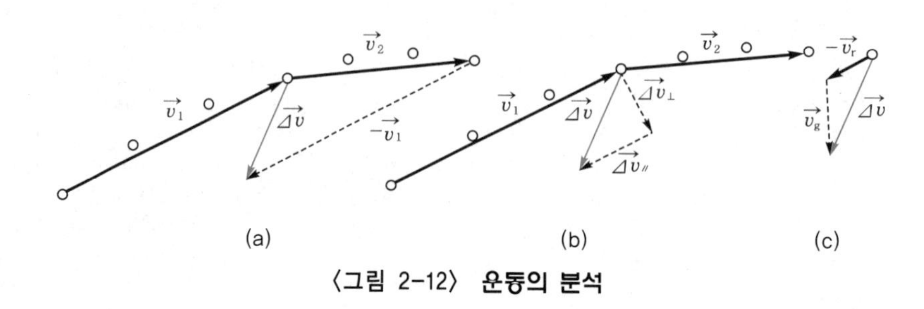

〈그림 2-12〉 **운동의 분석**

- 각 구간에서 속도변화 $\overrightarrow{\Delta v}$의 크기는 모두 같은가?

- 각 구간에서 속도변화 $\overrightarrow{\Delta v}$의 방향은 모두 같은가?

■ 각 구간에서 인접한 두 속도벡터 $\vec{v}$와 속도변화 $\overrightarrow{\Delta v}$ 사이의 관계를 알아보려면 〈그림 2-12〉(b)와 같이 $\overrightarrow{\Delta v}$에 평행($\overrightarrow{\Delta v_{/\!/}}$)인 방향과 수직($\overrightarrow{\Delta v_{\perp}}$)인 방향으로 나누어 보면 알 수 있다.

- $\overrightarrow{\Delta v_{/\!/}}$ 성분이 아주 작다면 물체는 어떤 운동을 하는가?

- $\overrightarrow{\Delta v_{\perp}}$ 성분이 아주 작다면 물체는 어떤 운동을 하는가?

■ 속도변화 $\overrightarrow{\Delta v}$를 중력에 의한 성분 $\overrightarrow{\Delta v}_{\rm g}$와 공기저항에 의한 성분 $\overrightarrow{\Delta v}_{\rm r}$로 분해하여 보자.

- 0.1 s 동안의 속도변화의 중력성분은 어디를 향하는가? 그리고 어떤 물리량인가?

- 그 값은 얼마인가?

- $\overrightarrow{\Delta v}_{\rm g}$를 일으키게 하는 힘은 무엇인가?

- $\overrightarrow{\Delta v}_{\rm r}$의 크기는 모두 같은가?

- $\overrightarrow{\Delta v}_{\rm r}$의 방향은 어디를 향하는가?

- $\overrightarrow{\Delta} v_{\rm r}$를 일으키게 하는 힘은 무엇인가?

- 포물체의 운동에 대하여 어떤 결론을 내릴 수 있는가?

- 만일 이 공에 작용하는 힘이 중력뿐이라면 공의 운동은 어떻게 달라질까?

04 Newton의 운동 제2법칙

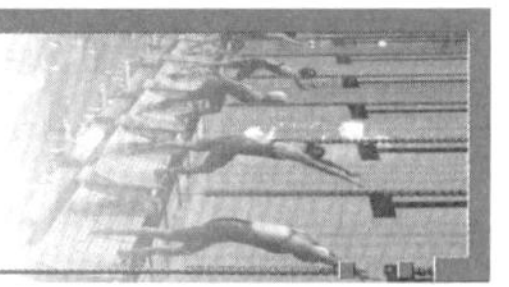

1 목 적

일정한 힘이 작용할 때 물체의 운동상태를 분석하고, 이를 통하여 힘, 가속도 및 질량 사이의 관계를 정량적으로 구하여 Newton의 운동 제2법칙을 유도한다.

2 준비물

역학수레 1개, 교류용 시간기록계 1개, C형 클램프 3개, 고무줄(30 cm) 4개, 벽돌 4장, 미터자 1개, 수준기 1개, 모눈종이 4장, 종이테이프

3 이 론

정지상태에 있는 물체를 움직이려면 그 물체에 힘을 작용해야 한다. 또 움직이고 있는 물체의 속도나 방향을 변화시킬 때에도 힘이 작용해야 한다. 이때 물체의 질량이 크면 속도를 변화시키는 데 큰 힘이 필요하다. 즉, 질량이 큰 물체는 큰 관성을 가지고 있다고 말할 수 있다. 그러므로 물체의 질량은 관성이라고 표현하는 물질의 정성적 성질을 정량적으로 표시한 것이다. 따라서 물체에 힘이 작용할 때 생기는 가속도의 크기는 힘의 크기에 비례하고, 그 물체의 질량에 반비례한다. 즉, $a \propto \frac{F}{m}$ 이다. 따라서 $F=kma$가 된다. 이때 비례상수 $k=1$이 되도록 F, m, a의 단위를 정하면 $F=ma$를 얻는 것이다. 이것을 **Newton의 운동 제2법칙**이라고 한다.

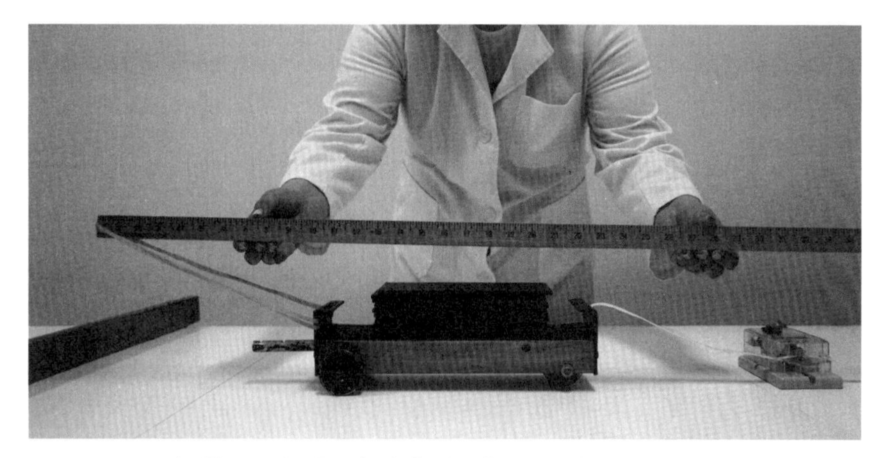

〈그림 2-13〉 **일정한 힘을 유지하면서 물체를 끄는 모습**

4 실험방법 및 결과

■ 실험대가 수평한지 수준기로 확인해 보고, 수평을 유지하도록 조절하자. 그리고 〈그림 2-13〉과 같이 시간기록계, 역학수레, 수레 정지용 각목을 장치하자. 수레에 벽돌을 2장 싣고 고무줄 수를 1～4개로 바꾸면서 여러 번 끌어 보아라. 수레를 끄는 동안 고무줄의 길이를 일정하게 유지하여야 한다(예 60 cm, 80 cm 등). 이때 벽돌이 수레에서 떨어지지 않도록 단단히 고정시킨다.

• 수레를 끄는 동안 고무줄의 길이를 일정하게 유지해야 하는 이유는 무엇인가?

• 고무줄 수를 1～4개로 바꾸는 것은 어떤 변수에 해당하는가? 이때는 어떤 가정이 필요한가?

1) 질량은 일정하고 작용하는 힘이 다른 경우 가속도 구하기

■ 수레에 벽돌 4장을 싣고 고무줄 수를 1～4개로 바꾸면서 고무줄을 일정하게(예 80 cm 등) 유지하며 끌어당겨 수레의 운동을 종이테이프에 기록하자.

각 경우에 대해 종이테이프에 찍힌 타점을 분석하여 가속도를 구하고, 그 결과를 다음 표에 기록해 보자.

가속도를 구하기 위해 물체가 정지상태에서 일정한 가속도 a로 거리 d만큼 운동하는 경우를 생각하자. 이때 소요된 시간을 t라고 하면 이동거리 $d=\frac{1}{2}at^2$이고, 가속도 $a=\frac{2d}{t^2}$가 된다. 즉, 같은 시간 동안의 가속도는 이동한 거리에 비례한다. 따라서 고무줄 수를 달리하여 수레를 끌었을 때의 가속도는 수레가 정지상태에서 출발하여 같은 시간 동안 진행한 거리를 종이테이프에서 측정하면 된다. 이때 종이테이프의 전체 길이에 대해 분석하는 것이 바람직하지만 마지막 부분이나 처음 부분은 포함되지 않도록 하는 것이 좋다. 왜냐하면, 운동의 마지막 부분이나 처음 부분에서는 힘을 일정하게 유지하기 어렵기 때문이다.

(예 벽돌 4장)

힘 F (고무줄 수)	거리 d (cm) (60타점 사이의 거리)	$a=\frac{2d}{t^2}$ [cm/(60똑딱)^2]
1		
2		
3		
4		

- 이 표를 가지고 $a-F$ 관계 graph를 〈그림 2-14〉에 그려 보자.

- 이 graph에서 힘과 가속도 사이에는 어떤 관계가 있다고 생각하는가? 식으로 정리해 보자.

- 이 graph는 원점에 대하여 어떤 위치를 지난다고 예측되는가?

• 마찰이 없다면 $a-F$의 관계 graph는 원점을 지나게 될 것인가?

• 교류용 시간기록계를 사용했다면 '60똑딱'에 해당하는 시간은 몇 초인가?

2) 작용하는 힘이 일정하고 질량이 다른 경우 가속도 구하기

■ 수레에 벽돌을 1∼4장씩 바꾸면서 고무줄 1개를 일정하게 늘여서(예 60 cm, 80 cm 등) 수레를 끌어당기자. 각 경우에 대해 종이테이프에 기록된 타점을 분석하여 가속도를 구하고 다음 표를 완성하라. 그리고 힘과 가속도의 비(F/a)를 질량(m) 즉, 벽돌 수의 함수로 나타내는 graph를 〈그림 2-15〉에 그려 보자.

(고무줄 1개)

질량 m (벽돌 수)	거리 d (cm) (60타점 사이의 거리)	$a=\frac{2d}{t^2}$ [cm/(60똑딱)^2]	F/a
1			
2			
3			
4			

• 이 graph에서 F/a 와 m 사이에는 어떤 관계가 있다고 생각하는가? 식으로 정리해 보자.

• 이 graph에서 직선이 원점을 지나지 않는 이유는 무엇 때문인가?

• 이 graph에서 벽돌의 질량을 단위로 하여 수레만의 질량을 알 수 있는가? 수레의 질량은 얼마인가?

- 실험결과를 종합하여 힘, 질량 및 가속도 사이의 관계에 대해 어떤 결론을 내릴 수 있는가?

- 이 실험장치를 이용하여 벽돌 이외의 다른 물체의 질량을 구할 수 있는가? 적당한 물체를 골라서 그 질량을 구해 보자. 그 값은 벽돌의 질량을 기준으로 했을 때 얼마인가?

■ 벽돌 4장을 실은 수레를 고무줄 4개를 80 cm 늘여서 끌었을 때, 어떤 구간에서 수레의 가속도가 6.7 cm/(60똑딱)^{2}이었다. 이 값을 m/s^{2}으로 환산하자.

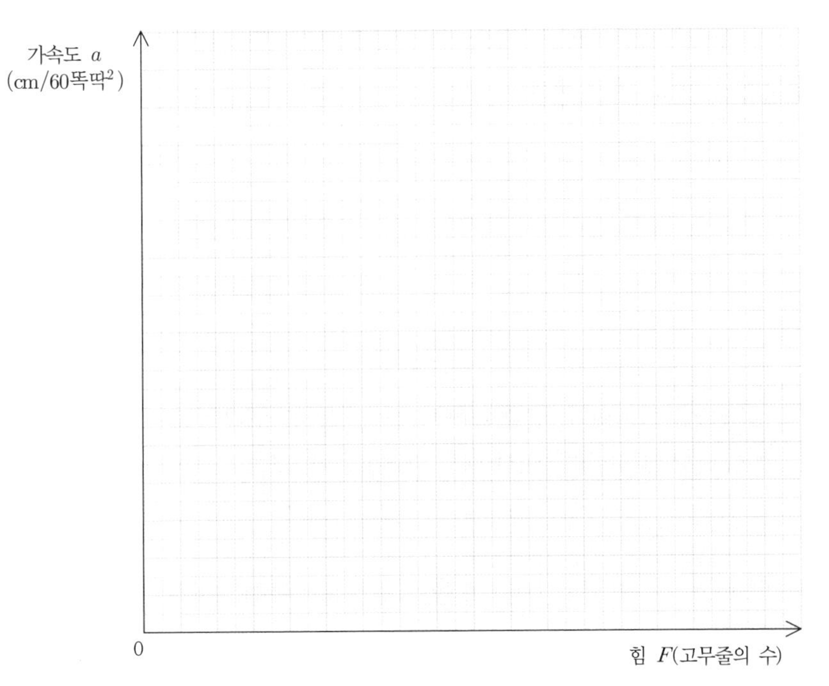

〈그림 2-14〉 $a-F$ 관계 graph

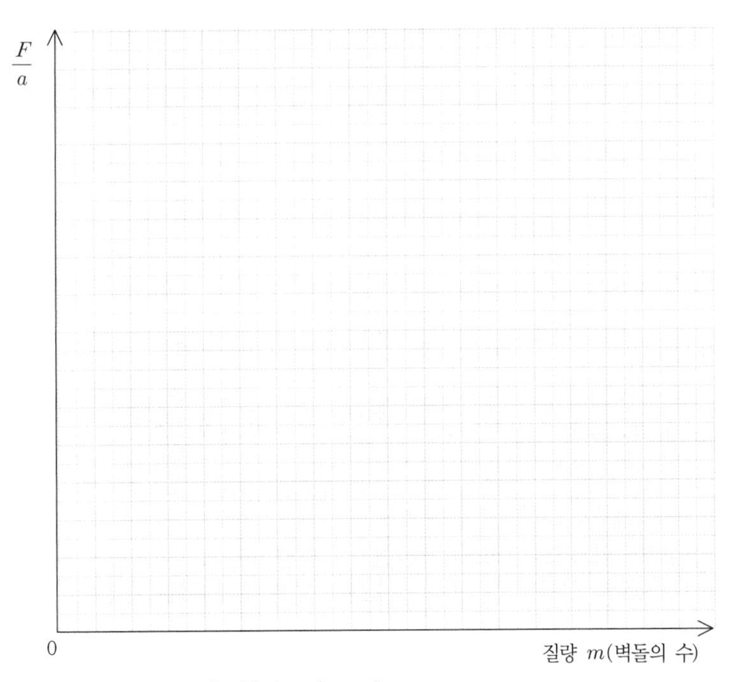

〈그림 2-15〉 $F/a-m$ 관계 graph

05 원운동 분석

1 목 적

물체를 원운동시키려면 구심력이 필요함을 알고, 원운동하는 물체의 구심력, 속력, 질량 그리고 궤도반지름 사이의 관계를 구한다.

2 준비물

알루미늄관 또는 유리관 1개, 고무마개 2개, 초시계 1개, 받침쇠 20개, 미터자 1개, 빨래집게 1개, 클립 1개, 줄(나일론 등), 모눈종이, 자(30 cm)

3 이 론

〈그림 2-16〉과 같이 질량 m인 물체가 반지름 r인 원주상을 등속원운동을 할 때 가속도는 $a=\dfrac{\Delta v}{\Delta t}$이고, 속도의 변화량의 크기는 $\overrightarrow{\Delta v}=\vec{v}_2-\vec{v}_1$이다. 시간간격 Δt가 매우 짧으면 Δl은 물체의 이동거리와 같으므로 $v=\dfrac{\Delta l}{\Delta t}$, $\Delta l=v\Delta t$이다. 〈그림 2-16〉(c) 벡터 $\vec{v}_1$, $\vec{v}_2$, $\overrightarrow{\Delta v}$가 만든 삼각형은 〈그림 2-16〉(b)에 있는 삼각형 ABC와 기하학적으로 닮은 삼각형이다. $\vec{v}_1$과 $\vec{v}_2$ 사이의 각은 CA와 CB 사이의 각과 같고, 그 값은 $\Delta\theta$이다. 따라서 다음과 같은 관계가 있다.

$\dfrac{\Delta v}{v}=\dfrac{\Delta l}{r}$이므로 $\Delta v=\dfrac{v\Delta l}{r}$이다.

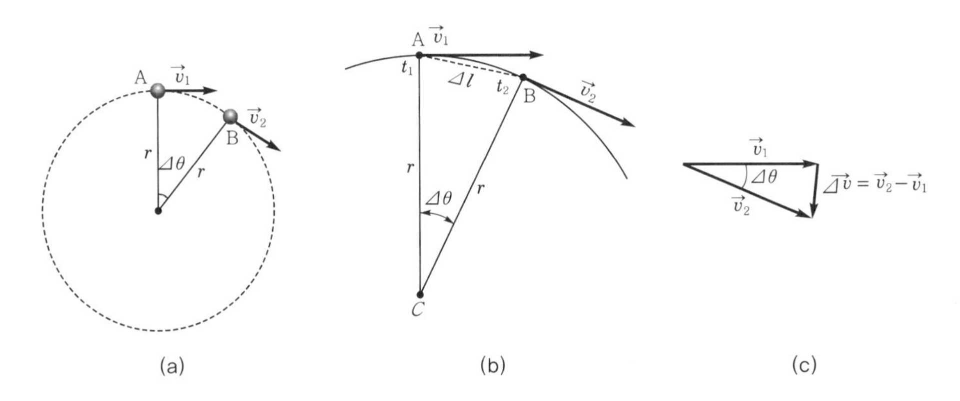

〈그림 2-16〉 **원운동에서 속도변화**

등속원운동하는 물체의 속도의 크기는 일정하나 방향은 계속 변한다. 물체는 Δt 동안 속도가 $\overrightarrow{\Delta v}$만큼의 속도변화로 인해 가속도가 생기며, 그 방향은 원의 중심이다. 그러므로 모든 점에서 속도벡터와 가속도벡터는 서로 수직이다.
$\overrightarrow{\Delta v}$를 Δt로 나누면 구심가속도의 크기 a_{R}이 얻어진다.

$$a_{\mathrm{R}} = \frac{\Delta v}{\Delta t} = \frac{v\Delta l}{r\Delta t} = \frac{v^2\Delta t}{r\Delta t} = \frac{v^2}{r} \quad \cdots\cdots (1)$$

원운동의 주기 T는 원둘레 $2\pi r$을 물체의 속도의 크기 v로 나눈 값인 $T = \dfrac{2\pi r}{v}$ 이다. 그리고 진동수는 $f = \dfrac{1}{T}$이므로 $f = \dfrac{1}{T} = \dfrac{v}{2\pi r}$ 이고 $v = 2\pi r f$ 이다.
따라서, (1)식은 다음과 같이 정리할 수 있다.

$$a_{\mathrm{R}} = \frac{v^2}{r} = \frac{(2\pi r f)^2}{r} = 4\pi^2 f^2 r \quad \cdots\cdots (2)$$

운동의 제2법칙에 의해서 원주상을 등속원운동하고 있는 질량 m의 물체가 받는 구심력 F는 다음과 같이 표현할 수 있다.

$$\boldsymbol{F = ma_{\mathrm{R}} = m(4\pi^2 f^2 r) = 4\pi^2 f^2 mr} \quad \cdots\cdots (3)$$

4 실험방법 및 결과

■ 〈그림 2-17〉과 같이 배치한 다음 알루미늄관을 머리 위에서 작은 원을 그리도록 돌려 주면 고무마개가 수평면상에서 원운동을 하게 된다. 이때 받침쇠에 걸리는 중력이 줄을 따라 작용하여 고무마개가 원운동하는 데 필요한 수평력을 공급한다. 이 수평력이 구심력의 역할을 한다.

클립에 받침쇠를 끼우지 않고 알루미늄관 아래쪽의 줄을 한 손으로 잡고 고무마개를 머리 위에서 원운동시켜 보자.

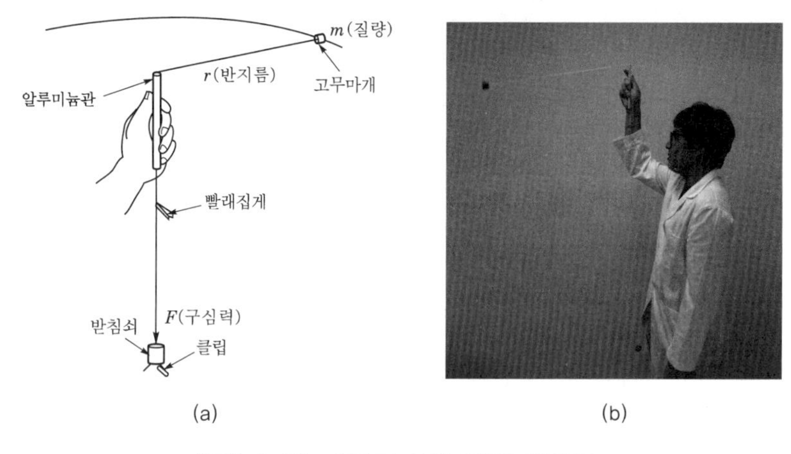

〈그림 2-17〉 **원운동 실험장치와 실험모습**

- 회전반지름을 일정하게 유지하면서 고무마개의 회전속도를 증가시켜 보자. 알루미늄관 아래쪽의 줄을 잡고 있는 손에 어떤 힘이 느껴지는가?

- 고무마개를 회전시키다가 잡고 있던 줄을 갑자기 놓았다면 고무마개는 어떻게 되겠는가?

■ 알루미늄관의 위쪽 끝으로부터 고무마개까지의 회전반지름 r이 $1\,\mathrm{m}$가 되도록 줄의 길이를 조절하고 클립에 받침쇠를 매달자. 이때 알루미늄관의 아래쪽 줄에 빨래집게를 물

려 놓으면 고무마개가 회전하고 있는 동안 회전반지름이 일정하게 유지되는지 확인할 수 있는 표적이 된다. 즉, 고무마개가 회전하는 동안 빨래집게와 관 사이의 거리를 일정하게 유지하여야 한다.

고무마개를 일정한 빠르기로 회전시키면서 10회전하는 데 걸리는 시간을 공동실험자가 정확히 측정하도록 하자. 그리고 회전반지름을 일정하게 유지한 채(상황에 따라 $r=0.3 \sim 1.0\ \mathrm{m}$) 받침쇠의 수를 5개, 10개, 15개, 20개로 늘려 가면서 고무마개가 10회전하는 데 소요되는 시간을 측정하여 다음 표에 기입하라(받침쇠의 질량에 따라 3개, 6개, 9개, 12개 등으로 바꿀 수 있다).

또 받침쇠의 수를 5개(10개, 15개, 20개)로 고정하고 회전반지름을 $0.8\ \mathrm{m}$, $0.6\ \mathrm{m}$, $0.4\ \mathrm{m}$ 등으로 변화시키면서 앞에서와 같이 10회전하는 데 걸린 시간을 측정하여 다음 표에 기입하라. 각 경우마다 주기 T, 진동수 f, 진동수의 제곱 f^2을 계산하여 다음 표를 완성하라.

고무마개 수 m	받침쇠 수 F	r (m)	$10T$ (s)	T (s)	f (s^{-1})	f^2 (s^{-2})
$m=1$		1.0				
		0.8				
		0.6				
		0.4				
		1.0				
		0.8				
		0.6				
		0.4				
		1.0				
		0.8				
		0.6				
		0.4				
		1.0				
		0.8				
		0.6				
		0.4				
$m=2$		1.0				
		1.0				
		1.0				
		1.0				

※ 반지름 r은 실험 여건에 따라 자유롭게 설정할 수 있다.

1) 구심력 F와 진동수 f 사이의 관계

- 고무마개의 진동수 f와 받침쇠의 수 즉, 구심력 F 사이의 관계 graph를 〈그림 2-19〉에 그려라. 또 진동수의 제곱 f^2과 구심력 F 사이의 관계 graph도 〈그림 2-20〉에 그려라. 이때 graph 안에 회전반지름 r이 서로 다른 경우에 대해 모두 그려 보자.

  • 회전반지름이 일정할 때 구심력 F는 진동수 f와 어떤 관계가 있는가?

2) 구심력 F와 회전반지름 r 사이의 관계

- 원운동하는 물체의 질량과 진동수가 일정할 때, 구심력 F와 회전반지름 r 사이에 어떤 관계가 있는가를 실험으로 알아내는 것은 매우 어렵다. 이 관계를 조사해 볼 수 있는 방법을 생각해 보자. 그리고 그 방법으로 구심력 F와 회전반지름 r 사이의 관계 graph를 〈그림 2-21〉에 그려 보자.

  • 어떻게 하면 F와 r 사이의 관계를 알아낼 수 있을까?

  • 진동수의 제곱과 질량이 일정할 때 구심력 F와 회전반지름 r 사이에는 어떤 관계가 있는가?

3) 구심력 F와 질량 m 사이의 관계

- 구심력이 원운동하는 물체의 질량과 어떤 관계가 있는지 알아보려면 똑같은 고무마개 2개를 매달아 원운동시켜 보면 알 수 있다.

  똑같은 고무마개 2개를 매달아 회전반지름을 1.0 m로 일정하게 하여 받침쇠의 수를 5개, 10개, 15개, 20개로 바꿔가면서 10회전하는 데 소요되는 시간을 측정하자(이때 회전반지름은 변경해도 된다). 이 결과를 앞의 표에 기입하고, 주기 T, 진동수 f, 진동수의 제곱 f^2을 계산하여 표를 완성하라. 회전반지름 r=1.0 m일 때 m=1과 m=2에 대한 f^2을 F의 함수로 나타내는 graph를 〈그림 2-22〉에 그려라. 그리고 이 graph를 이용하여 일정한 f^2에 대응하는 F와 m의 값을 읽고, F와 m 사이의 관계 graph를 〈그림 2-23〉에 그려 보자.

  • 구심력 F와 질량 m 사이에는 어떤 관계가 있는가?

• 이상의 결과를 종합하면 어떤 결론을 내릴 수 있는가?

■ 구심력 F가 회전반지름 r과 진동수의 제곱 f^2에 비례할 때 비례상수 k는 어떤 물리적인 의미를 가지는지 생각해보자.

• 비례상수는 얼마인가? 그 의미는 무엇인가?

4) 줄이 수평이 되지 않는 이유와 그 영향은?

■ 고무마개가 원운동하고 있는 동안 알루미늄관으로부터 고무마개까지의 줄이 정확히 수평이 되지 않는 것을 보았을 것이다. 이것은 중력이 고무마개를 아래로 잡아당기고 있기 때문이다. 따라서 알루미늄관으로부터 고무마개까지의 줄의 길이 r은 고무마개의 회전반지름 R과 실제로 같지 않다(〈그림 2-18〉 참고).

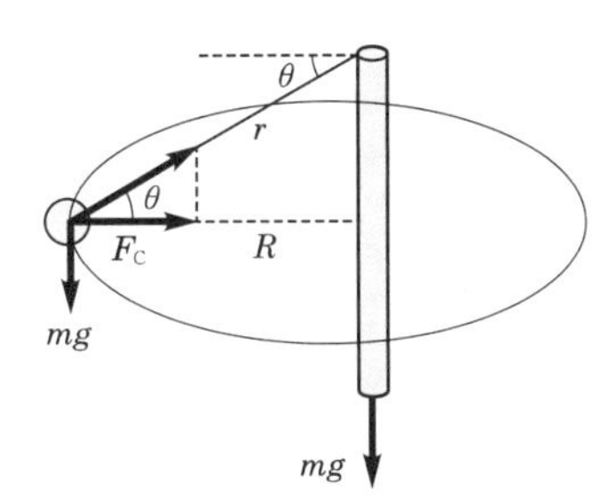

〈그림 2-18〉 **줄이 수평이 되지 않았을 때 구심력은 수평과 각 θ를 이룬다.**

• 알루미늄관으로부터 고무마개까지의 줄이 정확히 수평이 되지 않은 상태로 회전시켜도 구심력 측정 실험결과에는 아무런 영향이 미치지 않음을 수학적으로 확인해보자.

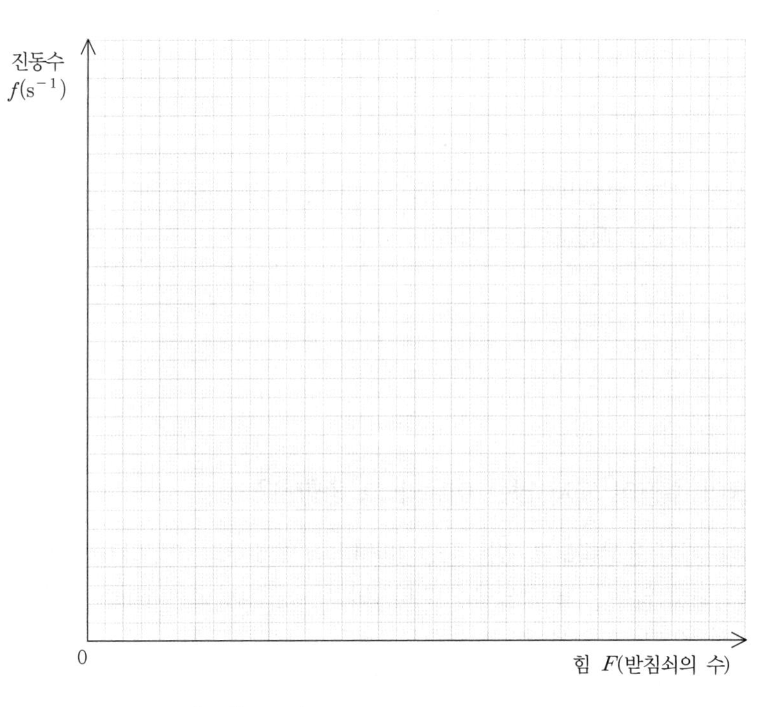

〈그림 2-19〉 $m=1$일 때 $f-F$ 관계 graph

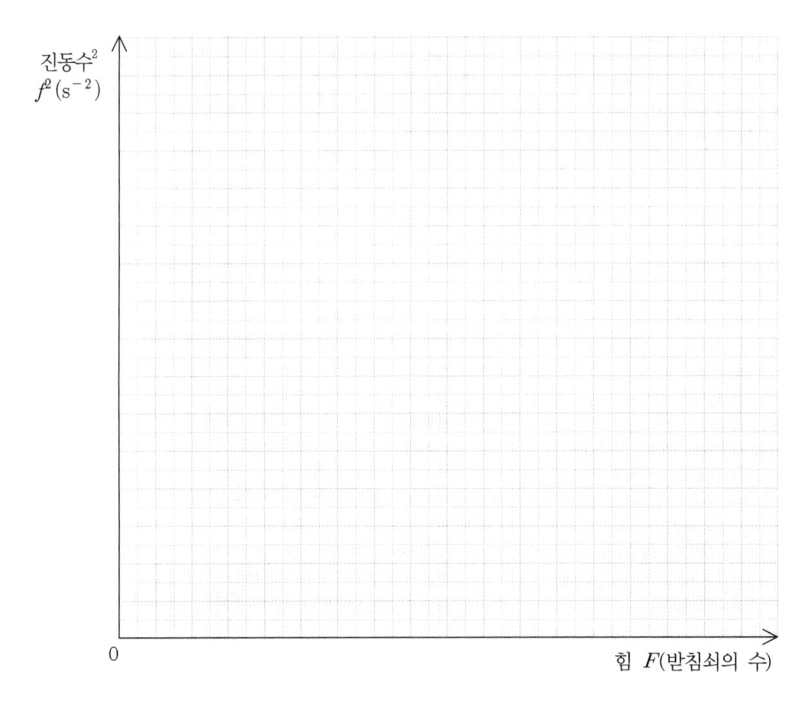

〈그림 2-20〉 $m=1$일 때 f^2-F 관계 graph

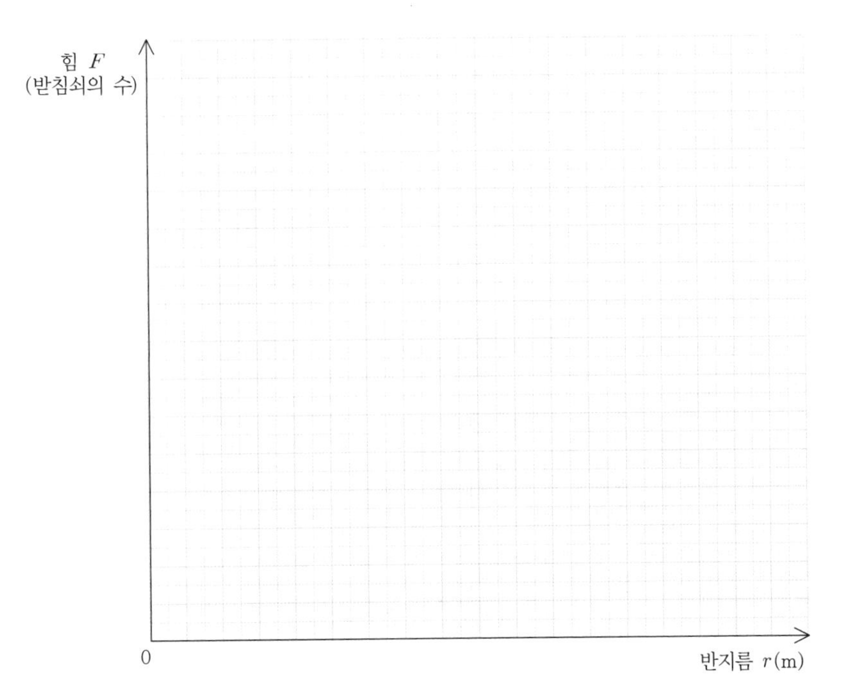

〈그림 2-21〉 **질량과 진동수가 일정할 때, $F-r$ 관계 graph**

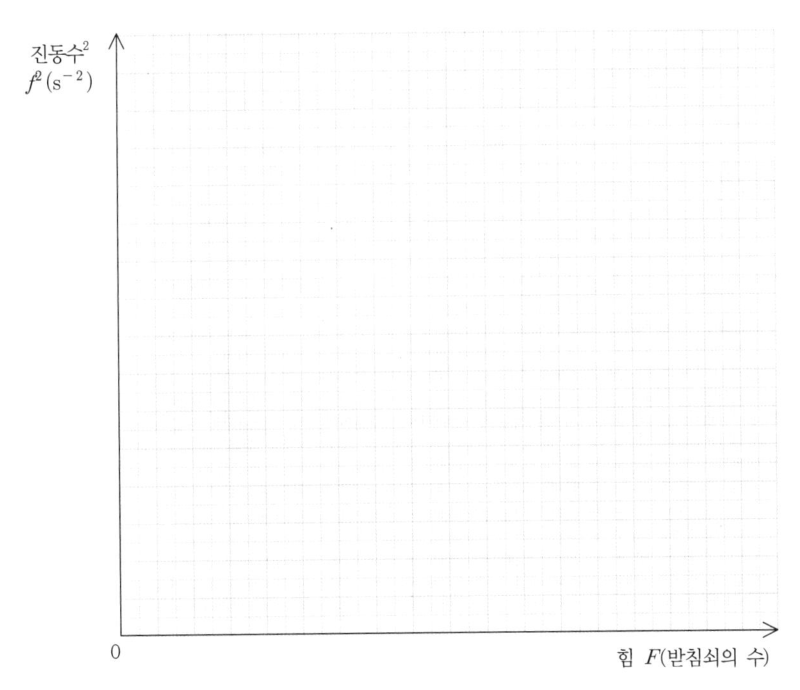

〈그림 2-22〉 **$r=1.0$ m일 때 $m=1$, $m=2$에 대한 f^2-F 관계 graph**

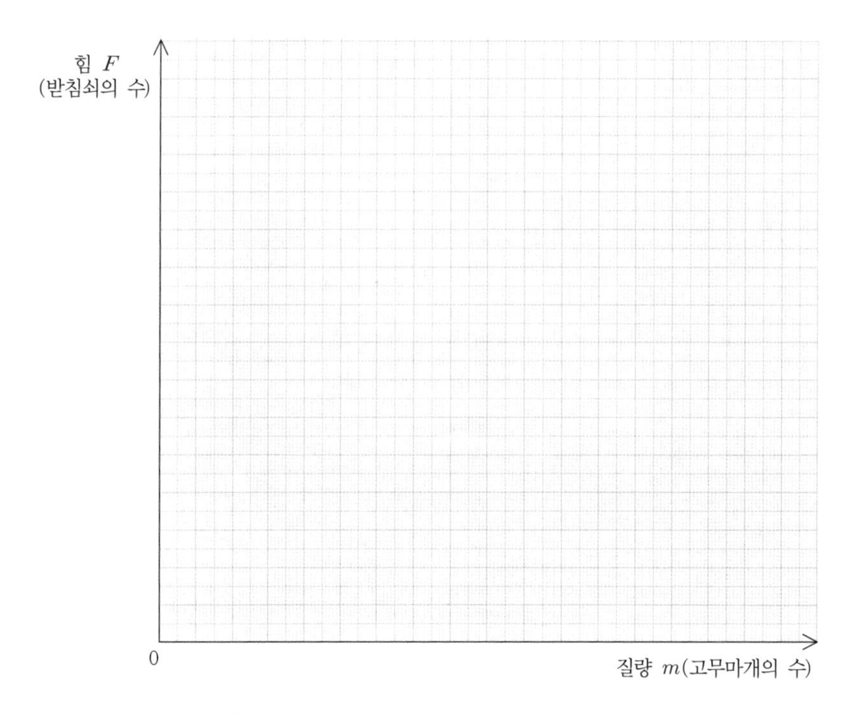

〈그림 2-23〉 **일정한 f^2에 대한 $F-m$ 관계 graph**

5 참고사항

1) 이 실험은 측정값의 처리가 복잡하고 어렵다. 따라서 사전에 원운동에 대한 기본적인 이해가 필요하다.
2) 시간이 부족하면 과외 학습으로 해결하는 것도 좋은 방법이다.
3) 회전면이 수평이 아니더라도 실험결과에는 영향이 없다는 점을 확실하게 이해한다.

06 단진자를 이용하여 중력가속도 구하기

1 목 적

- 단진자의 주기가 질량, 길이, 진폭과 어떤 관계가 있는지 이해한다.
- 단진자의 주기를 이용하여 중력가속도를 측정한다.

2 준비물

단진자 실험세트 1조, 미터자 1개, 초시계 1개, 자(mm눈금) 1개, 나일론 실, 모눈종이

3 이 론

질량을 무시할 수 있는 길이 L(m)인 실의 한끝을 고정시키고, 다른 한끝에 질량 m(kg)인 추를 매달아 연직면 내에서 흔들어 주면 〈그림 2-24〉와 같이 좌우로 왕복운동을 한다. 이러한 계를 **단진자**(Simple pendulum)라고 한다. 이때 추에 작용하는 복원력 $F=-mg\sin\theta$이다. 이 식에서 (−)는 본래 위치로 되돌아가려는 힘을 나타낸다. 이때 θ가 매우 작으면 작은 각도근사라고 하는 단순모형을 사용할 수 있다. 이 모형에 의하면 $\sin\theta \simeq \theta$이고, $\theta=\frac{x}{L}$이므로 다음과 같다.

$$F=-mg\sin\theta=-\frac{mg}{L}x$$

여기서, 비례상수 $k = \frac{mg}{L}$ 라고 하자.

용수철 진자의 식에서 $k = m\omega^2$ 이므로 $m\omega^2 = \frac{mg}{L}$ 이다. 여기서, ω는 각속도를 나타낸다.

각속도 ω는 $\frac{2\pi}{T}$ 이므로 다음과 같은 식이 얻어진다.

$$m\left(\frac{2\pi}{T}\right)^2 = \frac{mg}{L}$$

$$\therefore \boldsymbol{g = \frac{(2\pi)^2}{T^2}L} \quad \cdots\cdots (1)$$

따라서, 실의 길이 L(m)과 주기 T(s)를 측정하면 실험실에서의 중력가속도 값 g(m/s^2)를 구할 수 있다. 이 식에서 주기 L을 구하면 다음과 같다.

$$\therefore \boldsymbol{T = 2\pi\sqrt{\frac{L}{g}}} \quad \cdots\cdots (2)$$

(2)식에서 단진자의 주기는 $\sqrt{L}$ 에 비례함을 알 수 있다.

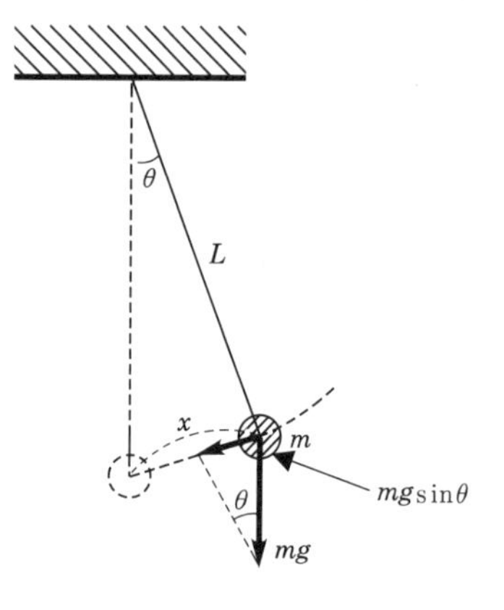

〈그림 2-24〉 **길이가 L인 실에 매달린 질량 m인 단진자**

4 실험방법 및 결과

- 〈그림 2-25〉(a)와 같이 길이 2 m 정도 되는 실의 한쪽 끝을 스탠드에 묶고 실의 다른 한쪽 끝에 추(진자)를 매달아 〈진폭과 주기〉, 〈질량과 주기〉, 〈실의 길이와 주기〉 사이의

관계를 측정하는 실험을 한다. 이때 중력가속도 값을 결정하는 중요한 요인인 실의 길이와 주기를 정확하게 측정하기 위한 창의적인 방법을 찾아내는 것이 바람직하다. 진자의 왕복운동 시간을 측정하기 위해 레이저를 사용할 수도 있다. 주기를 정확하게 측정하기 위해 실험실에 있는 어떤 기구라도 동원하여 진자의 왕복운동 시간을 정확하게 측정하려는 자세가 필요하다.

진자가 10회 진동하는 데 걸린 시간을 측정하여 10으로 나누면 진자의 주기를 정확하게 측정할 수 있다.

• 어떻게 하면 주기를 보다 정확하게 측정할 수 있을까? 창의적인 방법을 토의해 보자.

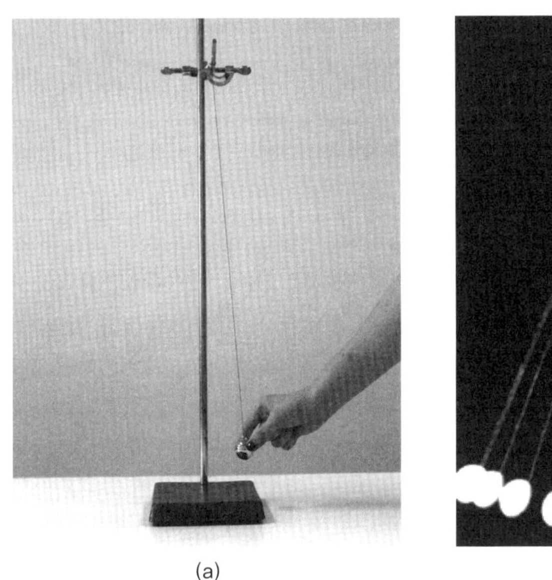

(a)

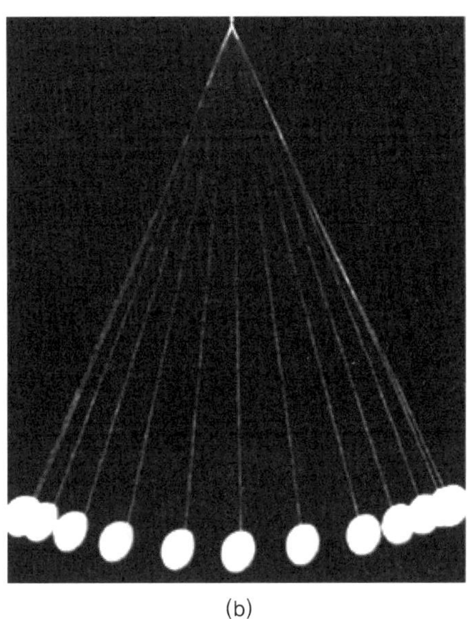

(b)

〈그림 2-25〉 (a) 단진자 실험 모습
(b) 단진자 운동을 같은 시간 간격으로 연속적으로 찍은 사진

1) 진폭과 주기와의 관계

■ 실의 길이와 추의 질량을 일정하게 하고, 단진자의 진폭을 늘려가면서 주기를 측정해 보자.

• 진폭의 변화에 따라 주기는 어떻게 변하는가?

2) 추의 질량과 주기와의 관계

■ 단진자의 진폭과 실의 길이를 일정하게 하고, 추의 질량을 증가시키면서 주기를 측정해 보자.

- 추의 질량이 변할 때 주기는 어떠한가?

3) 실의 길이와 주기와의 관계

■ 단진자의 진폭과 추의 질량을 일정하게 하고 실의 길이를 예를 들어 0.2 m, 0.4 m, 0.6 m, 0.8 m 등으로 변화하면서 각각의 경우에 10회 진동하는 데 걸린 시간을 측정하여 주기 T를 측정해 보자.

실의 길이(L)	구 분	1	2	3	4	5	평 균
( ) m	$10T$						
	T						
	T^2						
( ) m	$10T$						
	T						
	T^2						
( ) m	$10T$						
	T						
	T^2						
( ) m	$10T$						
	T						
	T^2						

- $T-L$, T^2-L 관계 graph를 〈그림 2-26〉과 〈그림 2-27〉에 각각 그려 보자.

• 실의 길이의 변화에 따라 주기는 어떻게 변하는가?

• 진자의 주기(T)와 실의 길이(L) 사이의 관계식을 구해 보자.

• 단진자의 주기는 진폭, 추의 질량, 실의 길이와 어떤 관계가 있는가?

4) 중력가속도 구하기

■ 중력가속도를 구하는 이론식을 이용하여 중력가속도 g값을 구해 보자.

실의 길이(L)	구 분	1	2	3	4	5	평 균
(　　) m	T^2						
	g						
(　　) m	T^2						
	g						
(　　) m	T^2						
	g						
(　　) m	T^2						
	g						

※ 실의 길이 L은 자유롭게 설정할 수 있다.

• 중력가속도 g값은 얼마인가?

• 중력가속도의 기준값은 얼마인가?

- 이 실험에서 구한 중력가속도의 상대오차의 백분율은 몇 %인가?

- 오차의 주요 원인은 무엇이라고 생각하는가?

- 실의 길이 L, 주기 T 중에서 어떤 요인이 중력가속도 g값에 영향을 더 주는가?

■ 진폭의 각 θ가 아주 작은 경우($\theta < 3°$)에 주기는 근사적으로 일치하며, 진폭은 주기에 영향을 미치지 않는 것으로 간주한다.

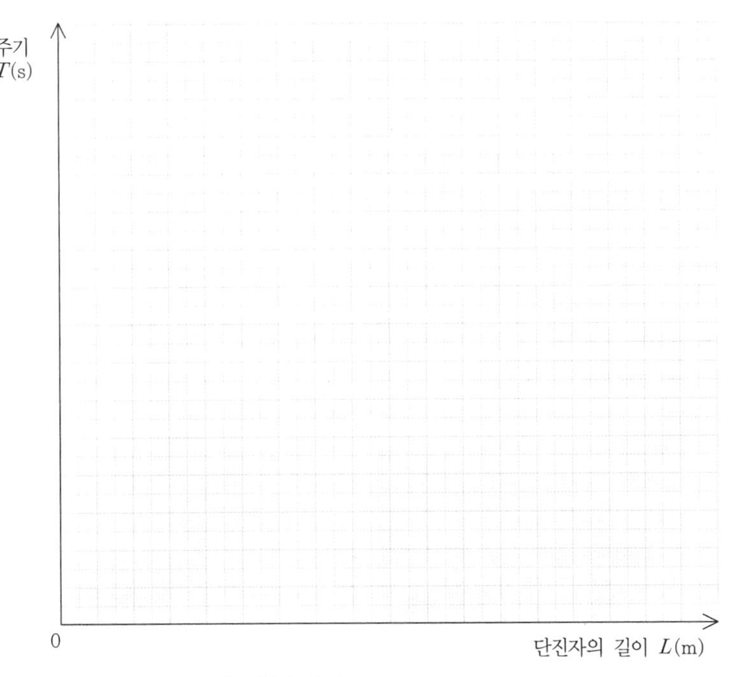

〈그림 2-26〉 $T-L$ 관계 graph

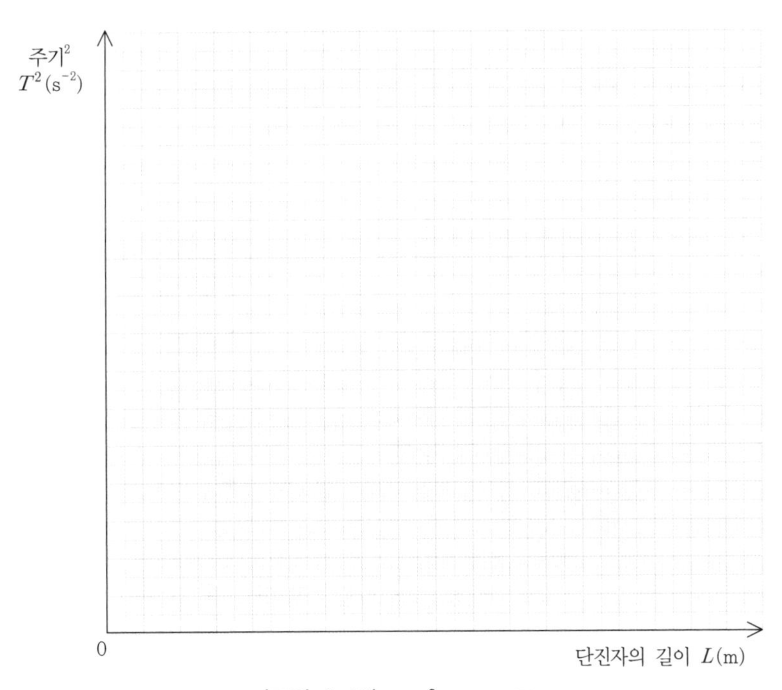

〈그림 2-27〉 T^2-L 관계 graph

5 MBL을 이용한 단진자의 주기 측정

MBL 실험기구를 이용하여 진자의 길이와 주기 사이의 관계를 조사하고, 이 결과를 앞서의 결과와 비교해 보자.

- 〈그림 2-28〉과 같이 MBL 인터페이스와 포토게이트를 설치하자. 사용설명서를 읽고 수집모드를 환경에 맞게 적절히 설정하자. 환경모드는 진자 타이밍모드로 선택하고 데이터 수집횟수를 지정한다.

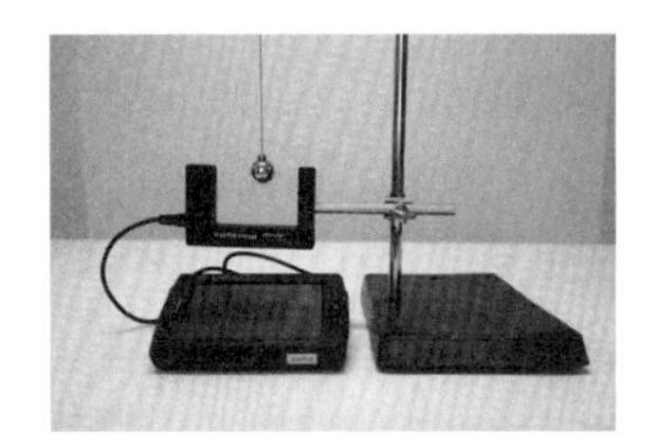
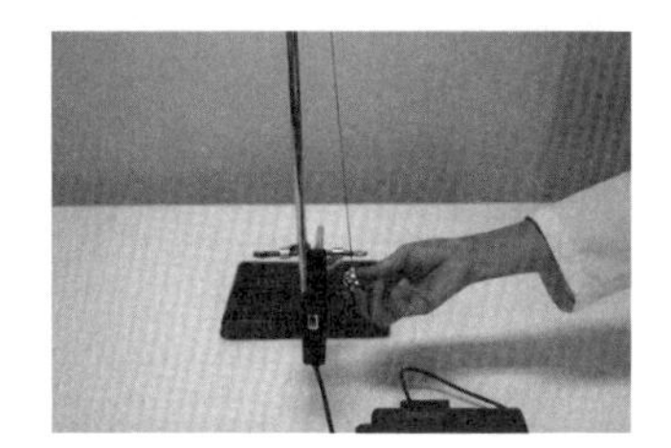

〈그림 2-28〉 **MBL 실험기구를 이용한 단진자의 주기 측정**

- 진자의 질량과 진폭을 일정하게 하고, 진자의 길이를 앞서와 같이 $0.2\ \mathrm{m}$, $0.4\ \mathrm{m}$, $0.6\ \mathrm{m}$, $0.8\ \mathrm{m}$로 변경시키면서 그때마다 주기를 측정하자. 각 경우 반복 측정하여 평균값을 구하자.

파일 테이블

실험 1

시간 (s)	게이트 상태	주기 (s)
0.00000	차단	
0.09411	차단해제	
1.02530	차단	
1.11948	차단해제	
1.73983	차단	1.739834

〈그림 2-29〉 **인터페이스 화면에 나타난 주기**

- 앞서 초시계를 이용하여 측정한 진자의 주기와 MBL 실험기구를 이용하여 측정한 진자의 주기를 비교해 보자. 만약 차이가 있다면 그 원인은 무엇인가?

07 역학적 에너지 보존

1 목 적

- 단진자 운동을 관찰하고 추의 중력에 의한 퍼텐셜에너지와 운동에너지 사이의 전환관계를 이해한다.
- 여러 위치에서 진자의 추를 운동시켜 추의 중력에 의한 퍼텐셜에너지와 운동에너지를 측정하고 역학적 에너지가 보존됨을 이해한다.

2 준비물

스탠드 1개, 추(50 ~ 200 g) 1개, 면도날 1개, 클램프 2개, 먹지 3장, 가는 실, 미터자 1개, 자(30 cm) 1개, C형 클램프 1개, 모조지(전지) 1장, 금속막대(30 cm) 1개

3 이 론

〈그림 2-30〉에서 추가 점 A의 위치에 정지해 있을 때 실험대의 면을 기준으로 한 추의 역학적 에너지는 중력 퍼텐셜에너지뿐으로 그 값 $U(PE)$는 다음과 같다.

$$PE = mgh \quad \text{(여기서, } m \text{ : 추의 질량)} \qquad (1)$$

그리고 점 A에서 추를 가만히 놓았을 때 점 B에서 추의 역학적 에너지는 실험대의 면을 기준으로 할 때 운동에너지뿐이므로 그 값 $K(KE)$는 다음과 같다.

$$KE = \frac{1}{2}mv^2 \quad \text{(여기서, } v \text{ : 점 B에서 추의 속도)} \qquad (2)$$

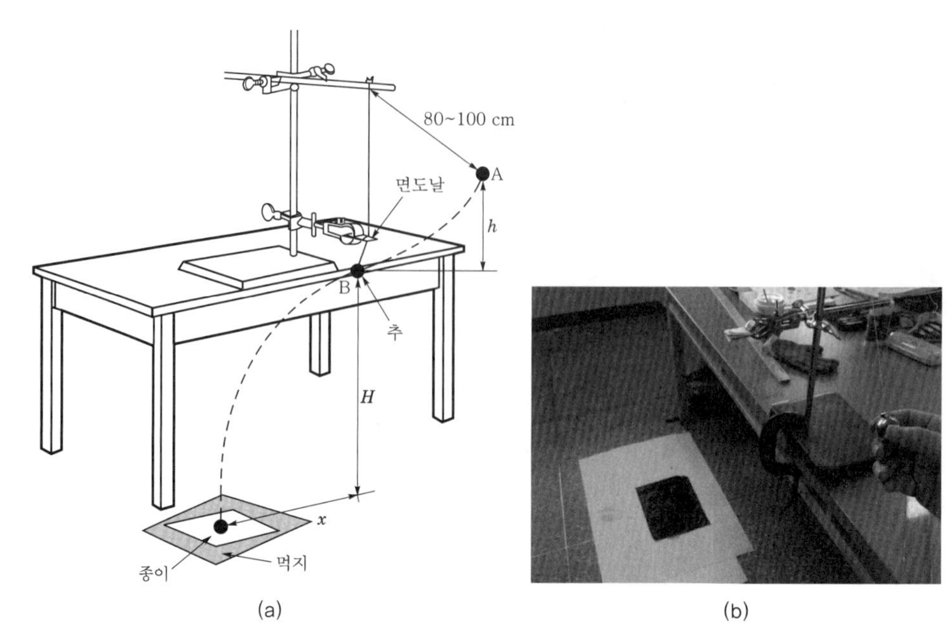

〈그림 2-30〉 **역학적 에너지 보존 실험**

즉, 점 A에서의 퍼텐셜에너지가 점 B에서의 운동에너지로 전환된 것이다. 그런데 점 B에서 추의 속도 v는 직접적으로 측정하기 어려우므로 간접적인 방법으로 구해야 한다. 점 B에서 면도날에 의해 실이 끊어지므로 추는 포물선운동을 하며 바닥에 떨어진다. 이때 점 B에서 속도의 수평성분은 v이고 수직성분은 0이므로, **수평방향으로는 등속직선 운동을 하고 수직방향으로는 자유낙하운동을 하게 된다**. 따라서 점 B에서부터 지면에 떨어질 때까지의 낙하시간을 t라고 하며, t는 자유낙하운동의 식 $y=\frac{1}{2}gt^2$에서 구할 수 있다. 즉, $t=\sqrt{\frac{2H}{g}}$ 이다. 그리고 지면 도달 수평거리를 x라고 하면 점 B에서 수평성분의 속도 v는 $x=vt$에서 구할 수 있다. 즉, $v=\frac{x}{t}=\sqrt{\frac{x^2g}{2H}}$ 이다. 운동에너지 KE를 다시 정리하면 다음과 같다.

$$KE=\frac{mgx^2}{4H} \quad \cdots\cdots (3)$$

따라서 $\frac{PE}{KE}$의 값은 $\frac{PE}{KE}=\frac{4hH}{x^2}$이다. $\cdots\cdots$ (4)

이 식에서 h, H, x 값을 측정하면 중력 퍼텐셜에너지와 운동에너지의 비$\left(\frac{PE}{KE}\right)$를 구할 수 있다.

4 실험방법 및 결과

■ 〈그림 2-30〉과 같이 스탠드에 길이 0.8 ~ 1 m의 늘어나지 않는 가는 실을 매고 그 끝에 50 ~ 200 g의 추를 매단 다음, 추가 수직위치에 왔을 때 실이 끊어지도록 면도날의 위치를 잘 조절해 보자.

추를 놓아주는 높이 h를 변화시켜 가면서 지면에 떨어지는 추의 수평이동거리 x를 측정하여 표에 기입해 보자. 그리고 추의 중력 퍼텐셜에너지와 운동에너지를 같은 단위로 계산하여 다음 표를 완성해 보자.

$H=(\quad)$ m, $m=(\quad)$ kg

구분 \ 횟수	1	2	3	4	5
h					
x					
PE					
KE					
$\frac{PE}{KE}$					

• 실이 끊어지는 순간 추의 속도를 알아내려면 추의 운동에서 어떤 사실을 이해하고 있어야 하는가?

• 추의 중력 퍼텐셜에너지와 운동에너지 사이에는 어떤 관계가 있는가?

• 추의 중력 퍼텐셜에너지와 운동에너지의 비 $\frac{PE}{KE}$가 거의 1에 가깝다는 사실에서 추론할 수 있는 이들 두 에너지 사이에 관계되는 법칙은 무엇인가?

■ 일반적으로 마찰력이나 공기의 저항을 무시하면 물체가 중력만을 받아 운동할 때에는 운동에너지와 중력 퍼텐셜에너지는 서로 전환되며 그 합은 항상 일정하게 보존된다.

• 이 관계를 무슨 법칙이라고 하는가?

08 중력 퍼텐셜에너지와 탄성 퍼텐셜에너지의 변화

1 목 적

용수철 진자의 운동에서 중력에 의한 퍼텐셜에너지와 탄성력에 의한 퍼텐셜에너지의 변화를 비교하여 역학적 에너지 보존법칙을 이해한다.

2 준비물

용수철(상수 = 약 5 N/m 내외) 1개, 추(0.5 kg, 1.0 kg, 1.5 kg 등) 각 1개, 빨래집게 3개, 미터자(1 m) 1개, 스탠드 1개, 모눈종이 약간, 자(30 cm) 1개

3 실험방법 및 결과

에너지는 그 형태가 전환되더라도 전체적인 에너지는 보존된다. 즉, 에너지 보존법칙은 물리학의 중요한 법칙 중의 하나이다. 이 실험은 중력 퍼텐셜에너지(PE_{g})가 용수철의 탄성 퍼텐셜에너지(PE_{s})로 전환될 때의 에너지 보존 관계를 확인하는 실험이다. 〈그림 2-31〉과 같이 용수철의 한끝을 고정하고 다른 쪽 끝에 질량 m 인 추를 매달 때의 에너지 보존 관계를 살펴보자.

용수철에 질량 m 인 추를 매달고 손으로 가만히 받치니 처음 위치에서 x_1 만큼 내려왔다. 이후 재빠르게 손을 놓으면 추는 상하 진동을 한다. 이때 추가 가장 아래쪽에 내려왔을 때 즉, 처음 위치에서 x_2 만큼 내려왔을 때 용수철이 늘어난 길이는 $\Delta x = x_2 - x_1$ 이다.

이때 질량이 m 인 추가 Δx 만큼 낙하하였으므로 중력 퍼텐셜에너지 PE_g는 $PE_g = mg\Delta x$ 만큼 감소한다. 이 감소된 중력 퍼텐셜에너지는 용수철의 탄성 퍼텐셜에너지 $PE_s = \frac{1}{2}kx_2^2 - \frac{1}{2}kx_1^2 = \frac{1}{2}k(x_2^2 - x_1^2)$로 전환된다.

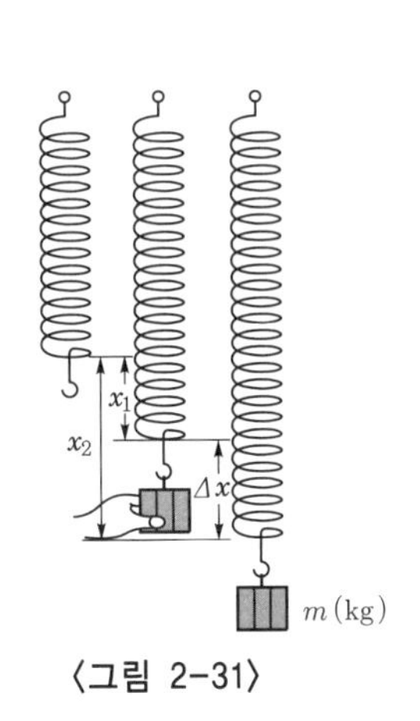

〈그림 2-31〉

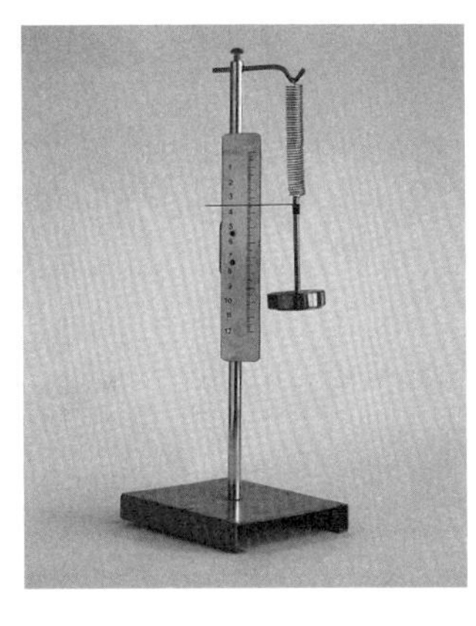

〈그림 2-32〉 **퍼텐셜에너지 실험장치**

■ 용수철에 1.0 kg, 추를 매달고 추를 달지 않았을 때의 용수철의 길이보다 약 5 ~ 10 cm 정도(이 길이는 용수철상수에 따라 달라져도 상관없다) 늘어난 상태에 있도록 손으로 추를 받친다. 이어 추를 살며시 놓아 진동시키면 추가 진동한다. 이때 추가 가장 아래로 내려간 위치를 측정해보자. 추의 진동으로 정확한 위치를 찾기가 쉽지 않다. 여러 번 시도해서 평균값을 구하자. 이때 빨래집게를 사용하면 편리하다.

■ 〈그림 2-32〉와 같이 스탠드에 용수철을 수직으로 걸고 그 끝에 0.5 kg, 1.0 kg, 1.5 kg의 추를 바꾸어가면서 매달아 늘어난 길이를 측정하자. 추에 작용하는 중력 F와 용수철이 늘어난 길이 x 를 다음 표에 기입하라. 이 표를 가지고 $x - F$ 관계 graph를 〈그림 2-33〉에 그려라. 만약 추의 질량이 $0.5\,\mathrm{kg}$이면 작용한 힘 $F = 0.5\,\mathrm{kg} \times 9.8\,\mathrm{m/s^2} = 4.9\,\mathrm{N}$이다.

F(N)			
x (m)			

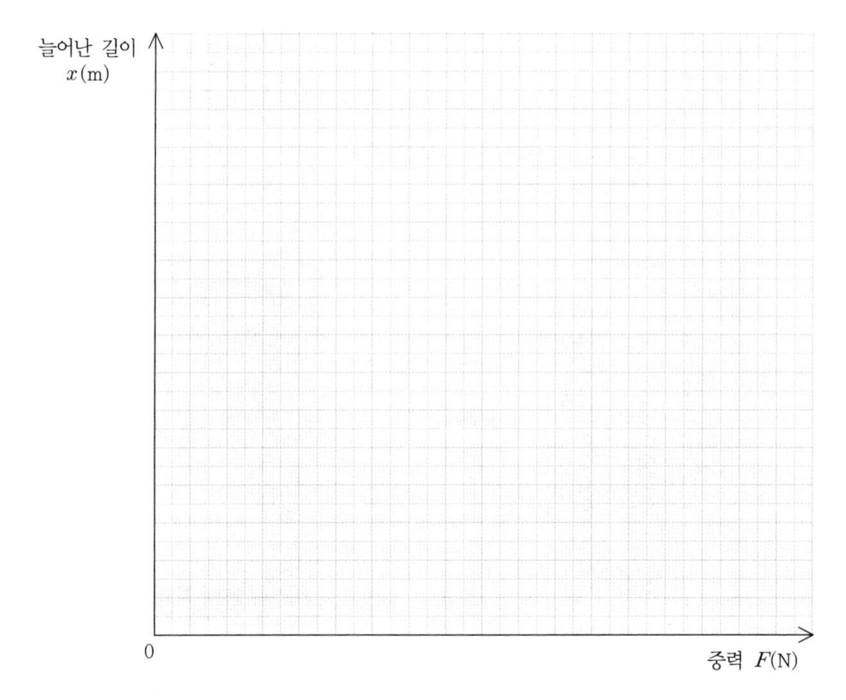

〈그림 2-33〉 $x-F$ 관계 graph

- 측정 범위 내에서 용수철이 늘어난 길이 x는 중력 F에 비례하는가?

- graph로부터 용수철상수 k를 구하라. k는 몇 N/m인가? (단, 용수철의 종류에 따라 매달아 주는 추의 질량은 자유롭게 바꿀 수 있다.)

- 추가 내려가면서 용수철이 얻은 탄성 퍼텐셜에너지는 각각 얼마인가? 다음 표를 완성하라. 단위는 J로 표시하자.

늘어난 길이 x (m)	$PE_s = \frac{1}{2}kx^2$ (J)	PE_s (J)
0.1		
0.2		
0.3		
0.4		
0.5		

- 이 표를 이용하여 늘어난 길이 x와 탄성 퍼텐셜에너지 PE_s 사이의 $PE_s - x$ 관계 graph를 〈그림 2-34〉에 그려 보자.

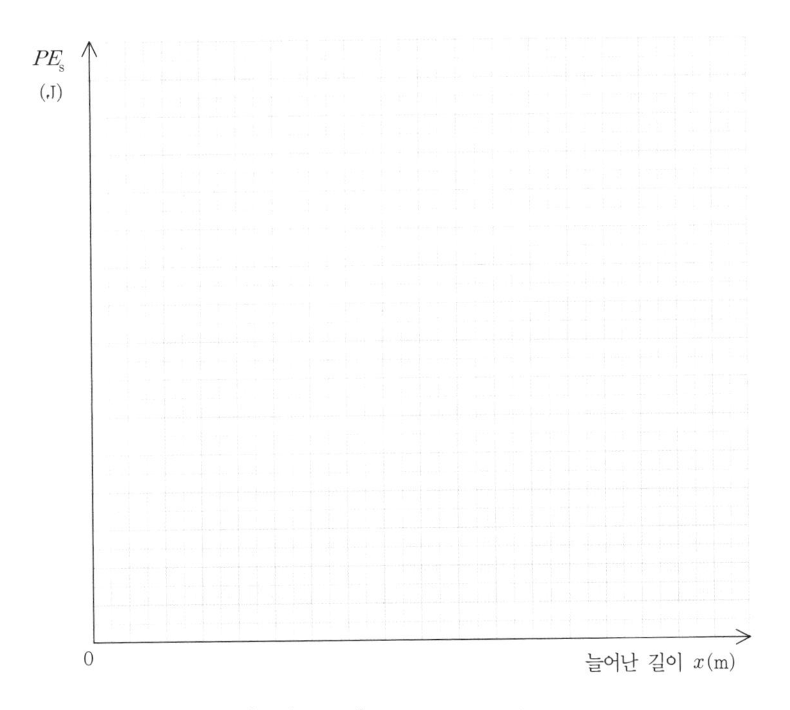

〈그림 2-34〉 $PE_s - x$ 관계 graph

- $PE_s - x$ 관계 graph에서 임의의 늘어난 길이 x 에 대한 PE_s 값을 예측할 수 있는가?

■ 이 용수철에 임의의 질량(예 1.0 kg, 1.3 kg 등)의 추를 매달고 x_1 , x_2 , $\Delta x = x_2 - x_1$ 를 측정하자. 추가 가장 낮은 점에서 정지할 때의 위치 x_2 를 정확하게 표시해야 한다. 이 값으로 길이가 Δx 만큼 늘어날 때 중력 퍼텐셜에너지 $PE_g = mgh$ 의 감소량을 구해 보자.

- 추의 중력 퍼텐셜에너지($PE_g = mgh$)의 감소량은 얼마인가?

■ 〈그림 2-34〉의 graph를 보고 길이가 x_1 및 x_2 일 때 용수철의 탄성에너지 값을 각각 구해 보자.

- 용수철의 탄성 퍼텐셜에너지 PE_g 의 증가량은 얼마인가?

■ 용수철 길이가 Δx 변화가 있을 때 중력 퍼텐셜에너지 PE_g 의 감소량과 이때 용수철에 저장된 탄성 퍼텐셜에너지의 크기를 비교해 보자.

- 서로 비슷한가? 차이가 있다면 상대오차의 백분율은 몇 %인가?

- 이 결과로 중력장 내에서 감소한 중력 퍼텐셜에너지의 감소량은 용수철의 탄성 퍼텐셜에너지로 전환되었다고 생각할 수 있는가?

- 중력장 내에서 수직으로 매달린 추의 상하운동에서 역학적 에너지는 보존되는가?

4 MBL 실험장치를 이용한 에너지 보존 실험

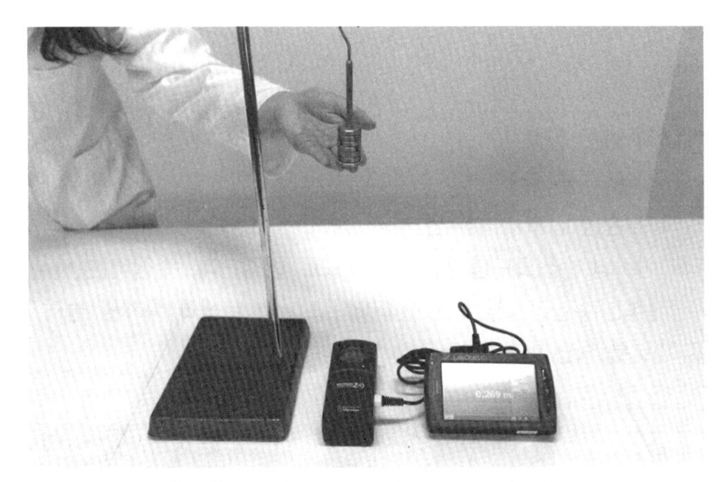

〈그림 2-35〉 MBL 위치에너지 실험장치

■ 용수철상수 구하기

〈그림 2-35〉와 같이 스탠드에 추와 용수철을 연결하고, 운동센서를 인터페이스에 연결한다. 운동센서의 금박부분이 용수철에 매달려 있는 추의 바로 밑에 오도록 설치한다. 인터페이스의 수집모드를 수동보관모드로, 열의 이름과 단위를 변경한다. 수집버튼(▶ Collect)을 누르고 용수철에 추를 2개, 4개, 6개를 차례로 매달고, 이때 추에 작용하는 중력 F와 용수철의 늘어난 길이 x를 보관버튼(Keep)을 눌러 측정한다. 수집이 끝났으면 인터페이스에서 분석과 추세선을 눌러서 graph를 확인한다.

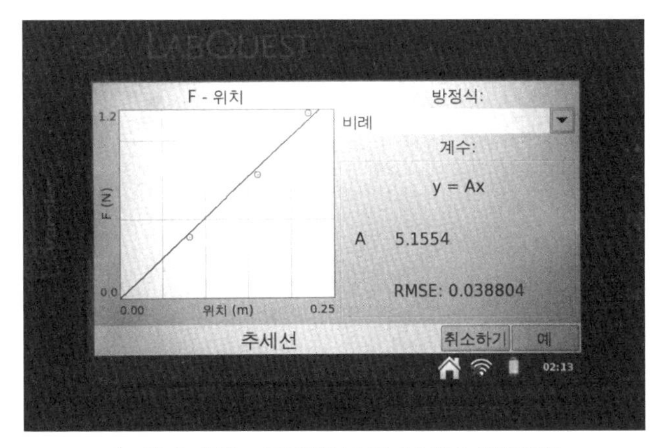

〈그림 2-36〉 인터페이스에 나타난 실험결과

- 용수철상수를 구해 보자. 그리고 앞에서 측정한 용수철상수와 MBL을 이용해 측정한 용수철상수를 비교해 보자.
  $k=$

■ **에너지 보존 실험**

용수철에 추를 매달고 용수철이 늘어나지 않았을 때의 위치에서 추를 손으로 받치고 있다가 손을 갑자기 치우면 추가 상하로 진동한다. MBL을 이용하여 이를 기록한다. 인터페이스의 수집모드를 시간기반모드로 변경한다. 수집버튼(▶Collect)을 누르고 데이터를 수집한다. 수집이 끝났으면 인터페이스에서 분석과 통계를 눌러서 최하점까지의 늘어난 길이 x를 확인한다.

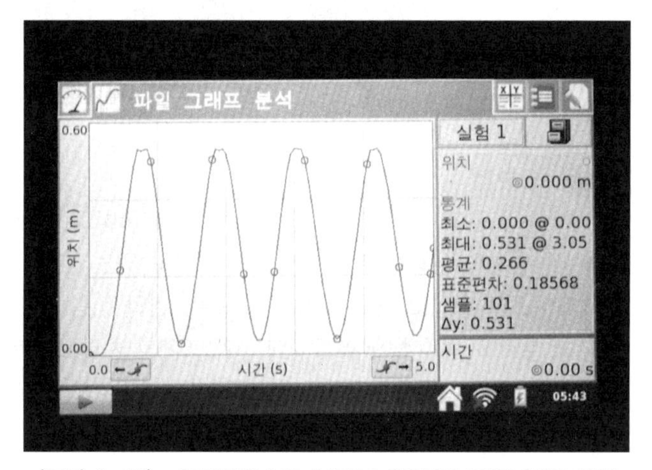

〈그림 2-37〉 **인터페이스에 나타난 위치에너지의 변화 관계**

- 이 실험에서 추가 잃어버린 중력에 의한 위치에너지 PE_g와 용수철이 얻은 용수철에 의한 위치에너지 PE_s는 각각 얼마인지 계산해 보아라. 그리고 앞에서 구한 값과 비교해 보자.

09 1차원에서 운동량 보존

1 목 적

- 두 물체 사이에 상호작용력이 작용할 때는 언제나 각 물체는 상대방으로부터 받는 힘 때문에 그 운동의 변화가 생기는 것을 이해한다.
- 1차원 직선상에서 두 물체가 접촉하고 있다가 서로 밀어서 떨어질 때 운동량이 어떻게 변하는지 조사하여 운동량 보존법칙을 이해한다.

2 준비물

역학수레 2개, C형 클램프 4개, 수레 멈추개 2개, 1 m 미터자 1개, 벽돌 5장, 수준기

3 이 론

물체의 운동 효과는 물체의 질량과 속도의 곱으로 나타낼 수 있으며, 이 물리량을 **운동량** 또는 **선운동량**이라고 한다.

물체가 충돌하거나 폭발할 때와 같이 힘이 순간적으로 작용하는 경우에는 물체에 작용하는 힘이나 충격량을 측정하기가 매우 어렵다. 이때 물체가 운동하기 시작할 때와 운동이 끝날 때의 운동량은 쉽게 측정할 수 있으므로 충돌이나 폭발 등과 같이 복잡한 운동을 쉽게 조사할 수 있다. 입자계에 알짜외력이 작용하지 않으면 계의 전체 선운동량 $\vec{P}$ 는 변하지 않는다. 이 관계를 **운동량 보존법칙**이라고 한다. 이 법칙은 충돌의 상세한 부분(얼마나 많이 손실을 입었는가? 등)은 모르더라도 충돌의 결과를 알 수 있게 해주는 물리학의 중요한 법칙 중 하나이다. 운동량은 크기와 방향을 갖는 벡터량이다. 운동량의 크기는 mv 이고, 단위는 kg m/s이다.

두 물체 사이의 충돌에서 전체 계의 운동에너지가 충돌 전후 변하지 않는 충돌을 **탄성 충돌(elastic collision)**이라고 한다. 물론 이때도 충돌 전후 운동량은 보존된다. 이에 비해 운동량은 보존되지만 계의 전체 운동에너지가 충돌 전과 후에 같지 않은 충돌을 **비탄성 충돌(inelastic collision)**이라고 한다. 일상적인 충돌에서는 운동에너지 일부가 열에너지, 소리에너지 등 다른 형태의 에너지로 빠져나간다. 따라서 운동에너지가 보존되지 않는 비탄성 충돌이 많다. 물론 이 경우도 계의 전체 선운동량은 보존된다. 비탄성 충돌 중에서 충돌 후 두 물체가 서로 붙어버리는 경우 **완전 비탄성 충돌(perfect inelastic collision)**이라고 한다.

용수철이 장착된 역학수레 2개를 〈그림 2-38〉과 같이 직선상에서 접촉시켰다가 압축된 용수철을 갑자기 풀면 두 수레는 반대방향으로 운동하여 수레 멈추개에 부딪친다. 각 수레를 동시에 수레 멈추개에 부딪치게 만드는 출발점의 위치를 찾아내면 두 수레가 같은 시간 동안에 이동한 거리로부터 각 수레의 속도를 알 수 있다. 〈그림 2-38〉에서 두 수레가 같은 시간 동안에 출발점으로부터 이동한 거리를 각각 x_1, x_2라고 하자.

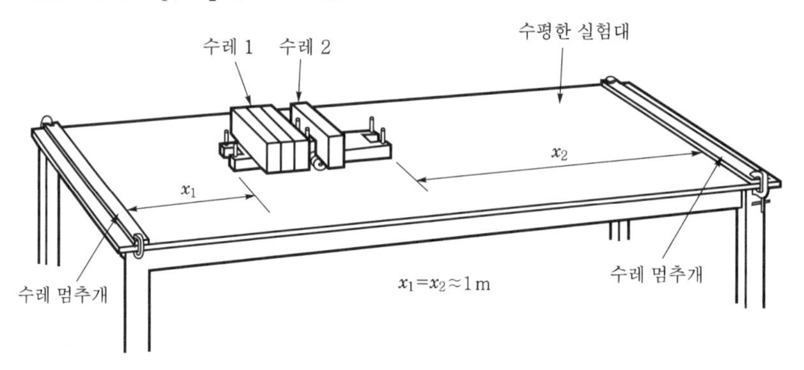

〈그림 2-38〉 두 수레가 폭발할 때 운동량 보존을 측정하는 실험장치

x_1, x_2는 두 수레가 같은 시간 t 동안에 이동한 거리이므로 만일 두 수레가 일정한 속도로 운동하였다면 그 속도 사이에는 다음 관계가 있다.

$$v_1 = \frac{x_1}{t}, \quad v_2 = \frac{x_2}{t}$$

$$\therefore \frac{\boldsymbol{v_1}}{\boldsymbol{v_2}} = \frac{\boldsymbol{x_1}}{\boldsymbol{x_2}}$$

즉, 수레의 속도는 같은 시간 동안 수레가 움직인 거리에 비례하는 것을 알 수 있다. 따라서 수레의 질량을 m이라 하면 운동량은 mx로 구하면 된다.

4 실험방법 및 결과

■ 실험대가 수평한지 확인하고 각 수레에 싣는 질량 m(벽돌 수)을 여러 가지로 달리하면서 두 수레가 동시에 수레 멈추개에 부딪치게 되는 출발점을 찾아보아라. 측정 결과를 다음 표에 기록하고 압축된 용수철을 갑자기 풀어낸 후 두 수레의 운동량의 합을 구하자.

횟 수	m_1 (kg) (벽돌+수레)	x_1 (m)	m_1x_1	m_2 (kg) (벽돌+수레)	x_2 (m)	$-(m_2x_2)$	$m_1x_1+(-m_2x_2)$
1							
2							
3							
4							

- 두 수레를 사용하여 실험대가 수평한지 확인하려면 어떻게 하면 되는가?

- 두 수레가 폭발 전 계의 총운동량은 얼마인가?

- m_1x_1과 $-(m_2x_2)$는 어떤 물리량에 대응되는 양인가?

- m_1x_1과 $-(m_2x_2)$의 크기는 어떠한가? 그 방향은 어떠한가?

- 폭발 후 두 운동량의 합 $m_1x_1+(-m_2x_2)$는 어떠한가?

- 두 수레를 포함하는 계의 폭발 전과 후의 운동량을 비교하여 어떤 결론을 이끌어 낼 수 있는가?

■ 이 실험의 오차를 줄이는 방법은 다음과 같다.

① 실험대를 수평하게 유지하고 실험대 면을 청결하게 한다.
② 수레의 바퀴와 축 사이의 마찰을 줄여야 한다.
③ 바퀴와 실험대 사이의 마찰을 줄여야 한다.

10 2차원에서의 충돌

1 목 적

- 2차원에서 두 물체가 충돌할 때 충돌 전후 운동량 보존법칙이 성립함을 이해한다.
- 탄성 충돌에서는 운동량과 운동에너지가 모두 보존됨을 이해한다.
- 강철구와 강철구 또는 강철구와 유리구의 충돌은 탄성 충돌에 가깝다는 사실을 이해한다.

2 준비물

2차원 충돌실험장치 1조, 대자(1 m), 플라스틱자(30 cm) 1개, C형 클램프 1개, 각도기 1개, 먹지 4장, 모조지(전지) 1~2장

3 이 론

일상에서 많은 충돌은 주로 평면상에서 일어난다. 예를 들어 당구경기는 다중 충돌이 2차원 평면상에서 일어난다.

두 물체가 충돌할 때 물체 사이의 충격량이 충돌 후에 움직일 방향을 결정한다. 특히 정면충돌이 아니면 물체들이 처음 움직이던 축을 따라 움직이지 않는다. 닫힌 고립계의 2차원 충돌일 경우 여전히 선운동량은 보존된다. 따라서 다음 식이 성립한다.

$$\vec{P}_{1i} + \vec{P}_{2i} = \vec{P}_{1f} + \vec{P}_{2f} \quad (1)$$

만약 충돌이 탄성 충돌이라면 전체 운동에너지 역시 보존되므로 다음과 같이 나타낼 수 있다.

$$KE_{1i} + KE_{2i} = KE_{1f} + KE_{2f} \quad \cdots\cdots (2)$$

그림 〈2-39〉와 같이 입사구와 정지한 표적구 사이에 스치는 충돌(정면충돌이 아님)을 생각해보자. 두 구 사이의 충격량은 입사구가 움직인 x축으로부터 θ_1, θ_2의 각도로 물체를 움직이게 한다.

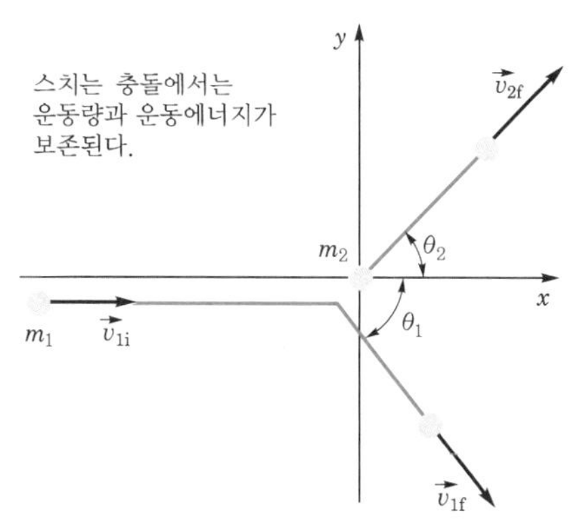

〈그림 2-39〉 **2차원에서의 두 물체의 탄성 충돌. 표적구인 질량 m_2는 처음에 정지해 있다.**

2차원 충돌에서 운동량 보존에 관한 두 성분의 식을 얻는다. v_{1i}방향을 x축, 이와 직각인 방향을 y축으로 정하면 식 (1)의 x축 방향의 성분과 y축 방향의 성분은 다음과 같다.

$$x\text{성분}: m_1 v_{1i} = m_1 v_{1f} \cos\theta_1 + m_2 v_{2f} \cos\theta_2 \quad \cdots\cdots (3)$$

$$y\text{성분}: 0 = m_1 v_{1f} \sin\theta_1 + m_2 v_{2f} \sin\theta_2 \quad \cdots\cdots (4)$$

만일 2차원 충돌이 탄성 충돌이라면 $v_{2i} = 0$이고, 운동에너지가 보존되므로 다음과 같은 식을 세울 수 있다.

$$\frac{1}{2} m_1 v_{1i}^2 = \frac{1}{2} m_1 v_{1f}^2 + \frac{1}{2} m_2 v_{2f}^2 \quad \cdots\cdots (5)$$

식 (3), (4), (5)에서 7개의 변수가 있다. 두 질량 m_1, m_2, 세 속력 v_{1i}, v_{1f}, v_{2f}, 두 각도 θ_1, θ_2이다. 만약 이 중 4개를 알고 있다면 세 방정식을 풀어서 남은 세 변수의 값을 구할 수 있다.

4 실험방법 및 결과

1) 굴림대를 떠나는 순간 입사구의 속도 구하기

〈그림 2-40〉과 같이 2차원 충돌 실험장치를 실험대에 설치하고, 바닥에 흰색 전지종이를 깔고 고정시키자. 입사구나 표적구가 떨어질 위치에 먹지를 깔아 충돌 후 구의 위치를 파악할 수 있도록 준비하자. 질량이 같은 강철구 두 개를 준비하여 그 중 하나는 입사구로 사용하고, 다른 하나는 표적구로 사용한다. 이 실험에서 사용하는 변수는 입사구의 질량 m_1, 표적구의 질량 m_2, 굴림대를 출발하는 위치(실험대 끝에서 발사위치까지의 거리) h, 바닥에서 실험대 윗면까지의 거리 H, 입사구가 굴림대 끝을 통과할 때의 속도 v이다.

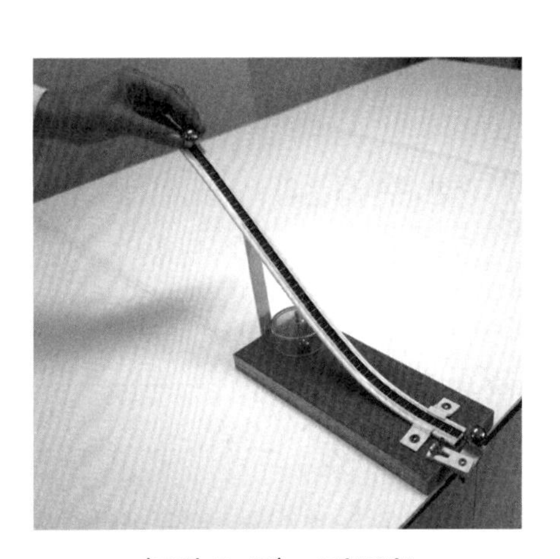

〈그림 2-40〉 **실험장치**

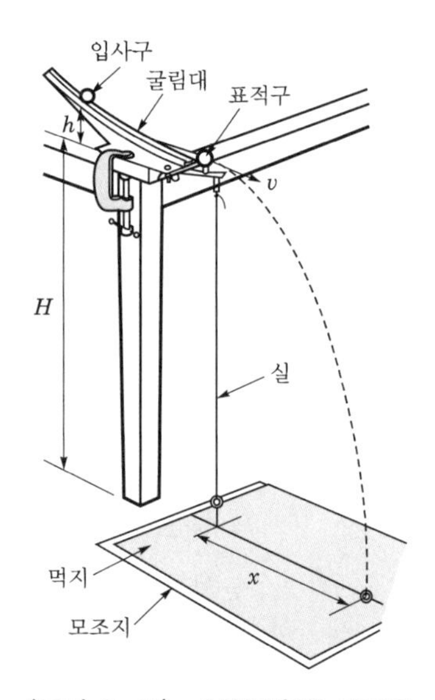

〈그림 2-41〉 **실험장치의 개략도**

■ 〈그림 2-40〉과 같이 표적구를 올려놓는 지지대를 자의 끝에서 입사구(여기서는 강철구)의 반지름만큼 떨어진 곳에 위치하도록 고정하고, 지지대의 높이를 입사구에 맞추어 조절하자(〈그림 2-41 참조〉). 표적구를 제거하고 입사구를 일정한 높이 h (실험대에서 10~15 cm 정도)에서 굴려 바닥에 닿는 위치를 표시하자. 입사구가 2차원 충돌실험장치의 끝을 지나고 나면 수평방향으로 일정한 속도로 던져진 물체의 운동을 하게 된다. 입사구가 장치의 끝을 떠나는 점을 표적구 고정대에 달린 실의 끝부분이 가리키는 점으로 파악하여 표시해두자(출발의 기준점). 최소 5회 이상 굴려서 입사구가 떨어지는 점의 분포가 2~3 % 오차 내에 있는 점을 찾자. 이렇게 하면 입사구가 굴림대 끝을 통과하는 지점과 수평방향으로 던져진 운동을 한 후 바닥에 떨어진 점의 위치를 파악할 수 있다.

- 입사구가 떨어진 점의 위치는 일정한가?

- 입사구가 굴림대 끝을 떠나는 순간 어떤 운동을 하는가? 수평방향의 운동과 수직방향의 운동으로 나누어 생각해 보자.

- 입사구가 굴림대 끝을 떠나는 순간의 속도 v 는 어떻게 구할 수 있는가? 자유낙하운동의 식으로 유도해 보자.

- 굴림대의 끝으로부터 입사구가 떨어진 점까지의 거리(이 거리는 변위이다) x를 입사구가 수평방향으로 떠나는 순간의 속도벡터로 대신할 수 있는가?

2) 질량이 동일한 두 강철구가 정면충돌 할 때 탄성 충돌 여부

두 강철구를 정면충돌시키기 위해 〈그림 2-42〉와 같이 표적구 받침대를 굴림대 끝에서 반지름의 3배 정도 되는 곳에 위치시키고, 받침대의 위치를 바닥 종이 위에 표시하자. 표적구를 받침대 위에 올려놓고, 입사구를 굴려 정면충돌시켜 표적구가 떨어진 위치를 표시하자. 여러 번 시도해서 떨어진 위치가 비슷한 점을 선택하자. 물론 이때 입사구의 출발점의 높이는 앞서 입사구의 속력을 구할 때와 똑같이 일정해야 한다.

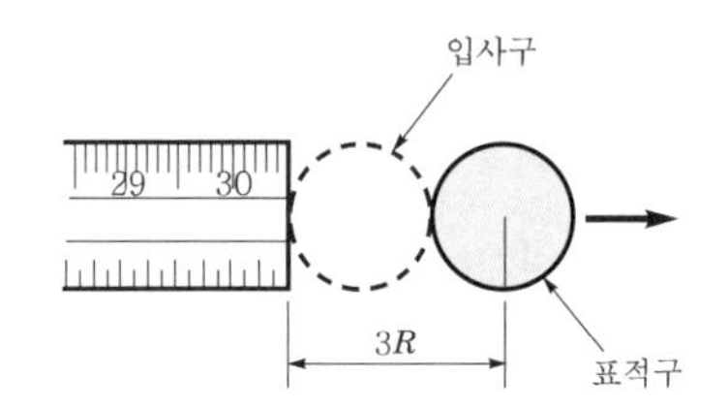

〈그림 2-42〉 **정면충돌 시 두 구의 위치를 위에서 본 모습**

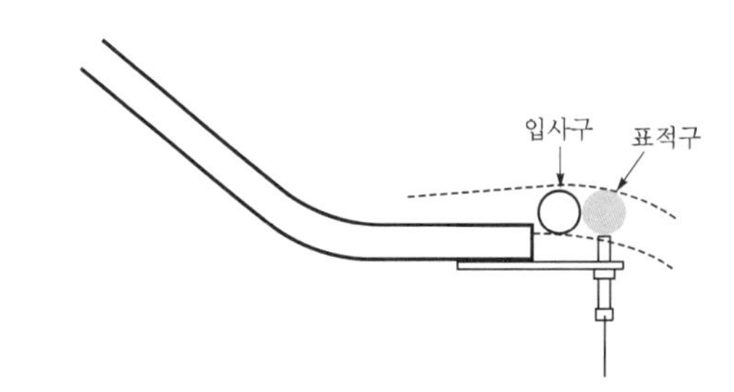

〈그림 2-43〉 **정면충돌 시 두 구의 위치를 옆에서 본 모습**

■ 입사구 만을 여러 번 굴려서, 입사구가 떨어진 점의 위치를 표시하자. 이어 두 강철구를 정면충돌시켜 보자. 이때 표적구는 멀리 날아가고 입사구는 표적구가 정지해 있던 지점의 수직 아래쪽으로 자유낙하 한다.

- 입사구만 굴렸을 때 날아가 떨어진 점의 위치와, 정면충돌 후 표적구가 날아가 떨어진 점의 위치는 어떠한가?

- 바닥에 고정시킨 흰색 표지에 찍힌 구의 낙하지점을 보아 두 구의 정면충돌을 근사적으로 탄성 충돌로 생각할 수 있는가?

- 정면충돌시킬 때 표적구까지의 거리를 굴림대 끝에서 반지름의 약 3배 되는 지점($3R$)을 택하는 이유는 무엇인가?

3) 질량이 같은 두 강철구의 2차원에서 스치는 충돌

질량이 같은 두 강철구가 2차원에서 스치는 빗면 충돌을 하는 경우를 생각해보자. 먼저 충돌 전후 운동량이 보존되는지 알아보자. 두 구가 스치는 충돌을 하도록 〈그림 2-44〉와 같이 굴림대 끝에서 강철구 반지름의 약 2.5배 되는 지점($2.5R$)에 오도록 조절하자. 입사구와 표적구의 충돌각을 30 ~ 70° 사이에서 10° 정도씩 바꾸면서 일정한 높이에서 입사구를 굴려 표적구와 충돌시키자. 충돌각을 10°씩 바꿀 때마다 받침대의 위치(충돌점)와 입사구와 표적구가 떨어진 점을 번호 ①, ①′ 등으로 표시해 놓자. 이때 충돌각을 바꿀 때에는 출발점의 높이는 언제나 일정해야 한다.

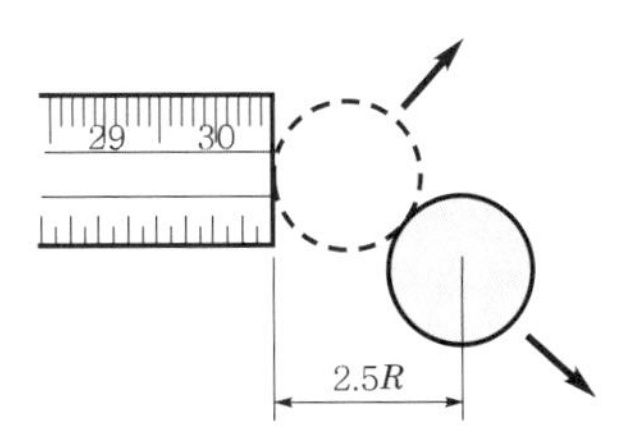

〈그림 2-44〉 두 구가 스치는 충돌을 할 때의 구의 위치

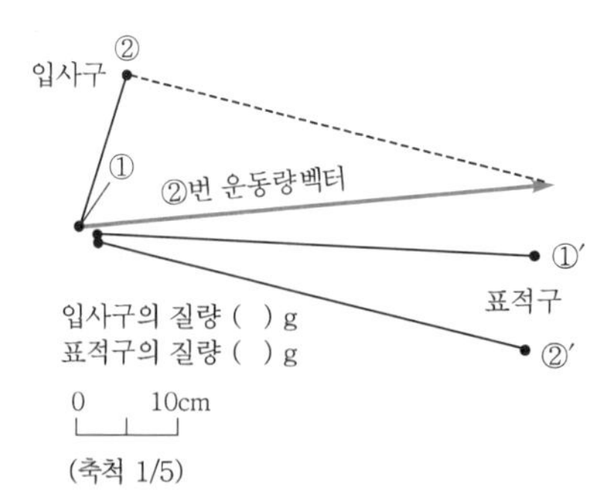

〈그림 2-45〉 **충돌 후 두 구의 위치를 속도벡터로 나타낸 그림**

- 충돌 후의 입사구와 표적구의 속도를 나타내는 벡터를 〈그림 2-45〉와 같이 종이 위에 그리자. 이때 종이 위에 찍힌 점까지의 길이는 곧 속도벡터의 크기라고 할 수 있다. 그리고 두 강철구의 질량이 같으므로($m_1 = m_2 = m$) 속도벡터는 각 강철구의 운동량벡터($mv_1 = mv_1{}'$)로 대신할 수 있다.

  • 충돌 전 입사구의 속도벡터와 충돌 후 두 구의 속도벡터의 합을 비교하면 어떠한가? 두 경우 크기와 방향은 어떠한가?

- 충돌 후 입사구의 운동량벡터와 표적구의 운동량벡터의 합을 같은 종이에 그려보자. 충돌 후 입사구와 표적구의 운동량의 합과, 입사구만의 운동량을 비교해 보자.

  • 질량이 같은 두 강철구의 충돌에서 충돌 전후 운동량의 합은 보존되는가?

- 다음으로 질량이 같은 두 강철구가 스치는 빗면 충돌을 시킬 때 운동에너지의 보존 여부를 조사해 보자. 앞서 얻은 충돌 전후의 속도벡터를 제곱하여 다음 표를 완성하자.

구 분 \ 횟 수	1	2	3	4	5
(충돌 후 입사구의 속도)^2					
(충돌 후 표적구의 속도)^2					
합					
(충돌 전 입사구의 속도)^2					

※ 입사구 질량 $m_1 =$ ( ) g

표적구 질량 $m_2 =$ ( ) g

실험대에서 발사 위치까지의 거리 $h =$ ( ) m

바닥에서 실험대 윗면까지의 거리 $H =$ ( ) m

• 질량이 같은 두 강철구의 스치는 충돌에서 충돌 전후 운동에너지의 합은 보존되는가?

■ 지금까지 2차원 스치는 충돌에서 충돌 전후 운동량이 보존되는지, 충돌 전후 운동에너지가 보존되는지 조사해 보았다.

• 이 실험결과 질량이 같은 두 강철구가 2차원에서 충돌할 경우 근사적으로 탄성충돌로 볼 수 있는가?

4) 질량이 다른 강철구와 유리구의 2차원 충돌(선택실험)

질량이 큰 강철구와 질량이 작은 유리구가 2차원에서 스치는 충돌을 할 때 충돌 전후 운동량과 운동에너지가 보존되는지 알아보자.

이 실험은 앞서 질량이 같은 두 강철구의 충돌의 경우와 동일한 방법으로 진행되며, 데이터 해석방법도 동일한 방법으로 진행할 수 있다. 이 충돌에서는 강철구의 질량이 크므로 강철구를 입사구로 사용하고, 유리구를 표적구로 사용해야 한다. 반대로 하면 유리구의 운동량이 작아 강철구가 밀려나가지 못하거나 유리구가 오던 길로 튕겨나갈 수 있다. 두 구가 스치는 충돌을 하도록 굴림대 끝에서 강철구 반지름의 약 2.5배 되는 지점($2.5R$)에 오도록 조절하자. 입사구와 표적구의 충돌각을 $30 \sim 70°$ 사이에서 $10°$ 정도씩 바꾸면서 일정한 높이에서 입사구를 굴려 표적구와 충돌시키자. 충돌각을 $10°$씩 바꿀 때마다 받침대 끝의 위치(충돌점)와 입사구와 표적구가 떨어진 점을 번호 ①, ①′ 등과 같이 번호로 표시하자. 물론 이때 입사구가 출발하는 출발점의 높이는 언제나 일정해야 한다. 사전에 강철구와 유리구의 질량을 측정해 놓자.

■ 충돌 후의 입사구와 표적구의 속도를 나타내는 벡터를 〈그림 2-45〉와 같이 종이 위에 그리자. 이때 두 구의 출발에서부터 충돌 후 바닥에 찍힌 점까지의 길이는 속도벡터의 크기라고 할 수 있다. 이때 충돌 후 유리구와 강철구의 속도벡터의 합을 충돌 전 입사구의 속도벡터와 비교하면 같지 않다. 왜냐하면 두 구의 질량이 다르기 때문에 단순하게 벡터합을 할 수 없다.

이와 같이 두 구의 질량이 같지 않을 때 속도벡터를 운동량벡터로 나타내려면 표적구(유리구)의 질량을 환산질량으로 바꿔야 한다. 여기서 환산질량은 강철구의 질량을 1로 놓았을 때 유리구의 질량의 비를 말한다. 즉, 유리구의 환산질량은 $\frac{m_2}{m_1} = \left(\frac{\text{유리구의 질량}}{\text{강철구의 질량}}\right)$이다.

• 강철구와 유리구의 질량은 각각 몇 g인가?

• 유리구의 환산질량은 얼마인가?

• 환산된 유리구의 속도벡터를 같은 종이 위에 그려 보자.

• 유리구의 속도벡터에 환산질량을 곱하면 운동량벡터로 대신할 수 있는가? 환산된 운동량벡터와 표적구의 운동량벡터의 합을 그려보아라. 각 경우 한 점에 모이는가?

• 충돌 후 유리구와 강철구의 운동량벡터의 합과 충돌 전 강철구의 운동량벡터를 비교해 보자.

■ 다음으로 질량이 같지 않은 유리구와 강철구의 충돌실험에서 충돌 전후 운동에너지가 보존되는지 알아보자. 앞서 얻은 결과로 다음 표를 완성하자.

구 분	횟 수	1	2	3	4	5
환산질량을 고려하지 않았을 경우	(입사구의 충돌 후 속도)^2					
	(표적구의 충돌 후 속도)^2					
	합					
	(강철구의 충돌 전 속도)^2					
환산질량을 고려할 경우	강철구의 (질량) ×(충돌 후 속도)^2					
	유리구의 (질량) ×(충돌 후 속도)^2					
	합					
	강철구의 (질량) ×(충돌 전 속도)^2					

- (질량)×(충돌 후 속도)^{2}의 값을 운동에너지로 대신할 수 있는가?

- 환산질량을 고려하지 않았을 경우, 충돌 후 두 구의 (충돌 후 속도)^{2}에 그 질량을 곱한 값의 합과 입사구의 (충돌 전 속도)^{2}에 질량을 곱한 값을 비교하면 어떠한가?

- 환산질량을 고려할 경우, 충돌 후 두 구의 (충돌 후 속도)^{2}에 그 질량을 곱한 값의 합과 입사구의 (충돌 전 속도)^{2}에 질량을 곱한 값을 비교하면 어떠한가?

- 무엇이 보존된다고 생각하는가?

- 이 실험의 오차 원인은 무엇인가?

11 강체의 공간운동

1 목 적

강철구가 빗면과 원궤도를 따라 굴러내리는 과정에서 강철구의 회전운동에너지를 포함하는 역학적 에너지가 보존되는지 알아본다.

2 준비물

직선 및 원형 트랙 1개, 강철구 1개, 스탠드 2개, 캘리퍼스 1개, 미터자 1개, 각도기 1개, 먹지 1장, 모조지(전지) 1장

3 이 론

직선 및 원형 트랙을 〈그림 2-46〉과 같이 스탠드에 고정시키자. 강철구를 빗면의 적당한 높이에서 굴리면 강철구는 빗면을 굴러내려와 원형 트랙을 돌아나가게 된다. 강철구는 출발점의 높이에 따라 원형 트랙의 전부 또는 일부를 돌게 된다.

수직높이가 h인 빗면에서 질량이 m이고 반지름이 r인 강철구가 정지상태로부터 굴러내려오면 역학적 에너지 보존 관계는 다음과 같다.

$$mgh = \frac{1}{2}mv^2 + \frac{1}{2}I\omega^2 \quad \cdots\cdots (1)$$

여기서, v와 ω는 빗면 끝(원형 트랙의 가장 낮은 곳)에서 강철구의 선속도와 각속도이다. 그리고 I는 강철구의 관성모멘트로 $I = \frac{2}{5}mr^2$이고, $v = r\omega$이므로 원형 트랙의 가장 낮은 곳 B에서의 속력은 다음과 같다.

$$v = \sqrt{\frac{10}{7}gh} \quad \cdots\cdots (2)$$

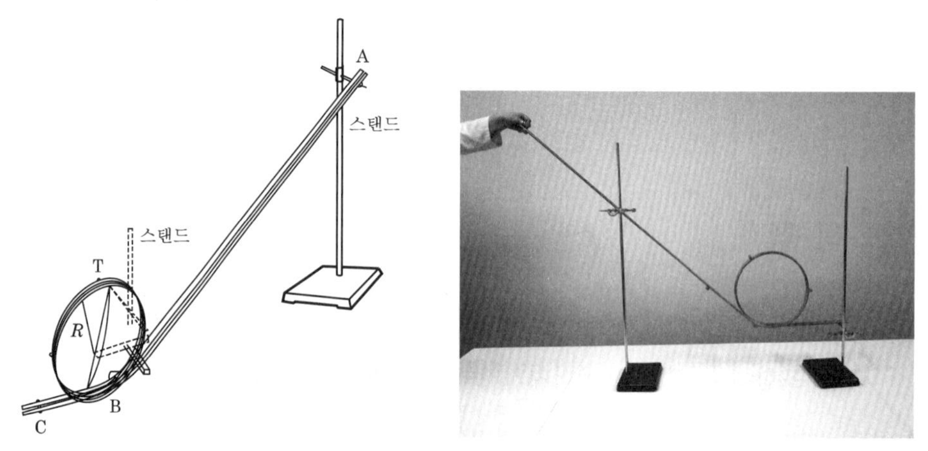

〈그림 2-46〉 **강체의 공간운동 실험장치**

4 실험방법 및 결과

1) 원형 트랙 정점에서 역학적 에너지

강철구가 원형 트랙의 정점 T 에 겨우 도달하는 순간의 총역학적 에너지는 다음과 같다.

$$E_{\mathrm{T}} = \frac{1}{2}mv_{\mathrm{T}}^2 + \frac{1}{2}I\omega_{\mathrm{T}}^2 + 2mgR \quad \cdots\cdots (3)$$

여기서, v_{T}는 정점에서 강철구의 선속도이고, ω_{T}는 각속도이며, $v_{\mathrm{T}} = r\omega_{\mathrm{T}}$이다. 그리고 R은 원형 트랙의 반지름이다.
강철구가 정점 T 에 겨우 도달하는 경우 구심력은 중력과 같으므로

$$\frac{mv_{\mathrm{T}}^2}{R} = mg$$

이다. 이 식과 $I = \frac{2}{5}mr^2$, $v_{\mathrm{T}} = r\omega_{\mathrm{T}}$ 의 관계식을 식 (3)에 대입하면 다음과 같다.

$$E_{\mathrm{T}} = \frac{27}{10}mgR$$

그러므로 역학적 에너지 보존법칙에서 E_T는 강철구가 굴러내리기 시작할 때 가졌던 퍼텐셜에너지와 같으므로 다음 식이 성립된다.

$$mgh = \frac{27}{10}mgR, \quad 즉\ h = \frac{27}{10}R \quad \cdots\cdots (4)$$

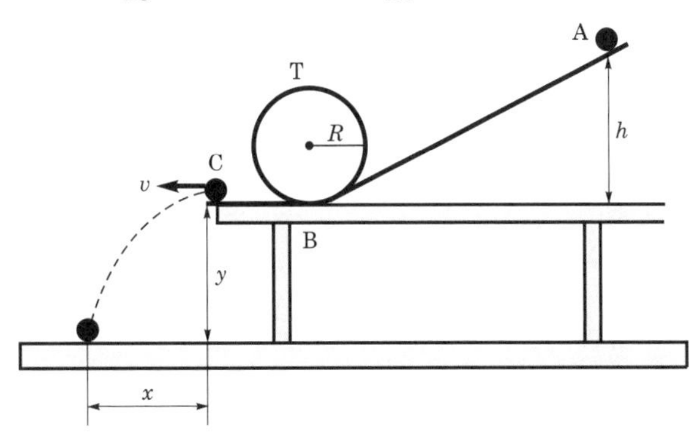

〈그림 2-47〉 **강철구의 포물체 운동에 대한 개략도**

■ 〈그림 2-47〉과 같이 끝점 C가 수평을 유지하도록 실험대에 실험장치를 장치하자. 지면으로부터 점 C까지의 높이 y를 측정하고, 강철구를 출발점의 수직높이 h를 변화시켜 가면서 굴려서 강철구가 원형 트랙의 정점 T에 간신히 접촉하면서 지나갈 때의 출발점의 높이 h를 찾아보자.

강철구가 지면에 떨어질 것으로 추정되는 위치에 먹지와 전지를 깔고 매번 같은 출발점의 높이 h에서 강철구를 여러 번 굴리자. 강철구의 수평거리 x를 측정하고 그 평균을 구해 보자.

횟 수	1	2	3	4	5	평 균
수평거리 x (cm)						

- 강철구가 원형 트랙의 정점 T를 간신히 접촉하면서 지나게 될 때의 출발점의 높이 h는 얼마인가?

  $h =$

- 지면에서 트랙 아래 끝점 C까지의 높이 y는 얼마인가?

  $y =$

- 원형 트랙 끝점 C에서의 강철구의 속력 $v_{실험}$을 x와 y를 사용하여 구해 보자.

- h의 값을 식 (2)에 대입하여 강철구의 속력 $v_{이론}$을 구하라. 얼마인가?

- $v_{실험}$과 $v_{이론}$을 비교하면 얼마나 차이가 있는가?

- $v_{실험}$과 $v_{이론}$이 같지 않은 이유는 무엇인가? 역학적 에너지의 손실 ΔE를 계산해 보자.

2) 강철구의 포물체 운동

〈그림 2-48〉에서 강철구가 원형 트랙의 가장 낮은 곳(기준점) B를 지나는 순간의 선속도 v_B는 다음과 같다.

$$v_{\mathrm{B}} = \sqrt{\frac{10}{7}gh}$$

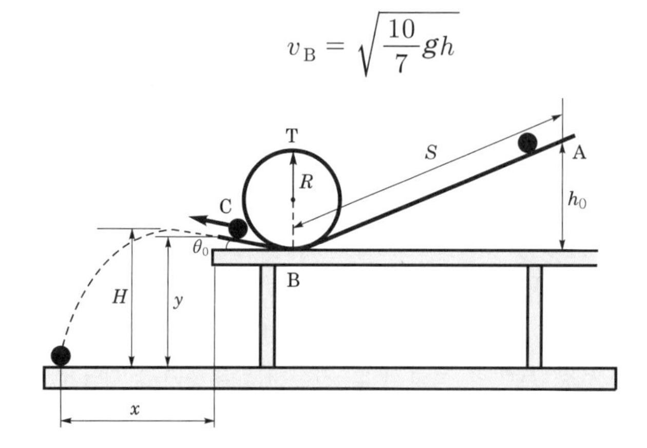

〈그림 2-48〉 경사각 θ_0일 때 강철구의 포물체 운동에 대한 개략도

그런데 강철구가 정점 T를 간신히 접촉하면서 지나가는 경우에는 식 (4)가 성립되어야 하므로 다음과 같이 된다.

$$v_{\mathrm{B}} = \sqrt{\frac{27}{7}gR} \quad \cdots\cdots (5)$$

실험장치를 〈그림 2-48〉에서와 같이 트랙의 끝부분이 수평면과 θ_0의 각을 이루도록 설치하고, 강철구가 빗면에서 굴러내리는 경우를 살펴보자. 빗면을 굴러내려 온 강철구가 트랙의 끝점 C를 떠나서 포물체 운동을 할 때에는 다음 관계식이 성립한다.

$$\frac{1}{2}mv_B^2 + \frac{1}{2}I\omega_B^2 = \frac{1}{2}mv_C^2 + \frac{1}{2}I\omega_C^2 + mgH \quad \cdots\cdots (6)$$

여기서, v_C와 ω_C는 점 C에서 강철구의 선속도와 각속도이며, H는 기준점에서 점 C까지의 높이이다. $\omega_C = \frac{v_C}{R}$이므로 식 (6)을 v_B에 관해 정리하면 다음과 같다.

$$v_B^2 = v_C^2 + \frac{10}{7}gH \quad \cdots\cdots (7)$$

한편 강철구의 궤도는 다음 식으로 표현된다.

$$y = -x\tan\theta_0 + \frac{1}{2}g\frac{x^2}{v_C^2\cos^2\theta_0} \quad \cdots\cdots (8)$$

여기서, x는 강철구의 수평이동거리이고, y는 수직거리이며, θ_0는 경사각이다. 이 식에서 v_C^2을 구하여 식 (7)에 대입하면 다음과 같다.

$$v_B^2 = \frac{gx^2}{2(x\tan\theta_0 + y)\cos^2\theta_0} + \frac{10}{7}gH \quad \cdots\cdots (9)$$

■ 경사각 θ_0를 각도기로 정확하게 측정하고, 트랙의 끝점 C와 지면까지의 수직거리 y 및 점 C와 기준면의 수직거리 H를 측정해 보자. 그런 다음 빗면에서 강철구를 출발시키는 위치의 수직높이를 바꾸면서 강철구를 굴려서 강철구가 원형 트랙의 정점을 간신히 접촉하면서 지나가게 되는 출발점의 높이 h_0를 찾아보자.

- 경사각 θ_0는 얼마인가?

  $\theta_0 =$

- 트랙의 끝점 C와 지면까지의 수직거리 y는 얼마인가?

  $y =$

- 트랙의 끝점 C와 기준면까지의 수직거리 H는 얼마인가?
  $H=$

- 강철구가 원형 트랙의 정점을 간신히 접촉하면서 지나게 되는 출발점의 높이 h_0는 얼마인가?

- h_0가 식 (4)를 만족하는지 검토해 보자.

■ 강철구가 지면에 떨어질 것으로 추정되는 위치에 먹지와 전지를 깔고, 매번 같은 출발점의 높이 h_0에서 강철구를 여러 번 굴리자. 강철구의 수평거리 x를 측정하여 평균을 구해 보자.
$h_0=$ cm

횟 수	1	2	3	4	5	평 균
수평거리 x(cm)						

- y, θ_0, H 및 x의 평균값을 식 (9)에 대입하여 $v_{B\text{실험}}$을 구해 보자. 얼마인가?

- 식 (5)를 이용하여 $v_{B\text{이론}}$을 구해 보자. 얼마인가?

- $v_{B\text{실험}}$과 $v_{B\text{이론}}$을 비교해 보자. 얼마나 차이가 있는가?

- $v_{B\text{실험}}$과 $v_{B\text{이론}}$이 같지 않다면 앞에서 구한 역학적 에너지의 손실 ΔE를 고려하여 $v_{B\text{이론}}$을 구하고 $v_{B\text{실험}}$과 다시 비교해 보자. 어떤 결론을 내릴 수 있는가?

12 부력 측정

1 목 적

아르키메데스의 원리를 이해하고, 공기 중에서와 물속에서 물체의 무게를 측정하여 부력을 구한다.

2 준비물

유리 메스실린더(200 mL), 금속 추(50 g, 100 g), 고무마개, 유리관(10 cm 이내), 용수철 저울, 실

3 이 론

고대 그리스의 과학자 아르키메데스(Archimedes, BC. 287 ~ 212)는 당시의 왕 히에로(Hiero)로부터 왕관이 진짜 순금으로 만들어졌는지를 알아보라는 명령을 받고 이 문제를 어떻게 해결할 수 있을까 많은 고민을 했다. 전설에 의하면 그는 욕조에 들어가면서 자신의 몸이 잠긴 만큼 욕조의 물이 넘치는 것을 알게 되었다. 그는 욕조에서 뛰어나오면서 **'알았다(유레카 Eureka / 나는 발견했다 I have found it)'** 고 외쳤다고 한다.

유체 내 잠겨 있는 물체는 유체 밖에 있을 때보다 무게가 덜 나간다. 예를 들면 땅에서는 들어올리기 힘든 큰 돌덩이도 물속에서 들면 보다 쉽게 들 수 있다. 이것은 물속에서 부력을 받기 때문이다. 부력은 유체 내의 압력이 깊이에 따라

증가하기 때문에 생긴다. 따라서 잠긴 물체의 밑면에 작용하는 상향 압력이 윗면에 작용하는 하향 압력보다 크다.

〈그림 2-49〉와 같이 윗면과 아랫면의 면적이 각각 A이고, 높이가 h인 원통이 밀도가 ρ인 유체 내에 완전히 잠겨 있다고 하자. 이때 원통의 윗면에는 유체 때문에 $P_1 = \rho g h_1$의 압력이 작용하게 된다. 이 압력에 의해 원통의 윗면에 작용하는 힘은 $F_1 = P_1 A = \rho g h_1 A$이고, 그 방향은 아래 방향이다. 이와 동일하게 원통의 아래쪽에는 $F_2 = P_2 A = \rho g h_2 A$의 힘이 작용한다. 따라서 원통에는 알짜힘이 작용하는데 이 힘을 **부력**(buoyant force)이라고 한다. 부력을 F_b라고 하면 이 힘의 방향은 위쪽이고 그 크기는 다음과 같다.

$$F_b = F_2 - F_1 = \rho g A(h_2 - h_1) = \rho g A h = \rho g V$$

여기서, $V = Ah$는 원통의 부피이다. 그리고 ρ가 유체의 밀도이기 때문에 $\rho g V$는 원통의 부피와 같은 부피를 가지는 유체의 무게이다. 따라서 **원통에 작용하는 부력은 원통 부피에 해당하는 유체의 무게와 같다.** 이 결과는 물체의 모양에 관계없이 성립한다.

어떤 물체의 무게가 부력보다 크면 그 물체는 가라앉고, 부력이 무게보다 크면 그 물체는 뜨게 된다. 쇠젓가락은 물에 가라앉지만, 나무젓가락은 물에 뜨는데 그 이유는 쇠젓가락의 무게는 부력보다 크고, 나무젓가락의 무게는 부력보다 작기 때문이다.

아르키메데스의 원리는 유체 내에 부분적으로 또는 완전히 잠긴 물체는 잠긴 물체의 부피에 해당하는 유체의 무게만큼의 부력을 받는다.

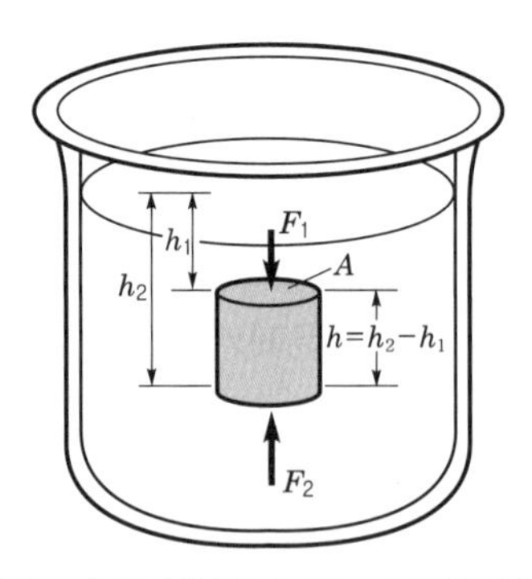

〈그림 2-49〉 유체 내 잠겨 있는 물체에 작용하는 힘

4 실험방법 및 결과

■ 금속 추(50 g 또는 100 g)를 실로 매달아 공기 중에서의 질량을 측정하자. 이어 〈그림 2-50〉과 같이 이 금속 추를 물이 들어 있는 메스실린더 속에 넣고 용수철 저울을 이용하여 물속에서의 질량을 측정하자.
이와 같은 방법으로 작은 고무마개와 유리관의 질량을 공기 중에서와 물속에서 측정해 무게로 환산하여 다음 표를 완성해 보자.

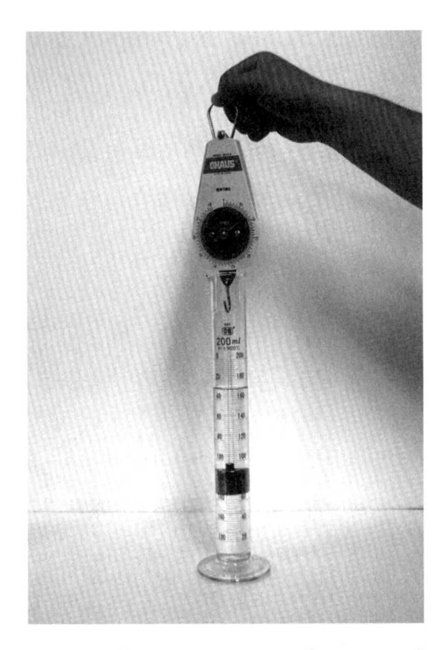

〈그림 2-50〉 물속에서 금속 추의 무게 측정

물 체	금속 추	고무마개	유리관
공기 중에서의 무게 : A (N)			
물속에서의 무게 : B (N)			
부력 : $A-B$ (N)			
물의 부피 (mL)			
물과 물체의 부피 (mL)			
물체의 부피 (mL)			
물체의 부피에 해당하는 물의 무게 (N)			

※ 무게는 질량에 중력가속도 $9.8\,m/s^2$을 곱한 값이다.

- 물에 잠긴 금속 추의 무게는 공기 중에서의 무게와 비교하여 어떠한가? 금속 추의 무게가 달라지는 이유는 무엇인가?

- 금속 추에 작용하는 부력은 금속 추의 부피에 해당하는 물의 무게와 비교하면 어떠한가? 또 고무마개와 유리관에서는 각각 어떠한가?

- 만약 부력이 공기 중에서 물체의 무게와 동일하다면 물체는 물 위에 떠 있을까?

■ 〈그림 2-51〉은 달걀을 물속(왼쪽)과 일정한 농도를 가진 소금물 속(오른쪽)에 넣었을 때의 모습이다.

〈그림 2-51〉 달걀을 물속(좌)과 소금물 속(우)에 넣은 모습

- 소금물 속에서 달걀이 뜨는 이유는 무엇인가?

■ 〈그림 2-52〉는 물이 들어 있는 메스실린더에 서로 다른 종류의 음료수가 들어 있는 캔을 넣었을 때의 모습이다.

〈그림 2-52〉 **물속에 서로 다른 음료수 캔을 넣었을 때의 모습**

- 왼쪽은 가라앉고, 오른쪽은 조금 떠 있다. 이와 같이 물속에서 뜨는 정도가 다른 이유는 무엇인가?

■ 〈그림 2-53〉은 우리나라 부산과 일본 후쿠오카(福岡)를 운항하는 카페리 〈뉴카메리아호, New Camellia〉의 모습이다.

〈그림 2-53〉 **카메리아호**

- 쇠로 만든 무거운 배가 많은 짐을 싣고도 바닷물에 뜨는 이유는 무엇인가?

열은 온도 차이로 인해 한 물체에서 다른 물체로 전달되는 에너지이다.

chapter 03 열과 물성

01 고체의 비열 측정

1 목 적

열량계를 이용하여 고체의 비열을 측정한다.

2 준비물

스티로폼(Styroform) 컵 열량계 1개, 온도계 2개, 전자저울 1개, 비커(500 ~ 1000 mL) 2개, 가열기 1개, 초시계 1개, 금속시료 3개, 유리막대(길이 20 cm) 1개, 실, 모눈종이

3 이 론

물체의 온도를 증가시키려면 외부로부터 물체로 열량 Q의 유입이 필요하다. 이때 열량 Q는 물체의 질량 m과 온도 변화 ΔT에 비례하며 $Q = mc\Delta T$로 표현된다. 이 식에서 비례상수 c는 물질의 고유한 양으로 **비열**(specific heat)이라고 한다. 한 열역학적 계에서 일어나는 열의 이동을 정량적으로 알아보려면 그 계를 외부와 열적으로 고립시켜야 한다.

〈그림 3-1〉(a)의 스티로폼 컵은 외부와 열적으로 고립시킬 수 있는 간단한 **열량계**(calorimeter)로 사용할 수 있다.

4 실험방법 및 결과

■ 먼저 열량계의 단열성을 조사하자. 먼저 컵에 뜨거운 물을 반 정도 넣고 온도계를 꽂은 뚜껑을 덮는다. 시간이 충분히 지난 후 온도계의 눈금 변화가 없을 때의 온도를 측정하자. 그리고 1분 간격으로 온도를 측정하여 아래 표에 기입하고 〈그림 3-2〉에 온도 T와 시간 t 관계 graph를 그려 보자.

경과시간 t(분)	0	1	2	3	4	5	6	7	8
온도 T(℃)									

• 이 스티로폼 컵은 열량계로 사용하기에 그 효능이 만족스러운가?

■ 찬물과 더운 물을 준비하고 각각의 질량과 온도를 측정한 다음, 스티로폼 컵에 찬물과 더운 물을 붓고 뚜껑을 덮어, 열평형이 이루어질 때까지 기다리자. 열평형이 이루어졌을 때의 최종 온도를 측정하라. 그리고 다음 표를 완성하라.

횟 수	찬물		더운 물		최종 온도 T(℃)	찬물이 얻은 열량 $Q_1 = c_{물} m_1 (T - T_1)$(cal)	더운 물이 잃은 열량 $Q_2 = c_{물} m_2 (T_2 - T)$(cal)
	질량 m_1(g)	온도 T_1(℃)	질량 m_2(g)	온도 T_2(℃)			
1							
2							
3							

※ $c_{물}$: 물의 비열, 1 cal/g℃이다.

• 찬물이 얻은 열량 Q_1과 더운 물이 잃은 열량 Q_2를 비교하면 어떠한가?

• 찬물이 얻은 열량 Q_1과 더운 물이 잃은 열량 Q_2 사이의 관계를 식으로 정리해 보자.

■ 찬물에 더운 물이 아닌 다른 물체를 넣었을 때에도 열에너지가 보존되는지 알아보자. 고체시료의 질량 m_2를 정확히 측정하고 〈그림 3-1〉(b)와 같이 시료를 실에 매달아 끓는 물속에 넣어 보자. 충분한 시간이 지나면 고체시료의 온도는 끓는 물의 온도와 같게 된다. 끓는 물의 온도 T_2를 측정하여 표에 기입하라. 또한, 스티로폼 컵에 찬물을 넣고 물만의 질량 m_1과 온도 T_1을 측정하여 아래 표에 기입하자. 이때 물만의 질량을 알기 위해서는 스티로폼 컵의 질량을 미리 측정하여 알고 있어야 한다.

고체시료의 온도가 끓는 물의 온도와 같아졌다고 생각되면 시료를 꺼내서 찬물이 담겨 있는 스티로폼 컵에 급히 넣고 재빨리 뚜껑을 덮자. 열평형이 될 때까지 컵 속의 물을 교반기로 서서히 저어 주면서 온도변화를 관찰하자. 이때 온도계가 깨지지 않도록 주의해야 한다. 열평형이 이루어졌을 때의 최종온도 T를 측정하여 표에 기입하자.

(a) (b)

〈그림 3-1〉 (a) 스티로폼 컵, (b) 고체 비열의 측정장치

시 료	컵 속의 물		시 료		최종 온도 T(℃)	찬물이 얻은 열량 $Q_1 = c_{물} m_1 (T - T_1)$(cal)	시료가 잃은 열량 $Q_2 = c_{시료} m_2 (T_2 - T)$(cal)	시료비열 $c_{시료}$ (cal/g ℃)
	m_1 (g)	T_1 (℃)	m_2 (g)	T_2 (℃)				

• 찬물이 얻은 열량 Q_1은 얼마인가?

- 열량보존법칙을 사용하여 고체시료가 잃은 열량을 구할 수 있는가?

- 고체시료가 잃은 열량은 얼마인가?

- 고체시료의 비열은 얼마인가?

- 이 실험에서 오차 요인은 무엇인가?

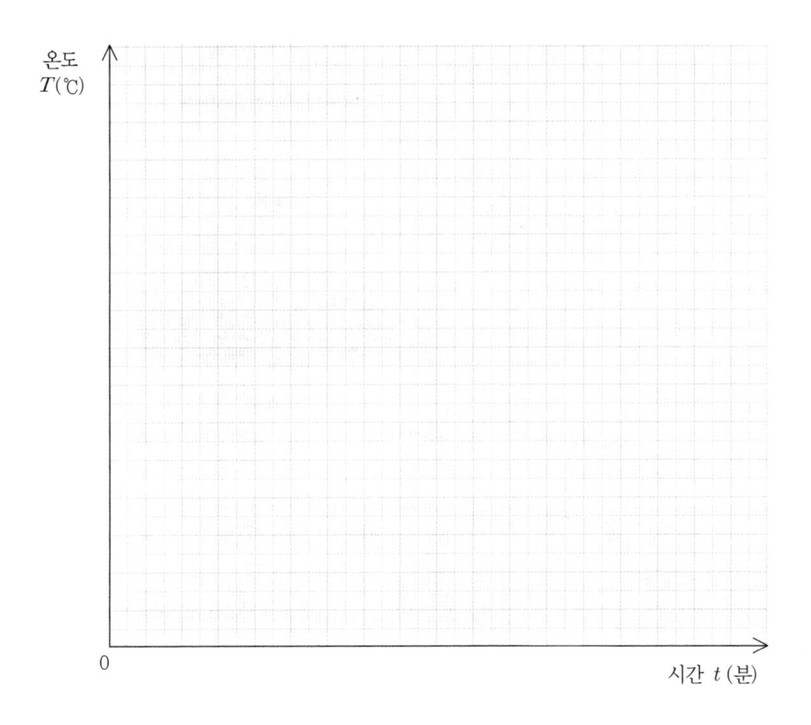

〈그림 3-2〉 $T-t$ **관계 graph**

02 열의 일당량 측정

1 목 적

열은 에너지의 한 형태임을 알고 전기적 에너지로 발생시킨 열량을 구하여 열의 일당량을 측정한다.

2 준비물

열량계 1개, 전원공급기(0 ~ 30 V, 0 ~ 5 A) 1개, 온도계 2개, 비커(500 ~ 1000 mL) 2개, 초시계 1개, 전자저울 1개

3 이 론

열은 에너지의 한 형태로 열의 단위는 칼로리(cal)이며, **1 cal는 1 g의 물을 14.5 ℃에서 15.5 ℃로 1 ℃ 증가시키는 데 필요한 에너지이다.** 이것을 역학적 에너지 단위로 환산하면 4.186 J이 된다. 즉, 1 cal = 4.186 J, 1 kcal = 4186 J이다. 이 관계를 **열의 일당량**(mechanical equivalent of heat)이라고 한다.

본 실험에서는 전기적 에너지가 발생시킨 열량을 구하여 열의 일당량을 측정한다. 저항이 $R(\Omega)$인 저항선에 전류 I(A)가 시간 t(s)동안 흐를 때 사용되는 전기에너지는 $W = I^2Rt = IVt$(J)이다.

전기에너지에 의해 발생된 열은 열량계 속의 물과 용기의 온도를 상승시키며 이때 열량은 $Q = (m+M)c\Delta T$이다. 여기서 m은 물의 질량, M은 물당량, c는 물의 비열이다.

4 실험방법 및 결과

1) 물당량 측정

열의 일당량을 측정하기 전에 열량계와 동일한 열용량을 가진 물의 질량, 즉 **물당량**(water equivalent)을 측정해 보자. 열량계의 물당량은 열량계 구성품(스티로폼 컵), 온도계, 교반기, 저항선 연결단자 등을 물로 보았을 때의 질량에 해당된다.

■ 열량계와 교반기를 합한 질량 M을 측정하자.

• 열량계와 교반기를 합한 질량 M은 몇 g인가?
$M=$

■ 열량계 통에 $\frac{1}{3}$ 정도 들어갈 일정한 양의 물(m_1)을 준비하여 열량계 속에 넣자. 그리고 이 물의 온도 T_1을 측정하자.

• 물의 질량 m_1은 몇 g인가?
$m_1=$

• 물의 온도 T_1은 몇 ℃인가?
$T_1=$

■ 실온보다 20 ℃ 정도 높은 온도 T_2인 적당량의 물(질량 m_2)을 열량계에 재빨리 넣고 뚜껑을 닫은 후 교반기로 여러 번 저은 다음 평형온도 T를 측정하자.

• 더운 물의 질량 m_2는 몇 g인가?
$m_2=$

- 더운 물의 온도 T_2는 몇 ℃인가?
  $T_2 =$

- 평형온도 T는 몇 ℃인가?
  $T =$

■ 열량계와 열량계 속의 모든 부품과 처음 상태의 물 m_1이 얻은 열량은 더운 물 m_2가 잃은 열량과 같다.

$$(m_1 + M)c(T - T_1) = m_2 c(T_2 - T)$$

따라서 물당량 M은 다음과 같다.

$$\therefore \boldsymbol{M = \frac{m_2(T_2 - T)}{(T - T_1)} - m_1}$$

- 열량계의 물당량 M은 몇 g인가?

2) 열의 일당량 측정

■ 이번에는 열의 일당량을 측정해 보자. 열량계와 교반기의 질량 m_1을 측정하고, 열량계에 물을 3/4 정도 채운 다음 물이 들어 있는 열량계의 질량 m_2를 측정하자. 이때 물의 온도는 실온보다 약간 낮은 것이 좋다.

온도계가 꽂혀 있는 열량계의 뚜껑을 덮고, 교반기로 물을 잘 저어서 물과 열량계의 온도가 같아지도록 한 다음 물의 온도 T_1을 측정한다.

- 열량계와 교반기의 질량 m_1은 몇 g인가?
  $m_1 =$

- 물과 열량계의 질량 m_2는 몇 g인가?
  $m_2 =$

- 순수한 물만의 질량 m은 몇 g인가?

$m = m_2 - m_1 =$

- 물의 온도 T_1은 몇 ℃인가?

$T_1 =$

■ 〈그림 3-3〉과 같이 열량계에 전원공급기를 연결하자. 스위치 S를 닫으면서 초시계로 시간을 측정하기 시작하고, 그 순간의 전압 V와 전류 I를 다음 표에 기록하자. 교반기로 서서히 저으면서(이때 교반기가 니크롬선과 온도계에 부딪치지 않도록 주의해야 한다) 물의 온도가 1℃ 증가할 때마다 전압, 전류, 시간을 측정하고 기록하자. 물의 온도가 약 5℃ 정도 올라가면 스위치 S를 열고 그때의 시간과 온도를 기록하자.

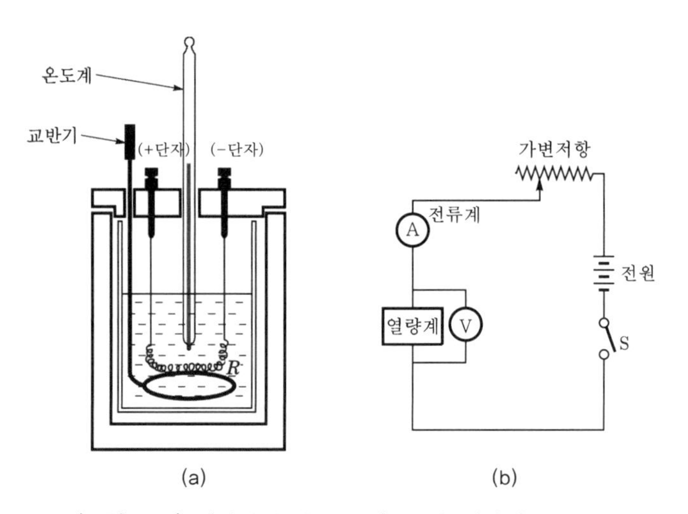

〈그림 3-3〉 (a) 열의 일당량 측정장치, (b) 회로도

상승한 온도 T(℃)	0.0	1.0	2.0	3.0	4.0	5.0
시간 t(s)	0					
전압 V(V)	0					
전류 I(A)	0					

- 물의 최종온도 T_2는 몇 ℃인가?

  $T_2 =$

- 물의 온도변화 ΔT는 몇 ℃인가?

  $\Delta T = T_2 - T_1 =$

- 평균전압은 몇 V인가?

  $V =$

- 평균전류는 몇 A인가?

  $I =$

- 전류가 흐른 시간 t는 몇 s인가?

  $t =$

■ 측정값을 다음 식에 대입하여 발생한 열량 Q와 공급된 전기에너지 W를 구해 보자. 발생한 열량은 $Q = (M + m)c\Delta T$이다. (단, M : 열량계의 물당량, c : 물의 비열)

- 공급된 전기에너지는 몇 J인가?

  $W = VIt =$

- 발생한 열량 Q는 몇 cal인가?

  $Q =$

- W와 Q 사이의 관계식을 써 보자.

- 열의 일당량 J(J/kcal)는 얼마인가? 기준값과 비교해 보자.

- 오차가 있다면 그 이유는 무엇인가?

- 실험 중에 열량계가 외부로 잃는 열량을 최소로 하는 방법은 무엇인가?

03 얼음의 융해열 측정

1 목 적

얼음의 융해열을 측정하고 숨은열은 물질의 상태 변화에 필요한 에너지임을 이해한다.

2 준비물

스티로폼 컵 열량계 1개, 온도계(0.2 ℃ 눈금) 2개, 비커(500 ~ 1000 mL) 3개, 전자저울 1개, 얼음, 휴지 약간

3 이 론

고체에 열을 가하면 분자의 열운동이 활발해져서 일정한 형태를 유지할 수 없게 되므로 액체 상태로 변한다. 그리고 액체를 가열하면 분자는 더욱 격렬한 운동을 하게 되고, 액체 표면 부근의 분자는 기체로 되어 공기 중으로 날아간다. −10 ℃의 얼음을 녹이는 경우 처음에 얼음은 녹지 않고 있다가 온도가 올라가면서 0 ℃가 되면 녹기 시작하고 얼음이 녹는 동안에는 온도가 일정하게 유지된다. 얼음이 모두 녹아 물이 되면 온도가 다시 올라가게 된다. 이때 얼음이 물로 상태가 변화되는 동안에는 열을 가해도 온도가 올라가지 않는데, 이때 공급되는 열을 **숨은열** 또는 **반환열** 또는 **잠열**이라고 한다.

질량이 1 kg인 고체가 융해되어 같은 온도의 액체로 될 때 흡수하는 열을 **융해열**(heat of fusion)이라 하고, 질량이 1 kg인 액체가 같은 온도의 기체로 될 때

흡수하는 열을 **기화열**(heat of vaporization)이라고 한다. 한편 기체가 액체로 변할 때 방출하는 열을 **액화열**, 액체가 고체로 변할 때 방출하는 열을 **응고열**이라고 한다. **물질의 응고열은 그 물질의 융해열과 같고, 액화열은 기화열과 같다.**

물의 경우 1기압에서 융해열은 약 80 kcal/kg이며, 기화열은 539 kcal/kg이다. 물질의 온도가 올라가거나 내려갈 때 그 물질이 흡수 또는 방출한 열량을 $mc\Delta T$로 나타낸다. 여기서, c는 그 물질의 비열이다. **얼음의 융해열과 물의 응고열은 같다.**

4 실험방법 및 결과

- 열량계에 온도계를 꽂고 질량을 측정한 다음, 실온보다 약간 높은 온도의 물을 열량계에 반 정도만 채우자. 물의 온도 T_1을 정확히 측정하고 물을 넣은 후의 열량계(온도계 포함)의 질량을 측정하여 물의 질량을 알아내자.

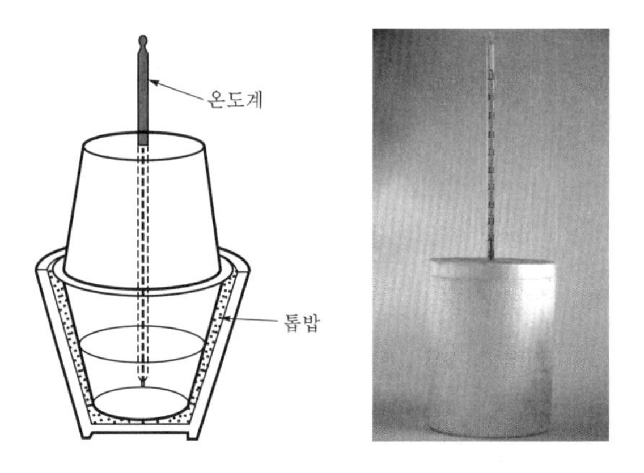

〈그림 3-4〉 **스티로폼 컵 열량계의 구조와 모습**

- 물의 질량 m_1은 몇 g인가?

$m_1 =$

- 물의 온도 T_1은 몇 ℃인가?

$T_1 =$

- 얼음을 잘게 쪼개서 화장지로 물기를 닦은 후 열량계 속의 물에 재빨리 넣자(얼음의 온도는 0 ℃라고 가정한다). 열량계 뚜껑을 덮고 얼음이 녹아 평형온도에 도달할 때까지 기다리자. 얼음이 완전히 녹아 평형온도에 도달하면 그때의 온도 T_2와 물의 질량 m_2를 측정하자.

  - 얼음을 큰 덩어리로 사용하지 않고 잘게 쪼개는 이유는 무엇인가?

  - 얼음의 겉에 있는 물기를 닦는 이유는 무엇인가?

  - 얼음이 녹은 후 총 물의 질량 m_2는 몇 g인가?
    $m_2 =$

  - 얼음의 질량 m은 몇 g인가?
    $m =$

  - 얼음이 녹은 후 평형온도 T_2는 몇 ℃인가?
    $T_2 =$

  - 얼음을 넣기 전의 물의 온도와 평형온도의 차이 ΔT는 몇 ℃인가?
    $\Delta T = T_2 - T_1 =$

- 측정값을 이용하여 얼음의 융해열을 구해 보자.

  - 더운 물이 잃은 열량 Q_1은 몇 cal인가?

  - 0 ℃ 물이 평형온도 T_2로 되는데 얻은 열량 Q_2는 몇 cal인가?

  - 두 열량 Q_1과 Q_2를 비교해 보자. 그 차이 Q는 몇 cal인가?

• 열량 Q는 어디로 이동했다고 생각하는가?

• 얼음 1g을 녹이는 데 몇 cal의 열량이 필요했는가? 이 값을 보통 L(L은 latent의 약자이다)로 표시하는데 이는 융해열을 나타낸다.

■ 얼음의 질량을 바꿔가면서 실험을 반복하고 얼음의 융해열 L의 평균을 구해 보자.

구 분	1회	2회	3회
얼음을 넣기 전의 물의 질량 m_1(g)			
얼음이 녹은 후의 물의 질량 m_2(g)			
얼음의 질량 m(g)			
얼음을 넣기 전의 물의 온도 T_1(℃)			
얼음이 녹은 후의 물의 온도 T_2(℃)			
물의 온도변화 ΔT(℃)			
더운 물이 잃은 열량 Q_1(cal)			
0 ℃ 물이 평형온도까지 상승하는 데 얻은 열량 Q_2(cal)			
두 열량 Q_1과 Q_2의 차 Q(cal)			
얼음의 융해열 L(cal/g)			

• 0℃ 얼음 1g을 0℃ 물로 상태변화 시키는 데 필요한 열량 L을 얼음의 융해열이라고 한다. 이 열량을 숨은열 또는 잠열이라고도 한다. 실험으로 구한 값을 기준값인 80 kcal/kg과 비교해 보자. 차이가 나는가?

• 상대오차의 백분율은 몇 %인가?

• 오차가 있다면 그 원인은 어디에 있다고 생각하는가?

04 고체의 선팽창계수 측정

1 목 적

금속막대를 가열시켜서 늘어난 길이를 측정하여 고체의 선팽창계수(coefficient of linear expansion)를 구한다.

2 준비물

선팽창계수 측정장치 1조, 가열기 1개, 수증기 발생기 1개, 온도계 1개, 미터자 1개, 고무관 1개, 막대시료(철, 구리, 알루미늄 등) 각 1개, 비커

3 이 론

고체의 길이나 부피는 온도에 따라 달라진다. 온도가 1 ℃ 변화할 때 고체의 단위길이당 길이의 변화를 **선팽창계수**라고 한다. 즉, 0 ℃, T(℃) 때 고체의 길이를 각각 L_0, L이라고 하면 선팽창계수 α는 다음과 같다.

$$\alpha = \frac{\frac{L - L_0}{L_0}}{T} = \frac{L - L_0}{L_0 T}$$

$$L = L_0(1 + \alpha T) \qquad (1)$$

선팽창계수를 측정할 때마다 0 ℃ 때 길이를 재는 것이 어려우므로, 임의의 두 온도 T_1, T_2에서 늘어난 길이의 비를 이용하여 선팽창계수를 구할 수 있다.

$$\frac{L_2}{L_1} = \frac{L_0(1+\alpha T_2)}{L_0(1+\alpha T_1)} = (1+\alpha T_2)(1-\alpha T_1 + \alpha^2 {T_1}^2 - \cdots\cdots) \quad \cdots\cdots (2)$$

가 된다. 2차항 이상을 무시하면 다음과 같다.

$$L_2 = L_1[1+\alpha(T_2 - T_1)] \quad \cdots\cdots (3)$$

따라서 선팽창계수는 다음과 같이 구할 수 있다.

$$\alpha = \frac{L_2 - L_1}{L_1(T_2 - T_1)} = \frac{\Delta L}{L_1 \Delta T} \quad \cdots\cdots (4)$$

선팽창계수의 단위는 $℃^{-1}$이다.

4 실험방법 및 결과

- 고체막대의 길이 L_1을 mm까지 정확히 측정하고 〈그림 3-5〉와 같은 선팽창계수 측정장치 속에 넣는다. 마이크로미터를 돌려서 막대의 끝과 접촉시켜 마이크로미터의 눈금을 $\frac{1}{1000}$ mm까지 읽는다. 다음에는 선팽창계수 측정장치의 가운데에 있는 구멍에 온도계를 꽂고 온도 T_1을 0.1℃까지 측정한다.

• 가열하기 전 시료 막대의 길이 L_1은 몇 m인가?

$L_1 =$

• 가열하기 전 온도 T_1은 몇 ℃인가?

$T_1 =$

• 가열하기 전 마이크로미터의 눈금 p_1은 몇 mm인가?

$p_1 =$

■ 위의 측정이 끝나면 마이크로미터를 여러 바퀴 돌려서 막대시료와 마이크로미터 사이에 충분한 간격이 생기게 한다. 수증기 발생기에 물을 약 2/3 정도 채워서 가열기 위에 올려 놓은 후 수증기 발생기와 선팽창계수 측정장치를 고무관으로 연결한다. 가열기를 작동하여 물의 온도를 100℃ 정도까지 올리면서 자주 온도계를 본다. 온도가 더 이상 올라가지 않을 때 온도 T_2를 0.1℃까지 읽고, 마이크로미터를 돌려서 막대시료의 끝과 접촉시킨 다음 그 눈금을 정확히 읽는다.

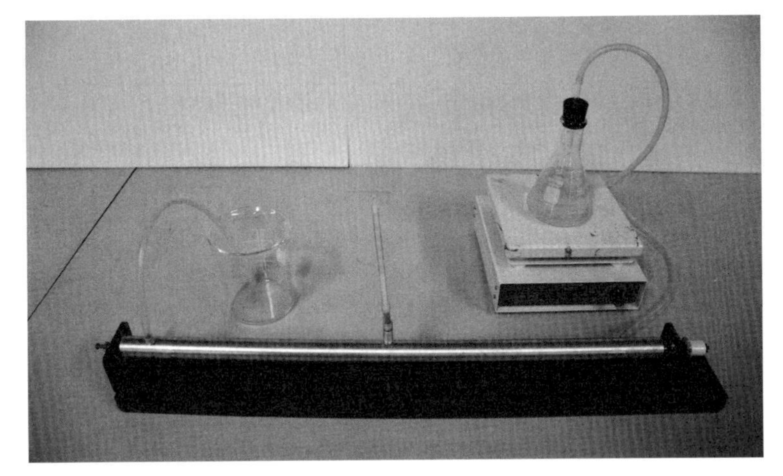

〈그림 3-5〉 **고체의 선팽창계수 측정장치**

- 가열한 후의 온도 T_2는 몇 ℃인가?
  $T_2 =$

- 가열 전후의 온도차 ΔT는 몇 ℃인가?
  $\Delta T =$

- 가열한 후의 마이크로미터의 눈금 p_2는 얼마인가?
  $p_2 =$

- 막대시료의 늘어난 길이 ΔL은 몇 m인가?

- 측정값을 식 (4)에 대입하여 막대시료의 선팽창계수 α를 구해 보자.

■ 위와 같은 실험을 5회 정도 반복하여 다음 표를 완성하고, 평균하여 막대시료의 선팽창계수의 최종값을 구하라. 실험이 한 번 끝날 때마다 실험장치를 완전히 식혀서 실온과 같게 한 후 다시 실험을 시작해야 한다.
그리고 다른 물질의 막대시료에 대하여도 실험하고, 선팽창계수를 측정하여 부록에 있는 고체의 상수표 값과 비교해 보자.

① 막대시료

길이 $L_1 =$

횟 수	온 도			마이크로미터 눈금			$L_1 \Delta T$	$\alpha = \dfrac{\Delta L}{L_1 \Delta T}$
	T_1	T_2	ΔT	p_1	p_2	ΔL		
1								
2								
3								
4								
5								
평균값								

② 막대시료

길이 $L_1 =$

횟 수	온 도			마이크로미터 눈금			$L_1 \Delta T$	$\alpha = \dfrac{\Delta L}{L_1 \Delta T}$
	T_1	T_2	ΔT	p_1	p_2	ΔL		
1								
2								
3								
4								
5								
평균값								

③ 막대시료

길이 $L_1 =$

횟 수	온 도			마이크로미터 눈금			$L_1 \Delta T$	$\alpha = \frac{\Delta L}{L_1 \Delta T}$
	T_1	T_2	ΔT	p_1	p_2	ΔL		
1								
2								
3								
4								
5								
평균값								

• 실험으로 구한 막대시료 ①, ②, ③의 선팽창계수는 각각 얼마인가?

• 오차가 있는가? 있다면 그 이유는 무엇인가?

05 기체의 압력, 부피, 온도 사이의 관계

1 목 적

- 기체의 압력과 부피, 온도 사이에는 어떤 관계가 있는지 알아본다.
- 이상기체의 상태방정식을 이해한다.

2 준비물

주사기(20 ~ 50 cc) 1개, 비커(500 mL) 1개, 온도계(0 ~ 100 ℃) 1개, 가열기(또는 알코올램프) 1개, 저울(바늘식) 1개, 고무마개(주사기 끝을 막는 데 사용), 석면금속망 1개, 스탠드 1개, 추(0.5, 1.0 kg) 2개

3 이 론

기체는 고체나 액체와는 달리 온도와 압력에 따라 그 부피가 쉽게 변한다. 그리고 기체의 부피가 쉽게 변하므로 작은 용기에 채울 수도 있고, 큰 용기 전체에도 균일하게 분포한다. 이것은 기체분자 사이의 거리가 분자의 크기에 비하여 아주 크고, 분자 사이에 작용하는 힘이 거의 없어서 분자들이 용기의 체적 전체를 자유롭게 운동하기 때문이다. 이와 같이 기체의 상태를 기술하려면 온도, 압력, 부피의 세 가지 양이 필요한데, 이들 중에서 한 가지만 변하여도 다른 한 가지 양에 변화가 생긴다.

1) 기체의 압력과 부피 사이의 관계

온도가 일정할 때 일정한 양의 기체의 부피 V는 작용하는 압력 P에 근사적으로 반비례한다는 것이 실험적으로 알려져 있다.

$$V \propto \frac{1}{V} \quad \text{또는} \quad PV = \text{일정} \quad \cdots\cdots (1)$$

이 관계를 **보일의 법칙(Boyle's law)**이라고 한다.

2) 기체의 온도와 부피 사이의 관계

1787년 프랑스의 화학자 **샤를**(J.A.C. Charles)은 압력과 질량이 일정할 때 기체의 부피 V는 절대온도 T에 비례한다는 사실을 정밀한 실험으로 알게 되었다. 즉, 압력이 일정하면 모든 기체의 부피는 온도가 1 ℃ 상승할 때마다 0 ℃ 때의 부피의 1/273씩 증가한다.

일반적으로 일정량의 기체가 일정한 압력하에 있을 때 0 ℃ 때의 부피를 V_0라 하고, t(℃) 때의 부피를 V라고 하면 다음 관계가 있다.

$$V = V_0\left(1 + \frac{1}{273}t\right) \quad \cdots\cdots (2)$$

이 관계를 **샤를의 법칙(Charle's law)**이라고 한다. 이 식에서 1/273은 기체의 체적팽창계수 β이며, 이 값은 기체의 종류에 관계없이 일정하다. 한편, 일정한 압력하에서 기체의 온도가 1 ℃씩 내려가면 기체의 부피는 0 ℃ 때의 부피의 1/273씩 감소한다. 이 식에서 온도 t(℃) 대신에 절대온도 $T(K) = 273 + t$(℃)를 사용하면 (2)식은 다음과 같다.

$$\frac{V_0}{T_0} = \frac{V}{T} = k(\text{일정}) \quad \cdots\cdots (3)$$

즉, 압력이 일정할 때 일정량의 기체의 부피는 절대온도에 비례한다.

3) 기체의 상태방정식

(1)식과 (3)식을 하나로 묶어 식으로 나타내면 다음과 같다.

$$\frac{P_0 V_0}{T_0} = \frac{PV}{T} = k(\text{일정}) \quad \cdots\cdots (4)$$

즉, 기체의 부피는 절대온도에 비례하고 압력에 반비례한다. 이 관계를 **보일-샤를의 법칙(Boyle-Charle's law)**이라고 한다. 실험에 의하면 온도가 273 K, 압력이 1기압(1.013×10^5 N/m^2)인 표준상태에서 기체 1몰이 차지하는 부피는 기체의 종류에 관계없이 22.4 L(2.24×10^{-2} m^3)이다. (4)식의 비례상수를 기체상수 R로 나타내면 R은 다음과 같다.

$$R = \frac{PV}{T} = \frac{1.013 \times 10^5 \times 2.24 \times 10^{-2}}{273}$$

$$= 8.31\,(\mathrm{J/mol\ K}) \quad \cdots\cdots (5)$$

(5)식은 1몰에 대해서 $PV = RT$로 쓸 수 있으며, n몰의 기체에 대해서는 다음 관계가 성립한다.

$$PV = nRT \quad \cdots\cdots (6)$$

(6)식을 **이상기체의 상태방정식**이라고 한다.

4 실험방법 및 결과

1) 공기의 압력과 부피 사이의 관계

〈그림 3-6〉과 같이 주사기의 구멍을 고무마개로 막고 저울 위에 똑바로 세운 다음 손으로 주사기를 누르면서 저울의 눈금과 주사기의 눈금 변화를 조사하자. 이때 주사기를 누르는 힘 F는 공기에 가해지는 압력 P이다. 주사기 안에 물기가 없도록 잘 건조시켜야 한다. 주사기는 마찰이 적고 공기가 새지 않아야 한다. 주사기를 누르는 힘 F는 저울의 눈금을 읽어 kg중으로 기록한다.

■ 저울을 누를 때 주사기의 부피 변화를 측정하여 표에 기입하자. 이 표를 보고 〈그림 3-7〉에 공기의 부피 $1/V$와 누르는 힘 F 사이의 관계 graph를 그려라. 누르는 힘 F는 저울의 눈금에 중력가속도 값을 곱해 N 단위로 구한다. 실험에서는 N 대신 kg중으로 나타내자.

- 주사기 안 처음 상태의 공기의 부피는 몇 cm^3인가?

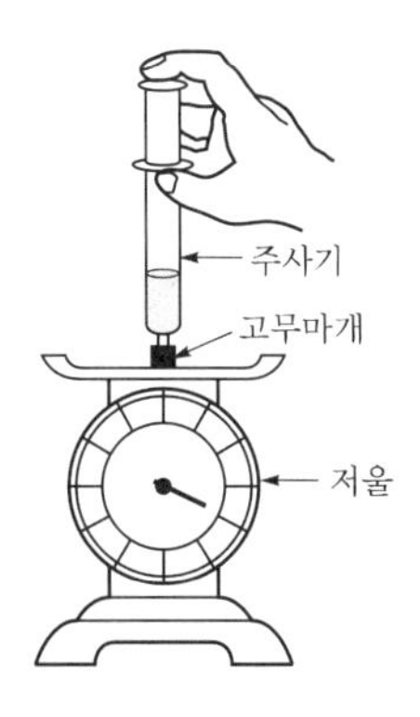

〈그림 3-6〉 **공기의 압력과 부피 사이의 관계를 찾는 실험장치**

누르는 힘(kg중)					
공기의 부피 V(cm^3)					
$1/V$($\times 10^{-2}$ cm^{-3})					

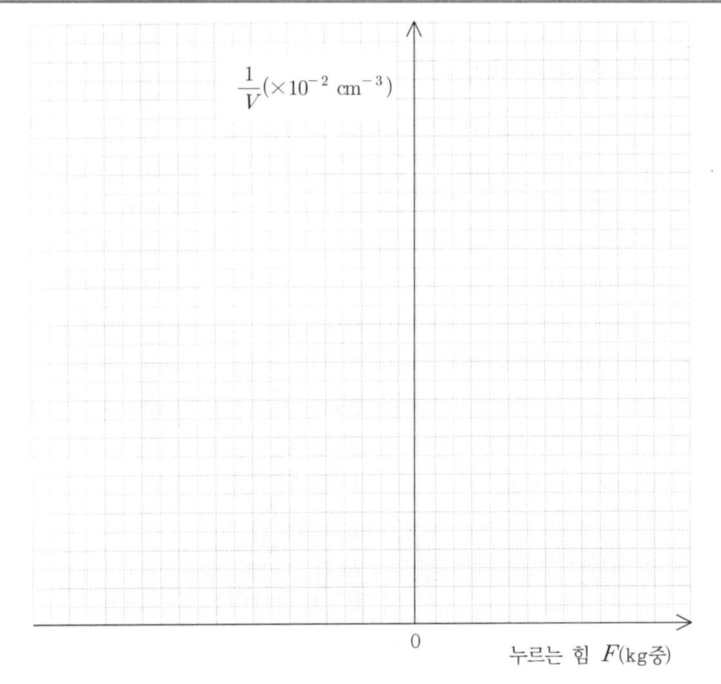

〈그림 3-7〉 **$(1/V)-F$ 관계 graph**

- graph에서 주사기를 누르는 힘 F와 공기의 $\frac{1}{\text{부피}}\left(\frac{1}{V}\right)$ 사이에는 어떤 관계가 있다고 생각하는가?

- 주사기의 단면적 A는 몇 cm^2인가?

- 주사기를 누르는 힘 F를 주사기의 단면적 A로 나눈 값 F/A는 곧 압력 P이다. 공기의 압력 P와 부피 V 사이에는 어떤 관계가 있는가?

2) 공기의 온도와 부피 사이의 관계

〈그림 3-8〉과 같이 주사기에 공기를 적당히 넣고 고무마개로 막은 다음 질량이 0.5 kg (주사기의 크기에 따라 질량은 다를 수 있음) 정도 되는 추를 올려 놓자.

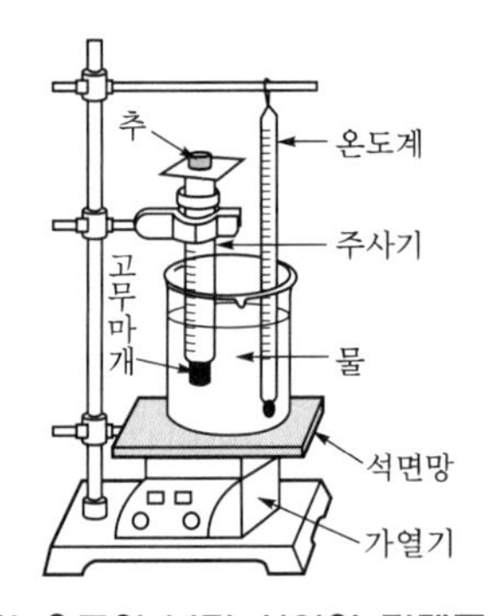

〈그림 3-8〉 공기의 온도와 부피 사이의 관계를 조사하는 실험장치

■ 가열기(없으면 알코올램프도 가능)로 비커의 물을 서서히 가열하자. 물의 온도가 10 ℃ 오를 때마다 온도 T와 그때 공기의 부피 V를 측정하여 다음 표에 기입하자. 공기의 부피는 주사기 눈금을 기준으로 읽으면 된다.

추의 질량 (kg)	일정(압력 = 일정)				
온도 T(℃)					
기체의 부피 V(cm^3)					

• 이 표를 이용하여 공기의 부피 V와 온도 T 사이의 관계를 〈그림 3-9〉에 graph로 그려 보자.

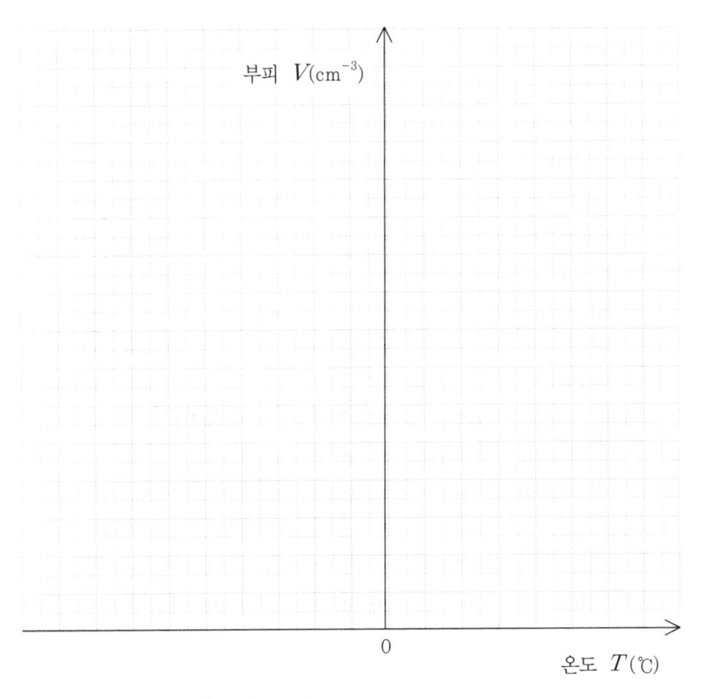

〈그림 3-9〉 **$V-T$ 관계 graph**

• 공기의 부피 V와 온도 T 사이에는 어떤 관계가 있다고 생각하는가?

- 온도 T와 부피 V 사이의 관계 graph에서 공기의 부피가 0이 되는 온도를 추정할 수 있는가? 추정이 가능하다면 그 온도는 몇 ℃인가?

- $V = 0$일 때의 온도를 무슨 온도라고 부르는가?

■ 앞서 실험한 두 실험결과를 묶어 정리해 보자.

- 기체의 부피는 (   )에 비례하고, (   )에 반비례한다.

- 이 관계를 하나의 식으로 나타낸 법칙을 무슨 법칙이라고 하는가?

■ 이 실험에서 오차를 줄이려면 어떤 주의가 필요한가?

■ 온도가 0 ℃일 때의 부피를 V_0, t(℃)일 때의 부피를 V라고 하면, 기체의 부피팽창계수 β는 $(V - V_0)/V_0 t$ 이다.

- 실험결과를 이용하여 기체의 부피팽창계수 β를 계산하면 얼마인가?

06 고체의 비중 측정

1 목 적

천칭을 이용하여 물보다 무겁거나 가벼운 고체의 비중을 구하고, 비중의 개념을 이해한다.

2 준비물

천칭 1개, 비커(250 mL) 1개, 온도계 1개, 고체시료

3 이 론

온도 T(℃)에서 어떤 물질의 단위부피당 질량을 그 온도에서의 **밀도**(kg/m^3)라고 한다. 또 온도 T(℃)에서 어떤 물질의 무게와 이와 부피가 같은 4 ℃ 순수한 물의 무게와의 비를 T(℃)에서의 물질의 **비중**(단위 없음)이라고 한다. 그러므로 어떤 물질의 비중은 그 물질의 밀도와 4 ℃에서 순수한 물의 밀도와의 비를 말한다.

어떤 물체의 무게를 W, 이 물체와 같은 부피를 가진 T(℃)의 물의 무게를 W_T, 그리고 그 온도에서의 물의 비중을 S_T라고 하면 물체의 비중 S는 다음의 식으로 표현된다.

$$S = \frac{W}{W_T} S_T$$

4 실험방법 및 결과

■ 물보다 무거운 고체시료의 비중을 측정해 보자.

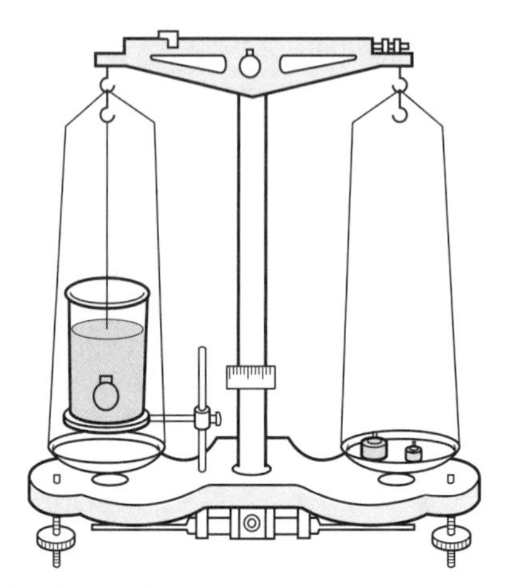

〈그림 3-10〉 **고체의 비중 측정하는 천칭**

먼저 공기 중에서 물체의 무게 W를 잰다. 그 다음 〈그림 3-10〉과 같이 저울에 매달린 물체를 비커에 담긴 물속에 넣고 물속에서의 무게 W'를 잰다. 물의 온도는 무게를 측정하기 시작할 때와 측정이 끝난 때의 온도를 평균하여 구한다.

- 공기 중에서 고체시료의 무게 W는 얼마인가?
  $W=$

- 물속에서 고체시료의 무게 W'는 얼마인가?
  $W'=$

- 고체시료와 같은 부피의 물의 무게 W_T는 얼마인가?
  $W_T = W - W'$

- 물의 평균온도 T는 몇 ℃인가?
  $T=$

• 위 온도에서 물의 비중(밀도) S_T는 얼마인가?

$S_T =$

• 고체시료의 비중은 얼마인가?

■ 이상과 같은 측정을 여러 번 반복하여 측정값을 다음 표에 기록하고 비중의 평균을 구해 보자.

시료명 : 평균온도 $T =$ 물의 비중 $S_T =$

횟 수	공기 중에서 시료의 무게 W	물속에서 시료의 무게 W'	시료와 같은 부피의 물의 무게 W_T	비중
1				
2				
3				
4				
5				
평균값				

• 이 시료의 비중은 얼마인가?

■ 다음은 물보다 가벼운 고체시료의 비중을 측정해 보자.

코르크와 같이 물보다 가벼운 물체의 비중을 천칭을 이용하여 구하려면, 코르크가 물에 뜨기 때문에 〈그림 3-11〉과 같이 코르크에 추를 매달아 물속에 넣어야 한다. 이때 추도 물속에서 부력을 받는 것을 생각해야 한다. 또 실과 실 사이 또는 실과 물체 사이에 기포가 붙어 있지 않도록 바늘로 기포를 제거한다.

먼저 공기 중에서 고체시료의 무게 W를 측정하고 물속에서 추의 무게 W'를 측정한 후 추와 고체시료를 같이 묶어서 물속에 넣어 그 무게 W''를 측정해 보자. 그리고 실험을 시작할 때와 끝났을 때의 온도를 각각 측정하여 그 평균온도 T를 구해 보자.

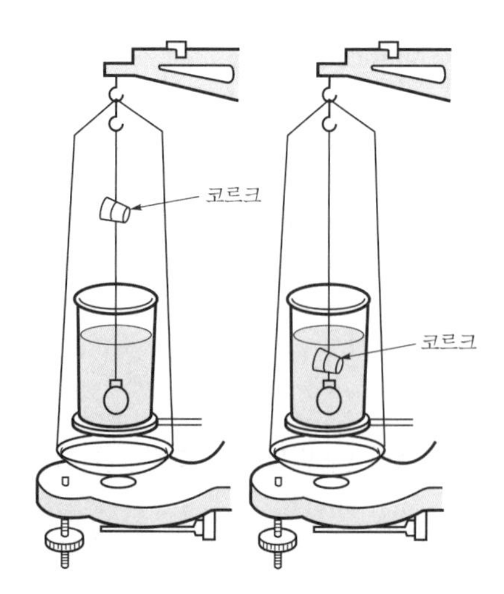

〈그림 3-11〉 **물보다 가벼운 물체의 비중을 구하는 장치**

- 공기 중에서 고체시료의 무게 W는 얼마인가?

  $W =$

- 물속에서 추만의 무게 W'는 얼마인가?

  $W' =$

- 물속에서 추와 고체시료를 합한 무게 W''는 얼마인가?

  $W'' =$

- 고체시료와 같은 부피의 물의 무게 W_T는 얼마인가?

  $W_T = W' - W''$

- 물의 평균온도 T는 몇 ℃인가?

  $T =$

- 고체시료의 비중은 얼마인가?

■ 위와 같은 측정을 여러 번 반복하여 비중의 평균값을 구해 보자.

07 관성모멘트 측정

1 목 적

강체를 대상으로 특정한 회전축에 대한 관성모멘트를 측정하고 이론값과 비교한다.

2 준비물

관성모멘트 측정장치(회전 지지대) 1조, 측정 시료 4개(속이 꽉 찬 원판, 속이 빈 원통, 둥근 막대, 직사각형 막대), 추(0.1 ~ 0.2 kg), 초시계, 버니어 캘리퍼스, 수준기, 1 m 자, 전자저울, 단단한 실

3 이 론

1) 강체의 관성모멘트

강체를 회전시킬 때 **회전 운동에너지**(rotational kinetic energy)는 $KE_{\rm r} = \frac{1}{2}I\omega^2$ 이다. 이 식에서 I는 질량 m인 물체의 **관성모멘트**(moment of inertia)이고 $I = mr^2$이며 단위는 kg m^{2}이다. r(m)은 회전축에서 강체 끝까지의 거리이며, ω(rad/s)는 각속도이다. 회전 운동에너지를 나타내는 식은 입자의 병진 운동에너지 $KE_{\rm t} = \frac{1}{2}mv^2$에 대응된다. 강체의 관성모멘트는 질량, 반경 그리고 회전축에 따라 달라진다. 본 실험에서 측정할 4종류 강체의 이론적인 관성모멘트의 값은 〈그림 3-12〉와 같다.

네 종류의 시료	외 형	관성모멘트(이론값)
(시료 1) 속이 꽉 찬 원판	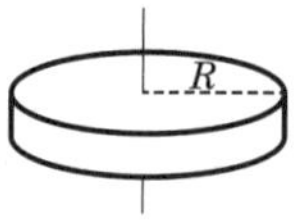	$I_1 = \frac{1}{2}MR^2$
(시료 2) 속이 빈 원통	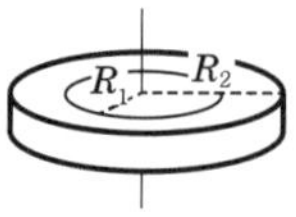	$I_2 = \frac{1}{2}M(R_1^2 + R_2^2)$
(시료 3) 둥근 막대	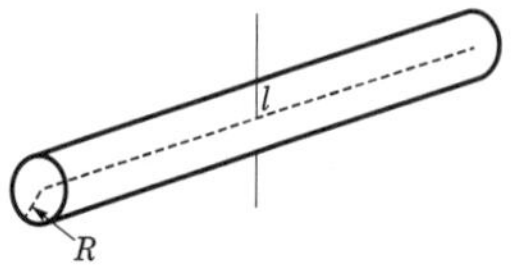	$I_3 = \frac{1}{12}Ml^2$(반지름이 아주 작을 때) $I_3 = M\left(\frac{R^2}{4} + \frac{l^2}{12}\right)$(반지름이 어느 정도 있을 때)
(시료 4) 직사각형 막대	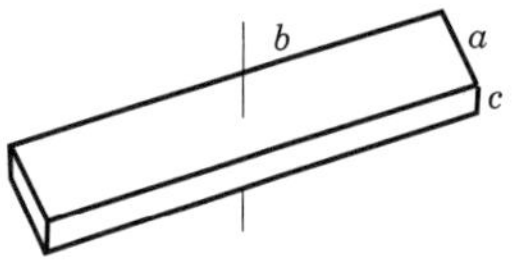	$I_4 = \frac{1}{12}M(a^2 + b^2)$

〈그림 3-12〉 네 종류 강체의 관성모멘트

2) 실험장치

〈그림 3-13〉은 본 실험에서 사용할 장치의 개략도와 준비물을 나타낸 것이다. 회전축 OO′에 대한 관성모멘트가 $I_{지}$인 물체 A(측정 시료를 고정하는 지지대)의 아래쪽(반지름 r)에 줄을 감고 도르래를 통하여 질량 m_1인 추를 연결하면 추가 아래 방향으로 내려오면서 시료 지지대 A가 회전한다. 즉, 손으로 잡고 있던 추 m_1을 가만히 놓으면 추가 낙하하면서 회전 지지대 A도 회전하게 된다.

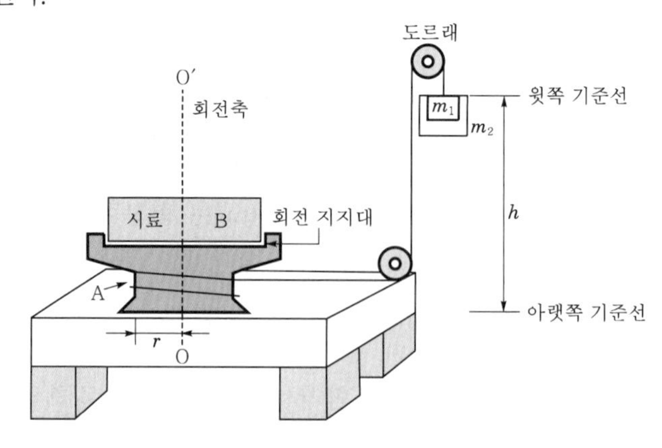

〈그림 3-13〉 관성모멘트 측정장치의 개략도

이때 이 계에 역학적 에너지 보존법칙을 적용하면 물체 A의 회전 운동에너지와 질량 m_1인 추의 병진 운동에너지의 합은, 추 m_1이 최초에 가지는 중력 퍼텐셜에너지와 같다.

$$\frac{1}{2}I_{지}\omega^2 + \frac{1}{2}m_1 v_1^2 = m_1 gh \quad (1)$$

식 (1)에서 $I_{지}$는 회전 지지대 A의 관성모멘트이고, ω는 지지대 A의 각속도이며, ω는 $\frac{v_1}{r}$이다. 낙하하는 질량 m_1인 추는 연직방향으로 등가속도운동을 하므로 임의 시각 t에서 낙하거리는 $h(t) = v_0 t + \frac{1}{2}at^2$이다. 이 식으로부터 시각 t일 때의 가속도 a_1을 구하면 다음과 같다. 초속도 v_0는 0이다.

$$a_1 = \frac{2h}{t_1^2} \quad (2)$$

그리고 이 시각에서의 속도 $v_1(t)$는 다음과 같다.

$$v_1(t) = \frac{2h}{t_1} \quad (3)$$

식 (2)와 식 (3)을 식 (1)에 대입하면 다음과 같다.

$$\frac{1}{2}I_{지}\omega^2 + m_1 a_1 h = m_1 gh \quad (4)$$

식 (4)의 ω에 $\frac{v_1}{r}$를 대입하면 $I_{지}\frac{a}{r^2} + m_1 a_1 = m_1 g$이다. 이 식에서 $I_{지}$를 구하면 다음과 같다.

$$I_{지} = m_1 r^2\left(\frac{g}{a_1} - 1\right) = m_1 r^2\left(\frac{gt^2}{2h} - 1\right) \quad (5)$$

만약 측정 시료 1을 회전 지지대 A위에 올려놓으면 두 물체(시료 1+회전 지지대 A)의 관성모멘트 $I_{(1+지)}$를 구할 수 있다. 이때 추의 질량을 m_1이라고 하면 관성모멘트는 식 (5)를 이용하여 구하면 다음과 같다.

$$\boldsymbol{I_{(1+지)} = m_1 r^2\left(\frac{g}{a_2} - 1\right) = m_1 r^2\left(\frac{gt^2}{2h} - 1\right)} \quad (6)$$

즉, 회전 지지대 A의 반지름 r, 추의 질량 m_1, 추가 낙하한 거리 h와 낙하 시간 t을 측정하면 $I_{(1+지)}$가 얻어진다. 이 값에서 회전 지지대 A의 관성모멘트인 $I_{지}$을 빼면 측정 시료 1의 관성모멘트 I_1가 얻어진다. 본 실험에서 측정할 시료는 4가지 형태의 강체로 그 외형은 〈그림 3-14〉와 같다. 각각의 강체를 회전 지지대에 올려놓은 모습이다.

(a) 시료 1 : 속이 꽉 찬 원판

(b) 시료 2 : 속이 빈 원통

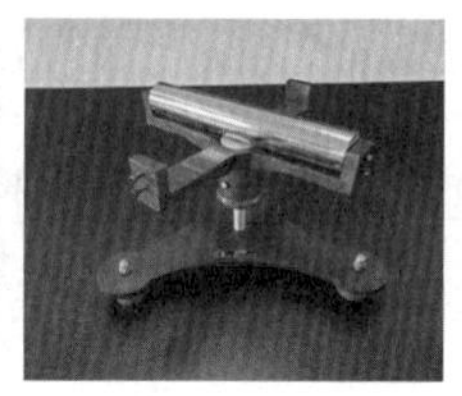
(c) 시료 3 : 둥근 막대

(d) 시료 4 : 직사각형 막대

〈그림 3-14〉 실험에서 측정할 4종류 강체

4 실험방법 및 결과

■ 〈그림 3-15〉는 관성모멘트 측정실험장치, 실험 준비물, 회전 지지대의 모습이다. 관성모멘트를 측정하고자 하는 시료를 지지대 위에 고정시키고 지지대 바닥에 있는 수평조절 나사를 이용하여 수평을 조절하자. 버니어 캘리퍼스를 사용하여 회전 지지대의 아래쪽 반경 $r(\text{m})$을 측정하자. 길이가 약 4 m 정도 되는 단단한 줄을 사용하여 회전 지지대 아래쪽을 1 m 정도 감은 후 추 m_1(kg)에 연결하자. 추가 낙하하는 거리 h(m)가 1.0 m 내외가 되도록 조정하자. 한 사람은 위쪽에서 추를 잡고 있다가 가만히 놓으면서 거리 추를 낙하시키고 공동실험자는 추를 놓는 순간에서부터 추가 아래쪽 일정 거리까지 낙하하는 데 걸리는 시간을 측정하자.

(a)

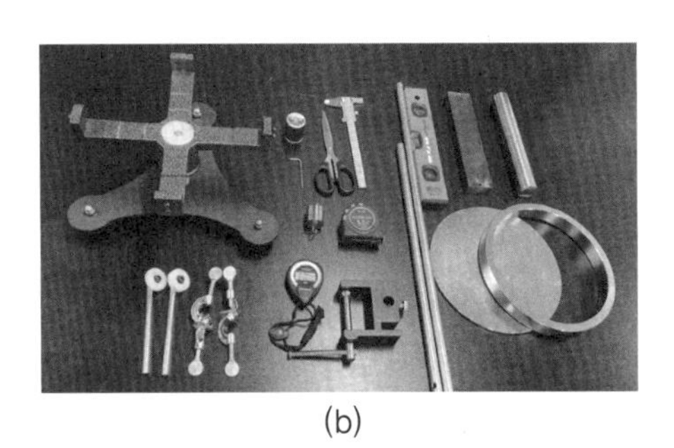

(b)

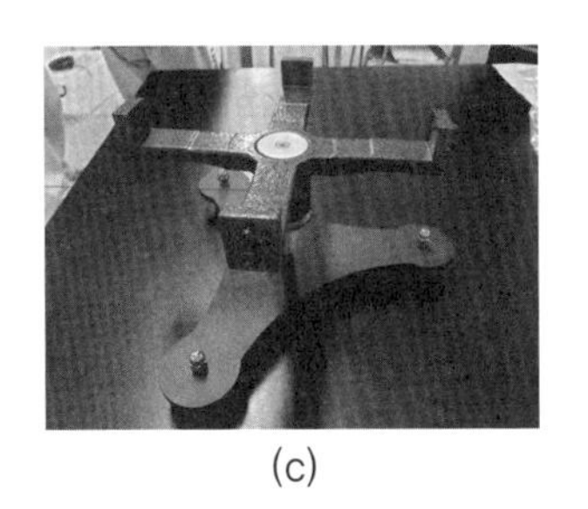

(c)

〈그림 3-15〉 (a) 실험장치, (b) 실험 준비물, (c) 회전 지지대

■ 먼저 회전 지지대의 관성모멘트 $I_{지}$를 구하자. 추의 낙하거리, 추의 질량, 회전 지지대의 반지름을 측정하자. 이어 추가 위쪽 기준선을 출발하여 아래쪽 기준점 선지 낙하하는 데 걸리는 시간을 측정하자. 낙하시간은 3회 이상 측정하여 평균값을 취하자.

낙하거리 h(m)	추의 질량 m_1(kg)	회전 지지대의 반지름 r(m)
(예) 0.7		

• 추가 0.7 m 낙하하는 데 걸린 시간 t는 몇 s인가?

• $I_{지}$는 식 (5)로부터 구할 수 있다. 즉, $I_{지} = m_1 r^2 \left(\frac{g t^2}{2h} - 1 \right)$에 측정한 상수를 대입하여 구할 수 있다. 회전 지지대 A의 관성모멘트 $I_{지}$는 얼마인가?

1) 속이 꽉 찬 원판(고체 실린더)의 관성모멘트 I_1

- 회전 지지대에 첫 번째 측정 시료인 속이 꽉 찬 원판을 고정시키고 관성모멘트 $I_{(1+지)}$를 측정하자. 낙하거리, 추의 질량, 회전 지지대의 반지름은 상수로 앞서와 동일하다.
  추가 0.7 m 낙하하는 데 걸리는 시간을 측정하자. 낙하시간은 3회 이상 측정하여 평균값을 취하자.

  • 추가 0.7 m 낙하하는 데 걸린 시간 t_1는 몇 s인가?

  • 속이 꽉 찬 원판의 관성모멘트 I_1은 얼마인가? I_1은 식 (6) $I_{(1+지)} = m_1 r^2\left(\frac{g t_1^2}{2h} - 1\right)$로 구할 수 있다. 이렇게 구한 값 $I_{(1+지)}$에서 회전 지지대의 관성모멘트 $I_{지}$를 빼면 I_1이 얻어진다. I_1은 얼마인가?

- 속이 꽉 찬 원판의 관성모멘트 I_1을 이론식 $I_1 = \frac{1}{2}MR^2$으로 구해보자. 원판의 반지름과 질량을 측정하자.

  • 원판의 반지름 R (m)과 원판의 질량 M(kg)은 각각 얼마인가?

  • I_1의 이론값은 얼마인가?

  • 이론값에 대한 실험값의 상대오차에 대한 백분율은 몇 %인가?

2) 속이 빈 원통의 관성모멘트 I_2

■ 회전 지지대에 두 번째 측정 시료인 속이 빈 원통을 고정시키고 관성모멘트 $I_{(2+지)}$를 측정하자. 낙하거리, 추의 질량, 회전 지지대의 반지름은 상수로 앞서와 동일하다.
추가 0.7 m 낙하하는 데 걸리는 시간을 측정하자. 낙하시간은 3회 이상 측정하여 평균값을 취하자.

- 추가 0.7 m 낙하하는 데 걸린 시간 t_2는 몇 s인가?

- 속이 빈 원통의 관성모멘트 I_2를 구하자. I_2은 식 (6) $I_{(2+지)} = m_1 r^2\left(\frac{g t_2^2}{2h} - 1\right)$로 구할 수 있다. 이렇게 구한 값 $I_{(2+지)}$에서 회전 지지대의 관성모멘트 $I_지$를 빼면 I_2가 얻어진다. I_2는 얼마인가?

■ 속이 빈 원통의 관성모멘트 I_2는 이론식으로 $I_2 = \frac{1}{2}M(R_1^2 + R_2^2)$ 이다. 속이 빈 원통인 시료 2의 안쪽 반지름(내경)과 바깥쪽 반지름(외경), 질량을 측정하여 아래 표에 기입하자.

안쪽 반지름 R_1(m)	바깥 반지름 R_2(m)	속이 빈 원통의 질량 M(kg)

- 이론식으로 구한 I_2는 얼마인가?

- 이론값에 대한 실험값의 상대오차에 대한 백분율은 몇 %인가?

3) 둥근 막대 (반지름이 아주 작은)의 관성모멘트 I_3

- 회전 지지대에 세 번째 측정 시료인 둥근 막대를 고정시키고 관성모멘트 $I_{(3+지)}$를 측정하자. 낙하거리, 추의 질량, 회전 지지대의 반지름은 상수로 앞서와 동일하다. 추가 0.7 m 낙하하는 데 걸리는 시간을 측정하자. 낙하시간은 3회 이상 측정하여 평균값을 취하자.

  • 추가 0.7 m 낙하하는 데 걸린 시간 t_3는 몇 s인가?

  • 둥근 막대 (반지름이 아주 작은)의 관성모멘트 I_3는 식 (6)인 $I_{(3+지)} = m_1 r^2\left(\frac{g t_3^2}{2h} - 1\right)$로 구할 수 있다. 이렇게 구한 값 $I_{(3+지)}$에서 회전 지지대의 관성모멘트 $I_지$를 빼면 I_3가 얻어진다. I_3는 얼마인가?

- 둥근 막대 (반지름이 아주 작은)의 관성모멘트 I_3를 이론식 $I_3 = \frac{1}{12}M(3R^2 + l^2)$로 구해보자. 둥근 막대의 반지름과 길이, 질량을 측정하여 아래 표에 기입하자.

둥근 막대의 반지름 R (m)	둥근 막대의 길이 l (m)	둥근 막대의 질량 M(kg)

  • I_3는 얼마인가?

  • 이론값에 대한 실험값의 상대오차에 대한 백분율은 몇 %인가?

4) 직사각형 막대의 관성모멘트 I_4

- 회전 지지대에 네 번째 측정 시료인 직사각형 막대를 고정시키고 관성모멘트 $I_{(4+지)}$를 측정하자. 낙하거리, 추의 질량, 회전 지지대의 반지름은 상수로 앞서와 동일하다.
  추가 0.7 m 낙하하는 데 걸리는 시간을 측정하자. 낙하시간은 3회 이상 측정하여 평균값을 취하자.

• 추가 0.7 m 낙하하는 데 걸린 시간 t_4는 몇 s인가?

• 직사각형 막대의 관성모멘트 I_4 는 $I_{(4+지)} = m_1 r^2\left(\frac{g t_4^2}{2h} - 1\right)$로 구할 수 있다. 이렇게 구한 값 $I_{(4+지)}$에서 지지대의 관성모멘트 $I_{지}$를 빼면 I_4가 얻어진다. I_4는 얼마인가?

- 직사각형 막대의 관성모멘트 I_4를 이론식으로 구해보자. 직사각형 막대의 세로폭 a, 가로폭(길이) b, 질량 M을 측정하자.

직사각형 막대의 세로폭 a(m)	직사각형 막대의 가로폭(길이) b(m)	직사각형 막대의 질량 M(kg)

• 이론식 $I_4 = \frac{1}{12}M(a^2 + b^2)$에 위 상수를 대입하여 관성모멘트 I_4를 구하자. I_4는 얼마인가?

• 이론값에 대한 실험값의 상대오차에 대한 백분율은 몇 %인가?

08 금속막대의 영률 측정

1 목 적

Ewing 장치를 이용하여 금속막대의 영률(Young's modulus)을 측정하고, 영률의 물리적 의미를 이해한다.

2 준비물

금속막대의 영률측정장치 1조, 다이얼 게이지, 추, 추 걸이, 금속막대(구리, 황동, 강철)

3 이 론

1) 물질의 탄생과 영률

대부분의 고체들은 단단하고 탄력이 없는 것처럼 보이지만, 변형력을 가하면 일시적으로 또는 영구적으로 변형될 수 있다. 고체의 모양이 달라지는 것은 변형력과 변형의 개념으로 설명할 수 있다. **변형력(stress)**은 형태의 변화를 일으키는 힘에 비례하는 양이다. 변형력은 단면의 단위넓이당 물체에 작용하는 외력이다. 주어진 변형력에 대한 물체의 반응은 물체의 조성, 형태, 온도 등에 의존한다. 변형력의 결과로 나타나는 **변형(strain)**은 형태의 변화 정도에 관한 척도이다. **탄성률(elastic modulus)**이란 물체에 가한 작용(힘의 작용)과 그 물체의 반응(모양의 변화 정도)의 관계를 말한다. 탄성률에는 **영률(Young's modulus)**, **층밀리기 탄성률(shear stress)**, **부피 탄성률(bulk**

modulus)의 3가지 유형으로 구분한다. 영률은 길이 방향으로의 탄성으로 기호는 대문자 Y로 나타내며 $Y = \frac{\text{인장변형력}}{\text{인장변형}}$으로 정의한다. 인장변형력은 단면 $A(\mathrm{m}^2)$에 대한 외력의 크기 $F(\mathrm{N})$의 비이다. 그리고 이때 생긴 인장변형은 처음길이 $L_\mathrm{i}(\mathrm{m})$에 대한 늘어난 길이 $\Delta L(\mathrm{m})$의 비이다. 따라서 식으로 나타내면 다음과 같다.

$$Y = \frac{\text{인장변형력}}{\text{인장변형}} = \frac{F/A}{\Delta L/L_\mathrm{i}}(\mathrm{N/m^2}) \quad \cdots\cdots (1)$$

본 실험에서는 식 (1)을 직접 이용하지는 않지만, 그 기본 원리는 동일하다.

2) Ewing 측정장치

본 실험에서는 영국 Cambrige University의 **J. A. Ewing이 개발한 실험장치**를 이용한다. 이 실험장치의 실물은 〈그림 13-16〉과 같다. 〈그림 13-17〉과 같이 길이(양 받침점 사이의 거리)가 $L(\mathrm{m})$이고, 폭이 $a(\mathrm{m})$, 두께가 $b(\mathrm{m})$인 금속 막대의 영률을 측정한다고 하자. 시료(금속막대)를 실험장치의 양쪽에 위치한 뾰족한 받침대 위에 올려놓고 중앙에 추를 걸어 힘 $F = Mg(\mathrm{N})$를 가하면 금속막대가 휘어진다. 금속막대가 휘어져서 중심점으로부터 내려간 길이를 $d(\mathrm{m})$라고 하면 금속막대의 영률은 다음 식으로 나타낼 수 있다.

$$Y = \frac{L^3 Mg}{4ab^3 d}(\mathrm{N/m^2}) \quad \cdots\cdots (2)$$

이 식에서 L, a, $b(\mathrm{m})$는 상수이고, 추의 질량에 따라 변하는 휘어진 거리 $d(\mathrm{m})$를 측정하면 영률이 구해진다.

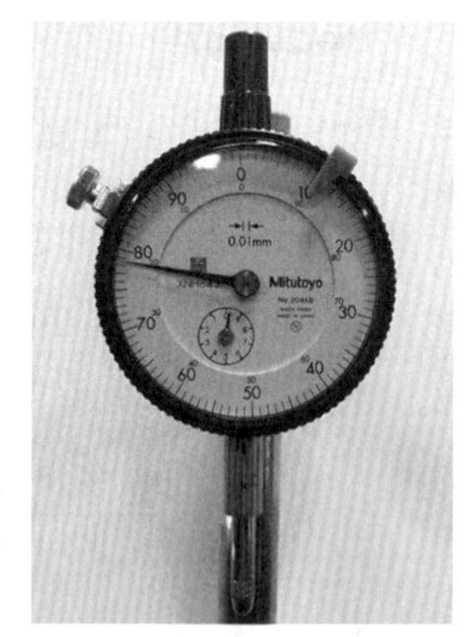

〈그림 3-16〉 **영률측정장치 및 다이얼 게이지**

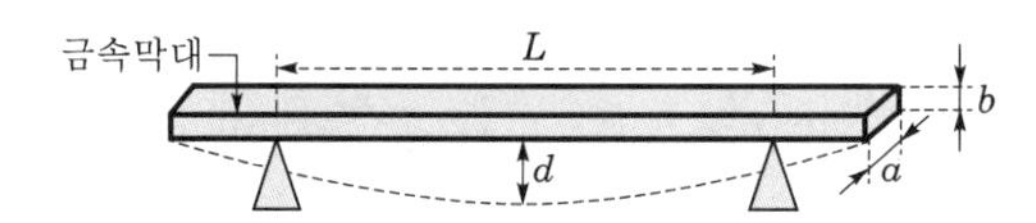

〈그림 3-17〉 **금속막대를 양 받침대에 올려놓았을 때의 상수**

4 실험방법 및 결과

- 평행한 두 받침 날(받침대) 위에 금속막대를 올려놓고, 양 끝이 중앙에서 같은 거리만큼 떨어지게 조정하자. 금속막대의 중간 위치에 추 걸이를 걸어 고정시키자. 추 걸이의 조임쇠를 꼭 조여 움직이지 않도록 고정시키자. 추 걸이에 다이얼 게이지의 측정자를 접촉시키고 그 순간의 다이얼 게이지의 처음 눈금을 읽어 기록하자. 이 장치는 추의 질량이 증가할 때마다 다이얼 게이지의 눈금은 줄어들도록 되어 있다.

  • 추를 걸기 전(처음 상태) 다이얼 게이지의 눈금은 얼마인가?

- 추의 질량을 0.2 kg씩 증가시키면서 휘어진 거리 d를 측정하면 시료 막대의 영률을 측정할 수 있다.

1) 황동 막대의 영률 측정 Y_1

■ 황동 막대의 폭과 두께, 길이를 버니어 캘리퍼스와 미터자로 측정하자.

- 두 정점 사이의 길이 L(m)은 얼마인가? (   ) m
- 시료 막대의 폭 a(m)는 얼마인가? (   ) m
- 시료 막대의 두께 b(m)는 얼마인가? (   ) m

■ 추 걸이에 추를 0.2 kg씩 증가시키면서 이어 0.2 kg씩 감소시키면서 휘어진 거리 d(m)를 측정하자. 다이얼 게이지의 눈금은 mm 단위이지만, Δd와 $\Delta d'$는 m 단위로 환산한다.

구분	추를 증가시킬 때		추를 감소시킬 때		d의 평균	Y
추의 질량 (kg)	다이얼 게이지의 눈금 (mm)	휘어진 거리 Δd(m)	다이얼 게이지의 눈금 (mm)	휘어진 거리 $\Delta d'$(m)	$\frac{\Delta d + \Delta d'}{2}$ (m)	$Y = \frac{L^3 Mg}{4ab^3 d}$ (N/m^2)
0.0						
		$\Delta d_1 =$		$\Delta d'_1 =$		
0.2						
		$\Delta d_2 =$		$\Delta d'_2 =$		
0.4						
		$\Delta d_3 =$		$\Delta d'_3 =$		
0.6						
		$\Delta d_4 =$		$\Delta d'_4 =$		
0.8						
		$\Delta d_5 =$		$\Delta d'_5 =$		
1.0						
					Y의 평균	

- 황동의 영률의 평균값은 얼마인가?

- 황동(놋쇠)의 영률 기준값은 9.1×10^{10} N/m^{2}이다. 기준값에 대한 측정값의 상대오차에 대한 백분율은 몇 %인가?

2) 구리 막대의 영률 측정 Y_2

■ 구리 막대의 폭과 두께, 길이를 버니어 캘리퍼스와 미터자로 측정하자.

- 두 정점 사이의 길이 L(m)은 얼마인가? (　　　　　) m
- 시료 막대의 폭 a(m)는 얼마인가? (　　　　　) m
- 시료 막대의 두께 b(m)는 얼마인가? (　　　　　) m

■ 추 걸이에 추를 0.2 kg씩 증가시키면서 이어 0.2 kg씩 감소시키면서 휘어진 거리를 측정하자.

구분	추를 증가시킬 때		추를 감소시킬 때		d의 평균	Y
추의 질량 (kg)	다이얼 게이지의 눈금 (mm)	휘어진 거리 Δd(m)	다이얼 게이지의 눈금 (mm)	휘어진 거리 $\Delta d'$(m)	$\frac{\Delta d+\Delta d'}{2}$ (m)	$Y=\frac{L^3Mg}{4ab^3d}$ (N/m²)
0.0						
0.2		$\Delta d_1=$		$\Delta d'_1=$		
0.4		$\Delta d_2=$		$\Delta d'_2=$		
0.6		$\Delta d_3=$		$\Delta d'_3=$		
0.8		$\Delta d_4=$		$\Delta d'_4=$		
1.0		$\Delta d_5=$		$\Delta d'_5=$		
					Y의 평균	

- 구리의 영률 Y_2은 얼마인가?

- 구리의 영률 기준값은 1.1×10^{11} N/m²이다. 기준값에 대한 측정값의 상대오차에 대한 백분율은 얼마인가?

3) 강철 막대의 영률 측정 Y_3

■ 강철 막대의 폭과 두께, 길이를 버니어 캘리퍼스와 미터자로 측정하자.

- 두 정점 사이의 길이 L(m)은 얼마인가? (　　　　　) m
- 시료 막대의 폭 a(m)는 얼마인가? (　　　　　) m
- 시료 막대의 두께 b(m)는 얼마인가? (　　　　　) m

■ 추 걸이에 추를 0.2 kg씩 증가시키면서 이어 0.2 kg씩 감소시키면서 휘어진 거리를 측정하자.

구분	추를 증가시킬 때		추를 감소시킬 때		d의 평균	Y
추의 질량 (kg)	다이얼 게이지의 눈금 (mm)	휘어진 거리 Δd(m)	다이얼 게이지의 눈금 (mm)	휘어진 거리 $\Delta d'$(m)	$\frac{\Delta d + \Delta d'}{2}$ (m)	$Y = \frac{L^3 Mg}{4ab^3 d}$ (N/m²)
0.0						
		$\Delta d_1 =$		$\Delta d'_1 =$		
0.2						
		$\Delta d_2 =$		$\Delta d'_2 =$		
0.4						
		$\Delta d_3 =$		$\Delta d'_3 =$		
0.6						
		$\Delta d_4 =$		$\Delta d'_4 =$		
0.8						
		$\Delta d_5 =$		$\Delta d'_5 =$		
1.0						
					Y의 평균	

- 강철의 영률 Y_3는 얼마인가?

- 강철의 영률 기준값은 2.0×10^{11} N/m²이다. 기준값에 대한 측정값의 상대오차에 대한 백분율은 얼마인가?

▎호수에 떨어지는 빗방울에 의해 발생하는 수면파▕

chapter

04 파동과 빛

01 기주공명을 이용한 음속 측정

1 목 적

고유진동수를 알고 있는 소리굽쇠로 기주공명장치 공기기둥을 공명시켜 이때 들리는 공명음으로부터 음파의 파장을 측정하여 음속을 구한다.

2 준비물

기주공명장치 1조, 소리굽쇠(음차, Tuning Fork, 고유진동수가 다른 것) 2개, 고무망치 1개, 온도계 1개, 고무밴드 5 ~ 6개, 미터자, 자(30 cm), 비커(1000 mL) 1개

3 이 론

모든 파동의 전파속도 v, 진동수 f, 파장 λ 사이에는 다음과 같은 관계가 성립한다.

$$v = f\lambda \quad \cdots\cdots (1)$$

공기(0 ℃, 1기압) 중에서의 소리의 속도는 다음과 같다.

$$v_0 = \sqrt{\gamma \frac{P}{\rho}} = \sqrt{1.402 \times \frac{1.013 \times 10^5}{1.293}} = 331.4 \text{ m/s} \quad \cdots\cdots (2)$$

여기서 P는 공기의 압력, ρ는 공기의 밀도, γ는 공기의 비열비($\gamma \fallingdotseq 1.402$)이다. 기체의 밀도는 온도에 따라 변하므로 음속은 온도에 따라 변한다. 공기 중에서 소리의 속도를 온도의 항을 포함하는 식으로 나타내면 다음과 같다.

$$v_{\mathrm{T}} = v_0 \left(1 + \frac{T}{273}\right)^{1/2} \approx v_0 (1 + 0.00183\,T) \quad \cdots\cdots (3)$$

여기서, v_{T}는 T(℃)에서의 소리의 속도이고, v_0는 0 ℃에서의 소리의 속도이다. 만약 공기 중에 수증기가 포함되어 있다면 다음과 같이 습도 보정을 해야 한다. 기온이 T(℃), 대기압 P(mmHg), 수증기의 분압이 e(mmHg)이면 그때의 소리의 속도는 다음과 같다.

$$v_{\mathrm{T}} = v_0 \left(1 + 0.00183\,T + \frac{3}{16}\frac{e}{P}\right) \quad \cdots\cdots (4)$$

기주공명장치는 〈그림 4-1〉과 같다. 물이 들어 있는 유리관에 고무관으로 연결된 물통의 위치를 위아래로 변화시키면 유리관 속의 수면의 높이가 달라져서 유리관의 공기기둥의 길이가 변한다. **이때 공기기둥을 기주(氣柱, air column)라고 부른다.** 진동수를 아는 소리굽쇠로 유리관 속의 기주를 진동시키면 기주 속에는 들어가는 입사파와 기주 끝(물의 표면)에서 반사되는 파가 중첩되어 정상파가 만들어진다. 이때 매질(공기)의 각 부분만이 일정한 단진동을 하면서 파동이 정지한 것처럼 보인다.

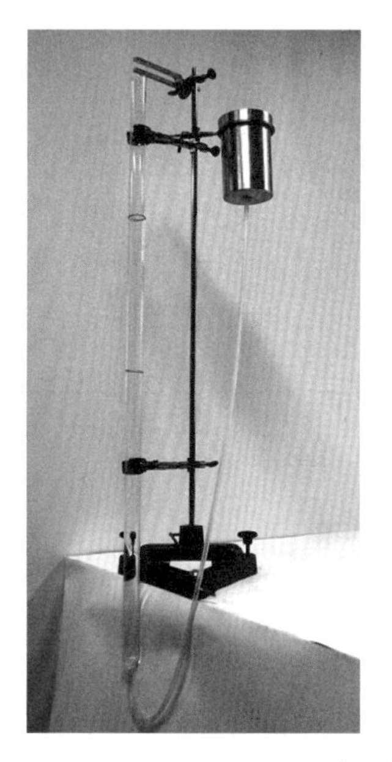

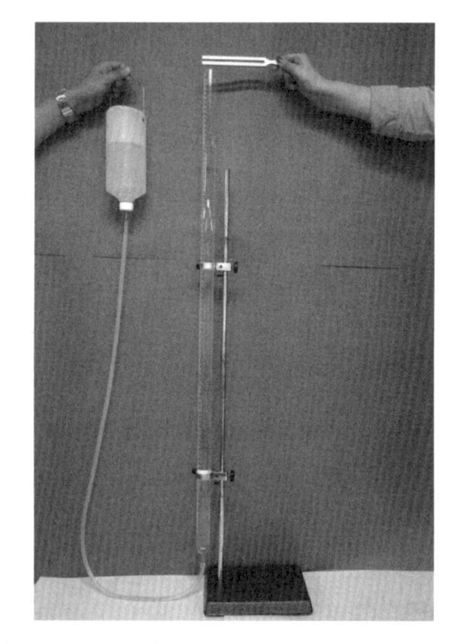

〈그림 4-1〉 기주공명장치

소리굽쇠의 진동수는 소리굽쇠 표면에 표기되어 있다. 소리굽쇠에서 발생한 음의 파장을 λ라고 하면 그 음에 대한 공명은 기주의 길이가 $\frac{1}{4}\lambda$, $\frac{3}{4}\lambda$, $\frac{5}{4}\lambda$, ⋯ 일 때 일어난다.

즉, 〈그림 4-2〉와 같이 기주의 길이가 $y_1 = \frac{1}{4}\lambda$, $y_2 = \frac{3}{4}\lambda$, $y_3 = \frac{5}{4}\lambda$, ⋯ 일 때 **공명(resonance, 共鳴) 현상**이 나타난다. 정상파의 서로 이웃하는 마디와 마디 또는 배와 배의 거리는 파동의 파장의 1/2이다.

〈그림 4-2〉에서 진폭이 가장 큰 곳은 정상파의 **배**(antinode)라 하고, 진동이 일어나지 않는 곳을 정상파의 **마디**(node)라고 한다. 음파는 매질인의 진동방향과 파동의 진행방향이 같으므로, 정상파의 마디에서 진폭이 가장 작고, 공기의 밀집도(압축)가 가장 높은 상태를 이루게 된다.

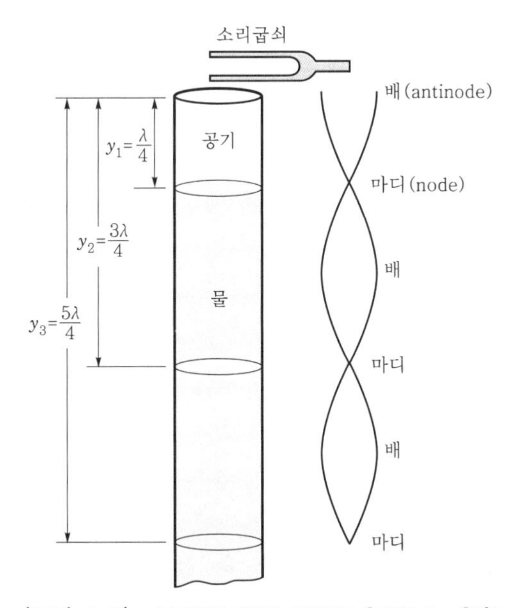

〈그림 4-2〉 **공기기둥에서 공명이 일어나는 위치**

4 실험방법 및 결과

- 기주공명장치의 유리관 입구 근처에 수면이 놓이도록 물통의 높이를 조절하고 소리굽쇠를 고무망치로 두들겨 진동시켜서 관 입구에 가까이 가져가 보자. 수면의 높이를 재빠르게 내리면서(공기기둥의 길이가 늘어남) 소리세기의 변화를 살펴보자. 공명음이 들릴 때마다 수면의 위치를 고무밴드로 표시하고 다음 표를 완성하자.

소리굽쇠 A의 진동수 (　　Hz)				소리굽쇠 B의 진동수 (　　Hz)			
횟 수	y_1(cm)	y_2(cm)	y_3(cm)	횟 수	y_1(cm)	y_2(cm)	y_3(cm)
1				1			
2				2			
3				3			
4				4			
5				5			
평 균				평 균			

- $y_2 - y_1$, $y_3 - y_2$의 평균값은 얼마인가?
  진동수 ______ Hz인 소리굽쇠 A :
  진동수 ______ Hz인 소리굽쇠 B :

- 이 값은 무엇을 나타내는가?

- 소리의 파장은 각각 몇 m인가?

- 두 소리굽쇠를 이용하여 측정한 소리의 속도는 각각 몇 m/s인가?

- 현재 온도에서 소리속도의 기준값과 비교해 보자.

- 공명현상을 이용하면 진동수를 모르는 소리굽쇠의 진동수를 구할 수 있다. 그 방법을 설명해 보자.

02 코일 용수철을 이용한 파동의 관찰

1 목 적

코일 용수철을 이용하여 횡파와 종파를 발생시켜서 파동의 특성을 이해한다.

2 준비물

코일 용수철(지름과 길이가 서로 다른 것) 2개, 초시계 1개, 줄자 1개, 실 약간

3 실험방법 및 결과

■ 매끈한 마루(실험실, 복도의 바닥 등) 위에 지름이 큰 코일 용수철을 놓고 그 한 끝을 공동실험자에게 잡게 하고, 반대편의 끝을 잡고 약 10 m 쯤 늘려라. 팔을 좌우로 한 번 움직여 용수철에 파동을 일으켜 보자. 이런 파동을 **펄스파(pulse wave)**라고 한다.

- 파동이 용수철을 따라 움직이는 모양은 일정한가?

〈그림 4-3〉 굵기가 다른 두 종류의 코일 용수철

- 초시계를 이용하여 이 펄스파의 속력을 측정해 보자. 속도는 몇 m/s인가?

- 진행해 가던 펄스파가 반대편에서 반사되어 되돌아올 때 위상, 속도, 진폭은 어떻게 변하는가?

■ 코일 용수철의 길이를 변화시켜 가면서 파동을 보내 보자. 1개의 파동이 1왕복하는 시간을 측정하고 다음 표를 완성하자.

용수철의 길이 (m) / 횟 수									
1									
2									
3									
평 균									
파동의 속력 (m/s)									

- 이 결과를 가지고 용수철의 길이 $L(\mathrm{m})$과 파동의 전파속력 $v(\mathrm{m/s})$ 사이의 관계 graph를 〈그림 4-8〉에 그려라. 용수철의 길이와 파동의 전파속력 사이에는 어떤 관계가 있는가?

- 용수철의 길이변화는 용수철을 잡아당기는 힘, 즉 장력의 변화이다. 장력과 파동의 전파속력 사이에는 어떤 관계가 있는가?

• 이 graph가 직선을 나타내지 않는다면 그 이유는 무엇인가?

• 자세히 관찰하면 파동이 진행해 나가는 것은 용수철 자체가 진행하는 것이 아님을 알 수 있다. 이 파동에서 진동방향과 진행방향과는 어떤 관계가 있는가?

• 위와 같은 성질을 갖는 파동을 무엇이라고 하는가?

• 이러한 파동의 보기를 들어 보자.

■ 〈그림 4-4〉와 같이 공동실험자와 동시에 양쪽에서 파동을 보내 보자. 두 파동이 합쳐질 때 어떤 현상이 나타나는지 알아 보자.

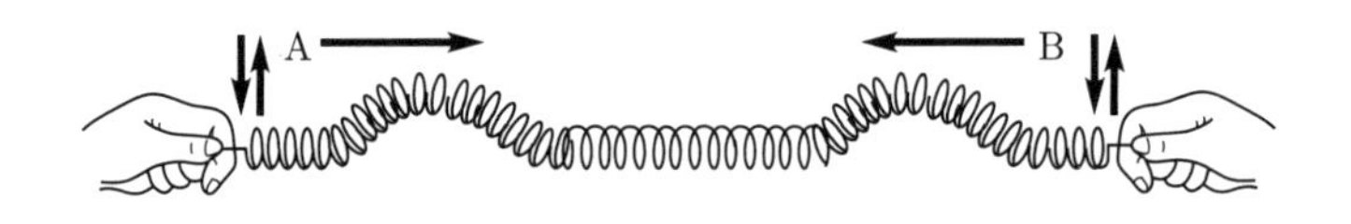

〈그림 4-4〉 서로 반대방향으로 진행하는 두 파동의 중첩

• 두 파동이 합쳐지기 전·후의 모습을 그림으로 그려 보자.

• 파동의 크기를 바꾸어 가면서 조사하자. 어떤 결과를 얻었는가?

• 두 파동이 만나 합쳐졌다가 다시 멀어졌을 때 파동의 모양은 합쳐지기 전 파동의 모양과 비교하여 어떠한가? 또 속력은 어떠한가?

■ 용수철의 한끝을 실로 매어 공동실험자에게 실을 잡게 하고, 다른 편에서 파동을 보내 보자.

- 반사파동의 위상, 진폭, 속력은 반사 전과 비교하여 각각 어떠한가?

- 반사파동의 진폭의 변화가 있는가? 변화가 있다면 그 이유는 무엇인가?

■ 코일 용수철의 한끝을 공동실험자에게 잡게 하고 다른 끝을 손으로 쥔 다음 〈그림 4-5〉와 같이 앞뒤로 흔들어 보자.

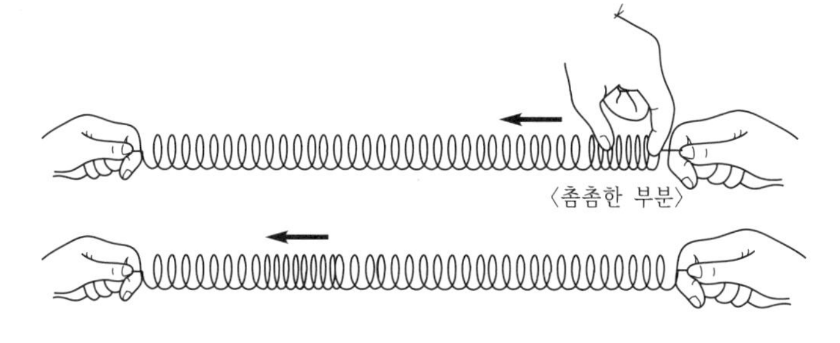

〈그림 4-5〉 **종파의 발생방법과 종파의 이동모양**

- 용수철의 촘촘한 부분이 어느 쪽으로 이동해 가는가?

- 용수철의 한 부분을 관찰할 때 그 부분은 어떤 운동을 하는가?

- 파동의 진동방향과 진행방향 사이에는 어떤 관계가 있는가?

- 이러한 파동의 보기를 들어 보자.

■ 〈그림 4-6〉과 같이 지름이 큰 용수철에 지름이 작은 용수철을 연결하여 약 15 m 쯤 되게 하고 지름이 큰 쪽에서 파동을 발생시켜 다른 쪽으로 보내자.

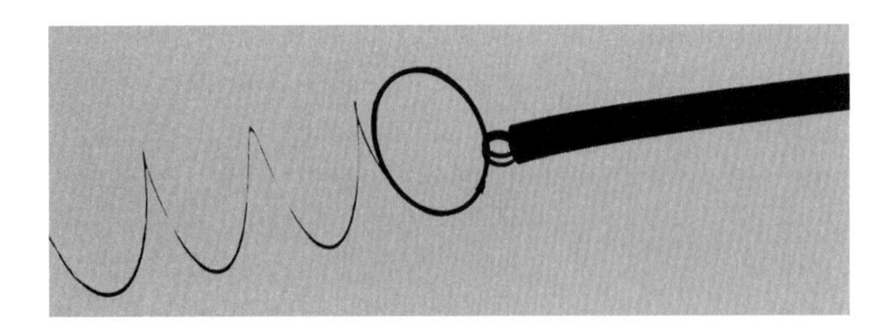

〈그림 4-6〉 **지름이 다른 두 코일을 연결시킨 모습**

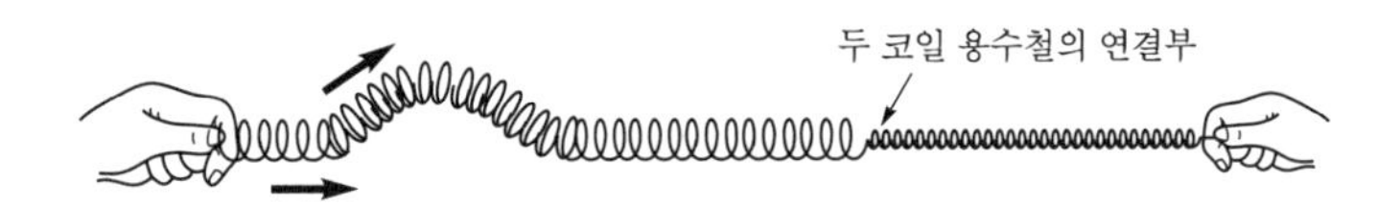

〈그림 4-7〉 **다른 종류의 두 코일을 연결했을 때(매질이 다른 효과) 파동의 진행**

- 이 파동은 지름이 작은 용수철로도 진행하는가?

- 진행한다면 파동의 위상, 진폭, 전파속력은 각각 어떠한가?

- 두 코일 용수철의 연결부에서 파동의 일부는 반사하는가? 반사한다면 반사파동의 위상, 진폭, 속력은 각각 어떠한가?

- 파동은 매질이 다른 곳에서 어떤 변화를 나타내는가?

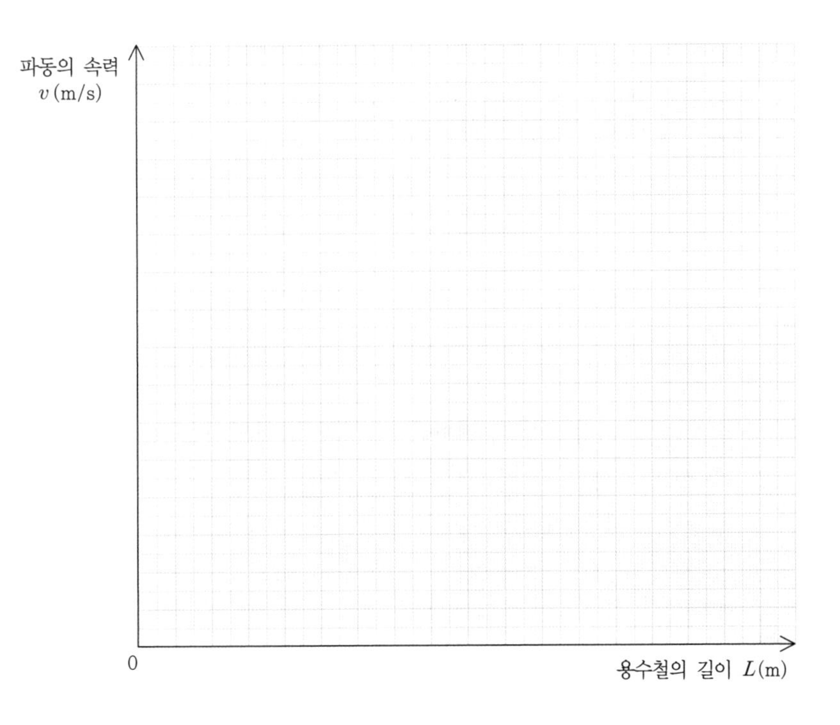

〈그림 4-8〉 **$v-L$의 관계 graph**

03 수면파의 진행과 반사

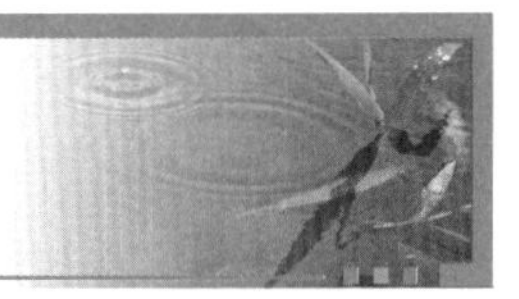

1 목 적

수면파 실험장치를 이용하여 수면파의 진행과 반사모양을 관찰하고 파동이 반사할 때의 규칙성과 수면파의 전파속력을 구한다.

2 준비물

수면파 실험장치(Ripple Tank) 1조 또는 소형 수면파 실험장치 1조, 각도기 1개, 자(30 cm) 1개, 모조지(전지) 1장, 초시계 1개, 전원공급기 1개, 스트로보스코프(stroboscope) 1개

3 이 론

수면파는 물의 표면을 따라 움직이며 물속으로 그리 깊게 퍼지지 않기 때문에 **표면파**라고도 부른다. 수면파의 특성을 알아보기 쉽게 꾸민 장치가 수면파 실험장치이다. 이 장치는 〈그림 4-9〉와 같이 물이 들어 있는 물결통의 밑면이 유리로 되어 있어서 물에 생긴 수면파의 모습이 바닥에 놓인 스크린(흰 종이를 사용) 위에 비쳐지게 되어 있다. 수면파가 스크린에 나타나는 모양은 수면파 실험장치의 위쪽에 위치한 광원에서 나온 빛을 파동의 마루는 볼록렌즈 역할을 하여 빛을 모아 스크린 위에 밝게 나타내고, 파동의 골은 오목렌즈 역할을 하여 빛을 퍼뜨려서 어두운 상태로 나타낸다. 최근에는 LED 스트로보가 부착된 수면파 실험장치가 여러 형태로 개발되어 판매되고 있다. 주기적 파동의 속력, 진동수, 파장에 대한 관계를 나타내는 식 $v = f\lambda$는 수면파에 대해서도 성립한다.

4 실험방법 및 결과

1) 원형파의 발생과 진행

■ 물결통에 물을 1~2 cm 정도 깊이로 붓고 수평한지 확인하자. 실험실을 어둡게 하고 수면파 발생장치의 위쪽에 있는 광원을 켜자. 수면에 손끝을 잠깐 대어 보자.

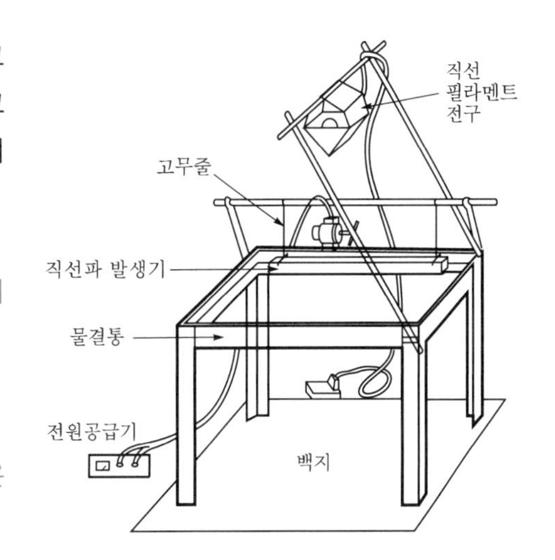

• 스크린 위에 생기는 수면파의 모양은 어떠한가?

• 수면파의 속력은 모든 방향에 대하여 같은가? 이것은 어떻게 검증할 수 있는가?

2) 직선파의 발생과 진행

■ 물속에서 둥글고 긴 막대를 앞뒤로 굴려 직선파를 만들어 보자. 이어 소형 모터가 부착된 직선파 발생장치를 이용하여 연속적인 직선파를 만들어 보자. 이때 물결통의 가장자리에는 흡수체(스펀지)를 놓아 반사되어 나오는 파동을 최소화한다.

• 직선파가 물결통을 진행하는 동안 직선을 유지하는가?

3) 직선장벽에서 직선파의 반사

■ 〈그림 4-9〉와 같이 물결통에 직선 반사장벽을 놓고 직선파를 반사시켜 입사각과 반사각을 측정하자. 반사장벽의 각도를 변경시켜 입사각을 다르게 하고, 그때마다 반사각을 측정하자.

• 종이스크린 위에 법선을 세우지 않고 입사각과 반사각을 측정하려면 어떻게 하면 되겠는가? 증명해 보자.

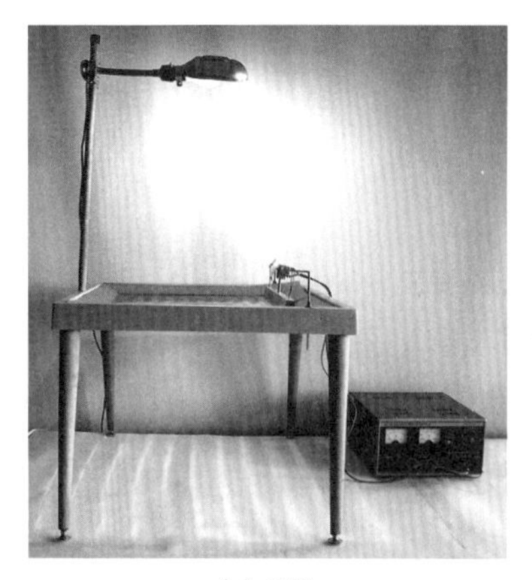

(a) 대형

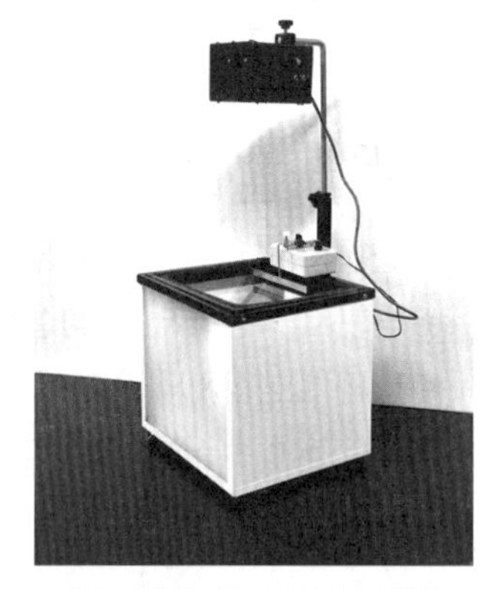

(b) 소형(LED 스트로보 부착)

〈그림 4-9〉 수면파 실험장치

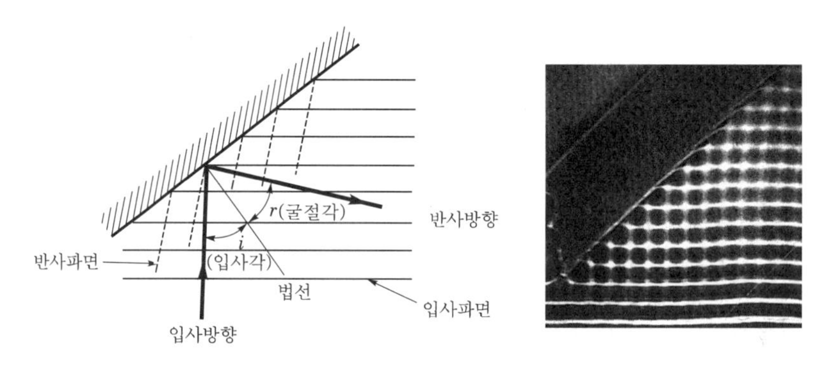

〈그림 4-10〉 직선파가 직선 반사장벽에서 반사되는 모습

- 입사각 i와 반사각 r 사이에는 어떤 관계가 있는가?

4) 직선장벽에서 원형파의 반사

■ 〈그림 4-11〉과 같이 직선 반사장벽 앞에서 원형파를 만들어 보자. 이 원형파가 반사되어 나오는 것을 보고 원형파의 허파원의 위치를 찾아보자.

- 실파원의 위치와 허파원의 위치 사이에는 어떤 관계가 있는가?

- 위의 사실로 알 수 있는 것은 무엇인가?

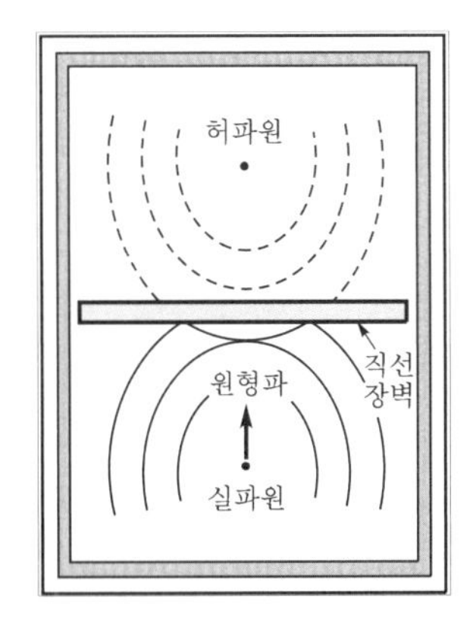

〈그림 4-11〉 **원형파가 직선 반사장벽에서 반사되는 모습**

5) 원형장벽에서 직선파의 반사

■〈그림 4-12〉와 같이 굵은 고무관(또는 얇은 철판)을 휘어서 원형 반사장벽을 만들자. 이어 직선파를 발생시켜 원형 장벽으로 보내 반사되는 모습을 살펴보자.

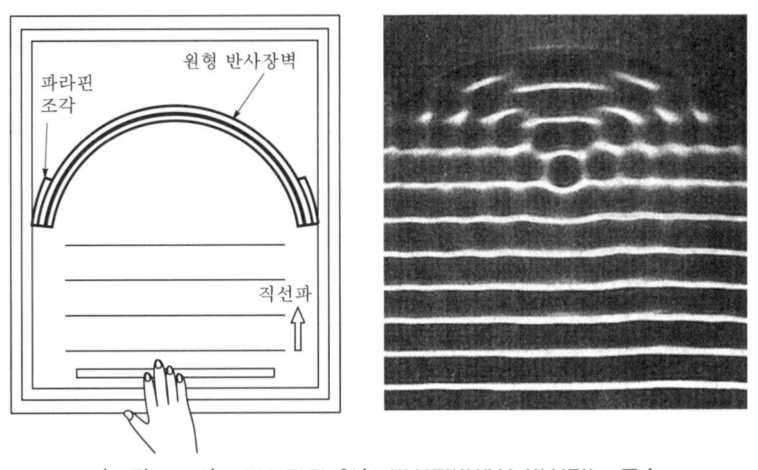

〈그림 4-12〉 **직선파가 원형 반사장벽에서 반사되는 모습**

- 반사파의 모양은 어떠한가? 초점을 찾아보자.

- 초점을 찾았으면 그 점에서 손끝으로 원형파를 만들어 보자. 원형파가 원형 반사장벽에 반사 후 어떤 모양으로 진행하는가?

6) 직선파의 진동수, 파장, 전파속력 구하기

- 직선파 발생장치를 이용하여 진동수가 일정한 직선파를 발생시켜 보자. 직선파의 진동수를 바꾸면서 파동의 모습을 관찰하자.

  • 진동수가 커지면 파장은 어떻게 되는가?

- 스트로보스코프로 수면파의 파장과 진동수를 측정하자. 자를 수면파의 진행방향과 평행하게 스크린 위에 놓은 후 수면파가 정지해 보이도록 스트로보스코프의 회전속도를 조절하자. 수면파가 정지해 보이면 다른 공동실험자의 도움을 받아 수 파장의 길이를 측정한 후 한 파장의 값을 구하자. 수면파의 진동수는 스트로보스코프를 20회 회전시키는 데 걸리는 시간을 t라 하고, 스트로보스코프의 슬릿수를 n이라 하면 20회전 $\times$ n/t으로 구할 수 있다. LED 디지털 스트로브를 이용하면 더 정확한 진동수를 얻을 수 있다.

- 만약 스트로보스코프가 없을 경우 스크린 위를 자세히 관찰하면 수평의 파면이 일정한 간격으로 나타나는 것을 볼 수 있다. 이때 파면과 파면 사이의 거리를 30 cm 자로 표시해 놓으면 파장을 알 수 있다.

구 분 \ 횟 수	1	2	3	4	5
진동수 (s^{-1})					
파장 (cm)					
전파속력 (cm/s)					

  • 수면파의 전파속력은 얼마인가? 일정한가?

  • 이 결과 같은 매질에서 파동의 전파속력은 어떠하다고 생각되는가?

  • 측정한 파장의 값은 스크린 위의 겉보기상(像)이다. 이 겉보기 파장과 수면파의 실제 파장과의 관계를 〈그림 4-13〉을 보고 구하자.

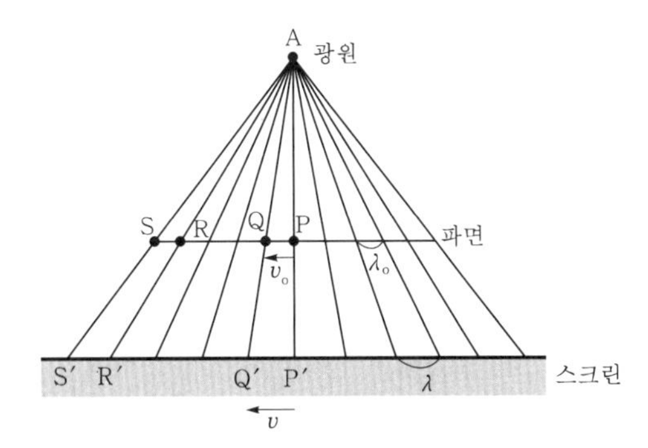

〈그림 4-13〉 **수면파의 실제 파장과 겉보기 파장**

7) 정상파의 성질

■〈그림 4-14〉와 같이 물결통의 한가운데 직선파 발생장치와 나란하게 직선 반사장벽을 놓아라. 진동수가 일정한 직선파를 만들어 반사시켜 보자. 입사파와 반사파가 서로 겹쳐져서 **정상파**(standing wave)가 생긴다.

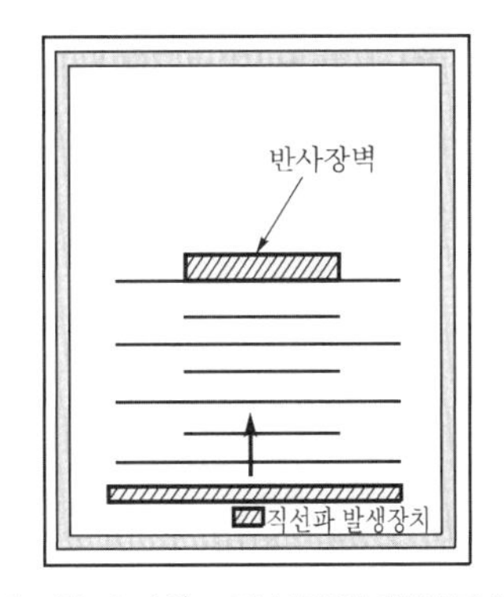

〈그림 4-14〉 **정상파의 형성모습**

- 정상파의 배와 배, 마디와 마디 사이의 거리를 측정하여 소리굽쇠의 파장을 구하자.

- 정상파는 진행한다고 볼 수 있는가?

- 정상파의 생성조건과 그 특징은 무엇인가?

04 수면파의 굴절

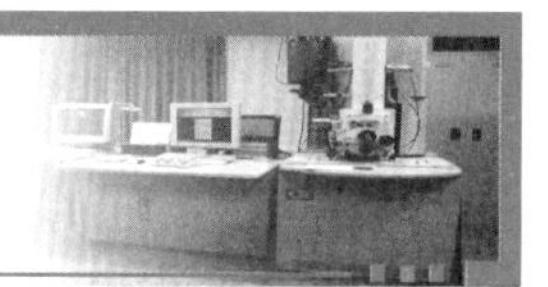

1 목 적

- 물의 깊이가 달라지는 경계면에서 비스듬히 입사한 수면파의 진행방향이 어떻게 꺾이는지 관찰하고 굴절의 법칙을 이해한다.
- 물의 깊이가 달라질 때 파동의 전파속력은 어떻게 변하는지 조사한다.

2 준비물

수면파 실험장치 1조, 유리판(두께 3 mm) 1개, 자(30 cm) 1개, 각도기 1개, 모조지(전지) 1장, 초시계 1개, 전원공급기 1개

3 이 론

수면파는 물의 운동에 의해 형성된다. 수면파는 표면파, 종파와 횡파의 합성으로 만들어진다. 물 분자는 평균적으로 동일한 위치에 유지되는 동안 수면파는 전파된다. 수면파는 물의 표면을 따라 전파되며 물속으로는 깊게 퍼지지 않기 때문에 **표면파**라고도 부른다. 물의 깊이가 아주 깊을 때 전파속도 $v=\sqrt{\frac{g\lambda}{2\pi}+\frac{2\pi T}{\lambda\rho}}$ 이다. 여기서, g는 중력가속도, ρ는 물의 밀도, T는 표면장력, λ는 파장이다. 해안에 가까운 파동처럼 파장이 물의 깊이보다 훨씬 큰 경우에는 수면파의 전파속도는 파장에 관계없이 근사적으로 $v=\sqrt{gh}$ 이다. 여기서, h는 물의 깊이이다.

수면파가 전파해 나가던 도중에 물의 깊이가 달라지면 수면파의 전파속도는 달라진다. 그러므로 수면파의 깊이가 달라지는 경계면에 대해 비스듬히 입사한다면

파의 전파방향은 경계면에서 굽어진다. 이것은 파동이 한 매질에서 다른 매질로 입사할 때 두 경계면에서 굴절이 일어나는 것에 대응된다.

4 실험방법 및 결과

- 물결통 바닥에 유리판을 놓고 유리판이 약간 잠길 정도로 물을 붓자. 〈그림 4-15〉와 같이 물의 깊이가 달라지는 경계(서로 다른 두 매질의 경계)를 직선파 발생장치와 평행하게 놓고 진동수가 일정한 직선파를 물의 깊이가 깊은 쪽에서 얕은 쪽으로 보내자. 이때 진동수는 물의 깊이와 상관없이 늘 일정하다. 깊은 곳과 얕은 곳에서의 수면파의 파장을 구하라. 스크린에 보이는 밝은 선과 밝은 선 사이를 30 cm 자로 측정하면 된다.

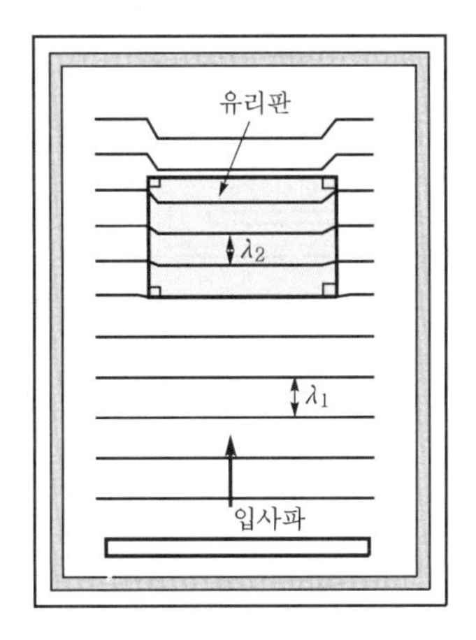

〈그림 4-15〉 **물의 깊이가 달라지면 파장이 변한다.**

- 깊은 곳과 얕은 곳에서의 파장은 각각 얼마인가?

- 깊은 곳과 얕은 곳에서의 파동의 전파속력은 각각 얼마인가?

• 깊이에 따라서 파동의 전파속력이 다르다면 그 이유는 무엇인가?

■〈그림 4-16〉과 같이 물결통 속 유리판의 경계면을 직선파 발생장치와 평행하지 않게 설치하자. 진동수가 일정한 파를 발생시켜서 깊은 쪽에서 얕은 쪽으로 보내자. 바닥에 놓인 종이스크린에 유리판의 경계면을 따라 직선을 긋고, 이 직선에 수직하게 법선을 그려라. 수면파의 진행경로를 그리고 입사각 i와 굴절각 r를 측정하라. 입사각 i는 영어의 incidence에서, 굴절각 r은 영어의 refraction의 약자이다.

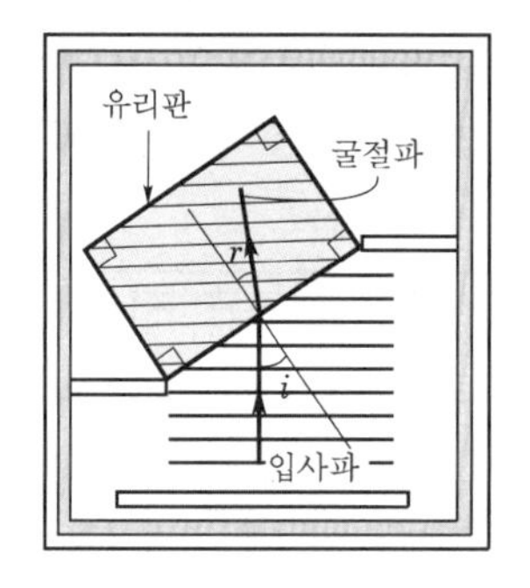

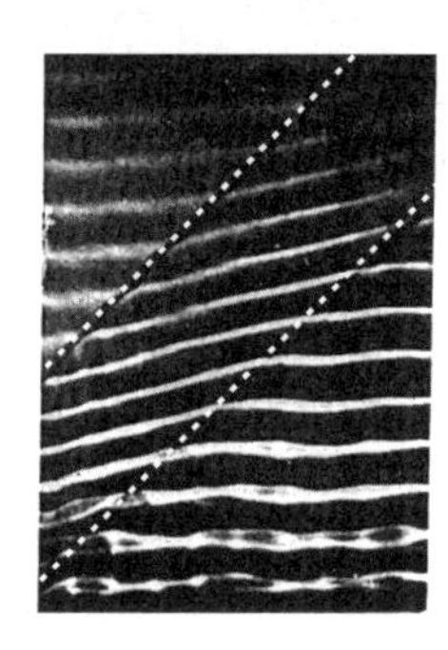

〈그림 4-16〉 **깊이가 다른 물(매질의 다름에 대응)에서 파동의 굴절**

• 입사각 i와 굴절각 r의 크기는 같은가?

■유리판의 방향을 변화시켜 입사각을 바꾸면서 그때마다의 굴절각을 측정하여 다음 표를 완성하자.

입사각 i(°)	20	30	40	50	60	70	80
굴절각 r(°)							
sin i							
sin r							
sin i/sin r							

• 입사각과 굴절각의 관계를 알기 위하여 sin i와 sin r의 관계 graph를 〈그림 4-17〉에 그려 보자.

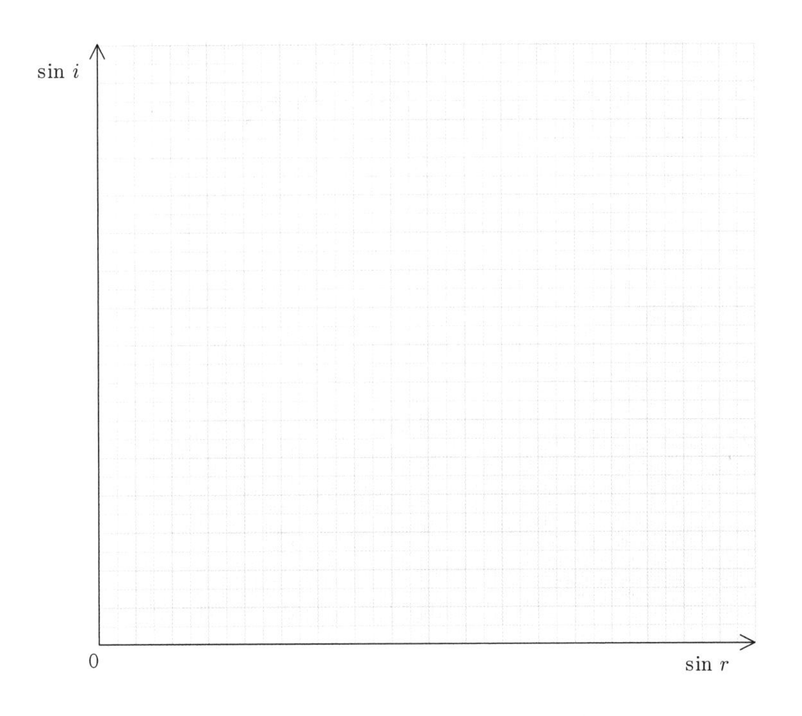

〈그림 4-17〉 sin i − sin r의 관계 graph

- sin i와 sin r 사이에는 어떤 관계가 있는가? 어떤 관계식이 얻어지면 비례상수를 n 이라고 놓자. 이 값은 무엇이라고 하는가?

- 두 매질의 경계에서 입사하는 파동은 모두 굴절되기만 하는가?

- 만약 수면파가 얕은 곳에서 깊은 곳으로 전파되어 간다면 이때의 굴절현상은 어떠한가?

05 수면파의 회절과 간섭

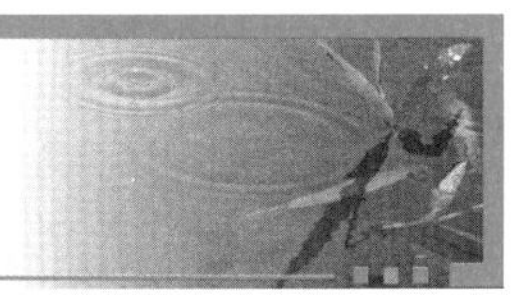

I. 수면파의 회절

1 목 적

파동의 회절현상을 관찰하고, 회절현상이 장애물 틈의 간격 및 파장에 영향을 받는다는 사실을 이해한다.

2 준비물

수면파 실험장치 1조, 초시계 1개, 자(30 cm) 1개, 파라핀 또는 플라스틱 조각(소형, 중형, 대형) 3개, 모조지(전지) 1장, 전원공급기 1개

3 이 론

직선파의 진행경로에 작은 장애물을 놓으면 어떤 현상이 일어날까? 파는 그 진행경로에 있는 장애물의 가장자리를 돌아 뒤쪽으로도 진행하는데, 이 현상을 **회절(diffraction, 回折)**이라고 한다. 예를 들어 우리는 보이지 않는 건물의 모퉁이 근처에서 나오는 소리를 들을 수 있다. 이때 이들 음파는 우리 귀를 향해 직선으로 진행한 것이 아니라 회절에 의해 모퉁이를 돌아나온다.

가시광선의 파장은 10^{-6} m 이하로 매우 짧아서 회절현상을 직접적으로 관찰하는 것은 쉽지 않다. 그렇지만 음파는 파장이 1 m 정도이고, 수조에 담겨 있는

수면파의 파장은 대략 수 cm 정도이므로 이들 파에서는 회절효과를 관찰하기가 상대적으로 쉽다.

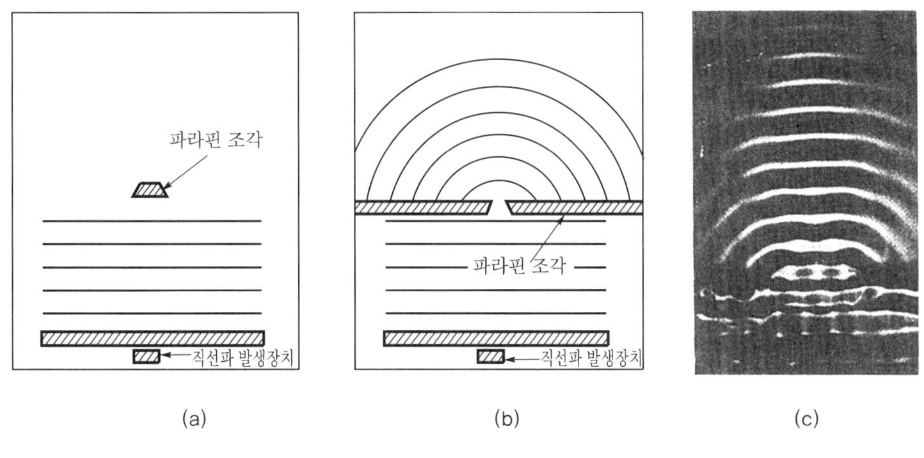

〈그림 4-18〉 수면파(직선파)의 회절

4 실험방법 및 결과

■ 직선파 발생장치의 물통 끝으로부터 15 ~ 20 cm 떨어진 곳에 〈그림 4-18〉(a)와 같이 작은 장애물(파라핀 조각)을 놓고 직선파를 발생시켜 보내자.

• 직선파는 장애물의 양끝에서 어떻게 진행하는가?

• 직선파의 이러한 현상을 무엇이라고 부르는가?

■ 직선파 발생장치를 이용하여 파장이 짧은 직선파에서부터 파장이 긴 직선파를 만들어 보내고 이 직선파가 장애물을 지날 때 어떤 현상이 일어나는지 살펴보자.

- 장애물의 크기에 비해 파장이 어느 정도일 때 회절현상이 잘 일어나는가?

- 장애물 뒤에 그림자가 전혀 없게 하려면 장애물의 크기가 파장에 비해 어느 정도이면 좋을까?

■ 〈그림 4-18〉(b)와 같이 파라핀 조각 2개를 이용하여 작은 틈, 즉 슬릿을 만든 후 직선파를 보내 보자.

■ 직선파의 파장을 2 cm 정도로 일정하게 하고 슬릿(파라핀 사이의 간격)의 폭을 6 cm, 4 cm, 2 cm, 1 cm 등으로 변화시키면서 슬릿을 통과한 파가 회절하는 정도를 그려 보자.

- 슬릿의 간격이 작아짐에 따라 회절하는 정도는 어떠한가?

■ 슬릿의 폭을 3 cm 정도로 일정하게 하고 직선파의 파장을 4 cm, 3 cm, 2 cm, 1 cm 정도로 변화시키면서 슬릿을 통과한 파가 회절하는 정도를 그려 보자.

- 파장이 짧아짐에 따라 회절하는 정도는 어떠한가?

- 이상의 결과로부터 파동의 회절은 어느 조건에서 잘 일어난다고 할 수 있는가?

II. 수면파의 간섭

1 목 적

두 개의 점파원에서 출발한 수면파의 간섭현상을 관찰하고 진동수의 변화에 따른 간섭무늬의 변화와 두 점파원 사이의 거리변화에 따른 간섭무늬의 변화를 통해 간섭조건을 찾아낸다.

2 준비물

수면파 발생장치 1조, 점파원 발생장치 2조, 초시계 1개, 자(30 cm) 1개, 모조지(전지) 1장

3 이 론

이웃해 있는 2개의 점파원에서 파를 발생시키면 각각의 파원으로부터 원형파가 발생하고 이 원형파는 진행하면서 서로 만나게 된다. 그 결과 두 파는 간섭을 일으키고 간섭에 의해서 스크린은 고르게 비춰지지 않으며, 밝고 어두운 선이 교차하는 무늬가 나타난다. 이때 **두 원형파의 마루와 마루, 골과 골이 만나면 보강간섭을 일으키고, 마루와 골이 만나면 소멸간섭을 일으킨다.**

보강간섭과 소멸간섭이 일어나는 위치는 스크린에서의 밝고 어두운 부분으로부터 알아낼 수 있다. 서로 소멸되어 어둡게 나타나는 줄무늬를 **마디선**(nodal line)이라고 한다. 두 점파원 사이의 거리를 일정하게 하고 진동수를 증가시키면 파장이 짧아지고, 마디선과 밝은 선의 수가 증가한다. 파장은 파원에서 나오는 파동의 밝은 선 사이를 측정하면 된다.

스크린에 나타난 무늬의 겉보기 파장은 실제 수면파의 파장보다 크므로 실제 파장은 물통과 스크린까지의 거리의 비로 구하면 된다.

4 실험방법 및 결과

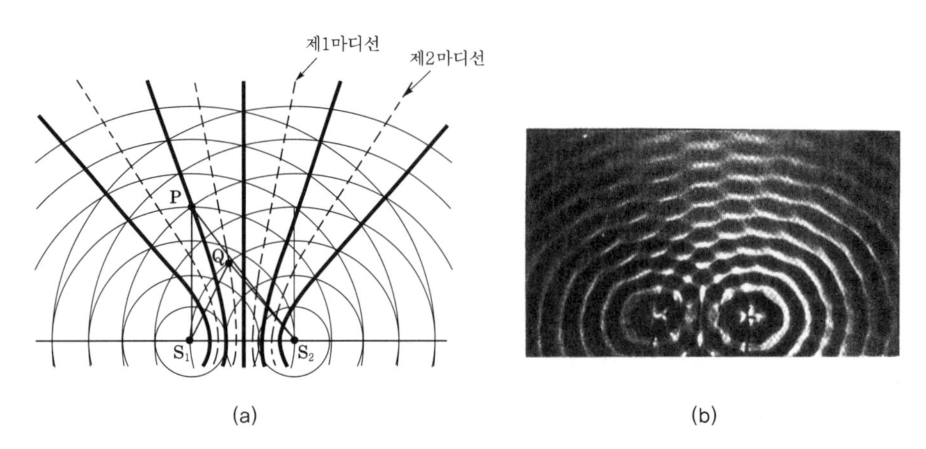

〈그림 4-19〉 (a) 간섭으로 나타난 밝은 부분과 어두운 부분의 개략도, (b) 간섭 사진

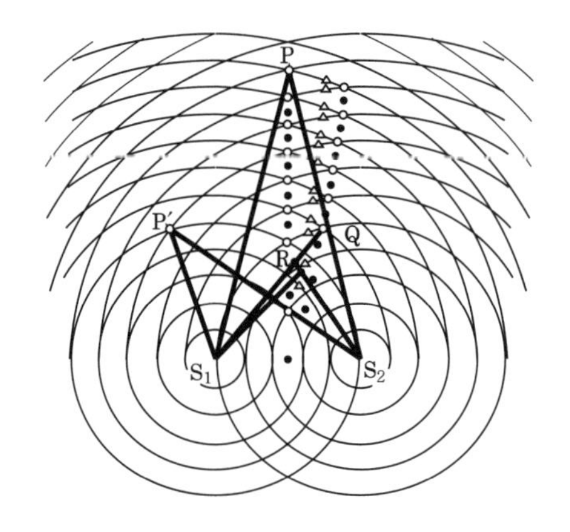

〈그림 4-20〉 두 점파원에 의한 수면파 간섭 시 나타나는 마디선

■ 〈그림 4-19〉와 같이 점파원 S_1, S_2의 간격을 약 5 cm 정도 유지하고 직선파 발생장치에 점파원 발생기를 꽂고 진동수가 일정한 원형파를 발생시켜 스크린에 나타나는 무늬를 살펴보자.

- 이 무늬에서 밝은 부분과 어두운 부분은 무엇인가? 이 두 부분이 나타나는 이유를 설명해 보자.

- 진동수를 변화시키면 무늬는 어떻게 변하는가?

■ 진동수를 일정하게 하고 원형파의 파장을 측정하자. 이때 파장은 밝은 무늬 선 사이의 거리이다.

- 원형파의 파장은 얼마인가?

■ 몇 개의 밝은 점과 어두운 점을 골라서 점파원으로부터의 거리를 조사하자.

- 두 점파원까지의 거리가 같은 곳을 이은 선의 무늬는 어떠한가?

■ 〈그림 4-20〉과 같이 P, P′, Q, R의 네 점을 지정하고, 이 점으로부터 두 점파원까지의 거리 차를 조사하여 수면파의 파장 λ와의 관계를 살펴보자.

- 점 P, Q, R의 밝기는 어떠한가?
  점 P :
  점 Q :
  점 R :

- P, P′, Q, R과 두 점파원 S_1 및 S_2 사이의 거리차는 각각 얼마인가?
  $S_1P - S_2P =$
  $S_1P' - S_2P' =$
  $S_1Q - S_2Q =$
  $S_1R - S_2R =$

- 이 결과로부터 각 점에서 두 점파원까지의 거리차가 $\lambda/2$의 짝수배인 경우 원형파의 진폭은 어떠한가? 또 이런 점들은 스크린 위에 어떻게 나타나는가?

- 거리차가 $\lambda/2$의 홀수배인 곳에서 원형파의 진폭은 어떠한가? 이런 점들은 스크린 위에 어떻게 나타나는가?

- 이 사실로부터 파동의 경로차와 보강 및 소멸 간섭현상과의 관계를 나타내는 식을 정리해 보자.

06 평면거울에 의한 상

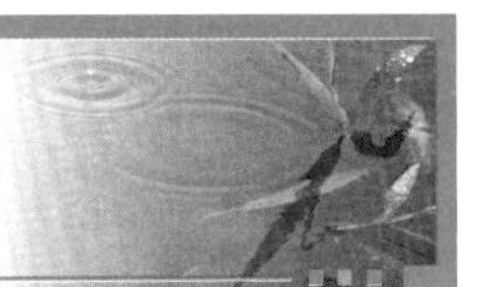

1 목 적

- 시차를 이용하여 평면거울 앞에 놓인 물체의 상의 위치를 구한다.
- 빛이 물체에서 반사하여 눈으로 들어와 방향을 나타내는 광선을 작도하여 상의 위치를 찾고 반사의 법칙을 도출한다.

2 준비물

평면거울(4 cm × 6 cm) 1개, 스티로폼 판(18 cm × 6 cm) 1장, 거울보다 큰 나사못(5 ~ 6 cm) 1개, 핀(5 ~ 6개), 나무토막 1개, 실핀 10개, 고무밴드 2개, 연필(또는 볼펜) 2개, 자(30 cm) 1개, 각도기 1개, 양면테이프

3 실험방법 및 결과

- 한 손을 뻗어서 연필을 수직으로 세워 잡고, 그 앞 15 cm 정도 되는 곳에 다른 손으로 또 다른 연필을 수직으로 세워 잡은 다음 일직선이 되게 하자. 연필을 똑바로 보면서 머리를 좌우로 움직여 보자.

  • 눈에서 멀리 있는 연필은 가까이 있는 연필에 대하여 어떻게 움직이는 것처럼 보이는가?

■ 두 연필 사이의 간격을 좁히면서 머리를 좌우로 움직여 두 연필의 상대적 위치변화를 관찰하자.

- 두 연필의 상대적 위치변화는 어떻게 되는가?

- 두 연필의 상대적 위치변화, 즉 시차가 없어지게 하려면 두 연필 사이의 거리가 어떠해야 하는가?

■ 시차법을 이용하여 평면거울 앞에 놓인 나사못의 상의 위치를 찾아보자. 〈그림 4-21〉과 같이 평면거울을 고무밴드(또는 양면테이프)로 나무토막에 고정시켜 스티로폼 판 위에 세워 놓자. 거울 앞 약 10 cm 되는 곳에 나사못 1을 세우고 거울에 비친 나사못의 상을 보아라. 이때 나사못 1의 크기는 어떠한가?

- 나사못 1의 상은 어디에 있다고 생각되는가?

- 다른 나사못 2를 상이 있다고 생각되는 곳에 놓았을 때 거울 앞에 세운 나사못 1의 상이 나사못 2와 일치되었는지 어떻게 알아낼 수 있는가?

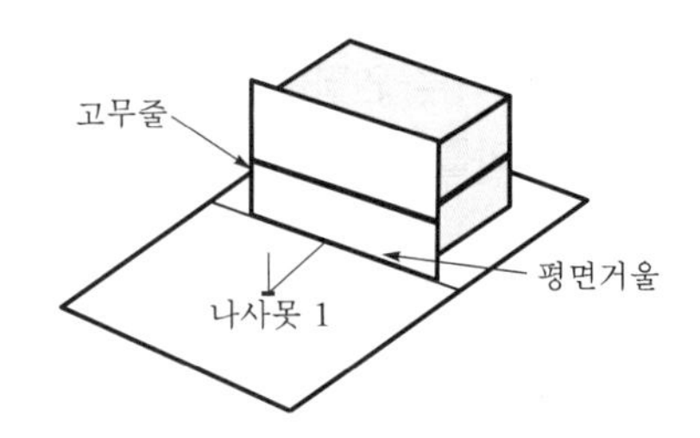

〈그림 4-21〉 **평면거울에 의한 상**

■ 거울 앞에 놓은 나사못 1의 위치를 바꾸어 가면서 나사못 1의 상을 다른 나사못 2로 찾아보아라. 그때마다 실물 나사못 1의 위치와 상의 위치를 나타내는 다른 나사못 2의 위치를 종이 위에 표시해 보자.

- 거울의 반사면에서 나사못 1까지의 거리(물체거리)와 상(나사못 2)까지의 거리를 비교해 보아라. 서로 같은가?

■ 다음에는 빛이 물체로부터 눈으로 들어오는 광로를 찾아 거울에 의한 상의 위치를 찾아보자. 스티로폼 판 위에 평면거울을 세워 놓고 거울 앞 약 3 cm인 곳에 핀을 수직으로 꽂아 목표침으로 한다. 핀을 꽂은 양 옆에서 거울에 비친 목표침의 상을 찾아보자. 목표침의 상을 찾았으면 상이 보이는 시선을 따라 바늘을 2개 더 꽂아서 상에서 나오는 광로를 정하자.
목표침의 상을 여러 방향에서 보면서 더 많은 핀을 사용하여 목표침의 상에서 나오는 광로를 표시해 보자. 종이 위에 거울의 반사면을 직선으로 표시한 다음 거울을 치우자.

- 여러 방향에서 본 시선(상에서 나오는 광로)을 연장하면 어느 곳에서 만나겠는가?

■ 거울의 반사면과 각 시선(반사광선)이 만나는 점(반사점)을 찾아 목표침으로부터 그 점까지 직선을 그어라. 그리고 거울면과 반사광선이 만드는 각(반사각)과 거울면과 입사광선이 만드는 각(입사각)을 측정하자.

- 입사각은 얼마인가?
  $i =$

- 반사각은 얼마인가?
  $i' =$

- 입사각과 반사각을 비교하면 어떤 결론을 내릴 수 있는가?

- 공동실험자가 목표침을 보면서 실험자가 시선을 정확히 잘 결정하는지 검사할 수 없는가? 이것으로 무엇을 알 수 있는가?

■ 평면거울 2개를 직각이 되도록 종이 위에 세우고 그 사이에 나사못을 세우자. 시차법으로 나사못의 상의 위치를 찾아보자.

- 상은 모두 몇 개인가?

- 이때 보이는 나사못의 상은 이 실험에서 배운 반사의 법칙으로부터 예상되는 위치에 있다는 것을 광로로 그려 보자.

07 빛의 굴절

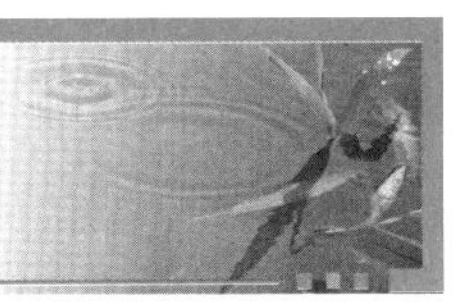

1 목 적

빛이 한 매질에서 다른 매질로 입사할 때 나타나는 굴절현상을 이해하고, 입사각과 굴절각 사이의 관계를 조사하여 빛의 굴절의 법칙을 도출한다.

2 준비물

투명 반원형 플라스틱 통 2개, 스티로폼 판 1장, 원형 방안지 2장, 각도기 1개, 자(30 cm) 1개, 핀 15개, 글리세린(약간), 물(약간), 모눈종이, 비커

3 이 론

빛은 한 매질에서 다른 매질로 입사할 때 매질의 경계면에서 진행경로가 달라진다. 이것을 **빛의 굴절(refraction, 屈折)**이라 하며 굴절률이 다른 두 매질에서 빛의 속도가 서로 다르기 때문에 나타나는 현상이다. 이때 진공 중에서 빛의 속도를 c라 하고, 매질의 굴절률을 n이라 하면, 매질 내의 빛의 속도는 $\frac{c}{n}$이다. 굴절현상이 일어날 때 입사광선과 법선이 이루는 각을 입사각 i라 하고, 굴절광선과 법선이 이루는 각을 **굴절각** r이라고 한다.

4 실험방법 및 결과

1) 물의 굴절률 측정

■ 플라스틱 통에 물을 2/3 정도 채우고 이것을 스티로폼 판 위에 놓은 원형방안지 위에 〈그림 4-22〉와 같이 놓아라. 그리고 그림과 같이 반원형 플라스틱 통의 수선과 일치하는 직선상에 핀 1을 반듯하게 꽂아라. 반대편에서 플라스틱 통을 통해 핀 1을 보면서 핀 1과 통에 그려진 수선이 일직선상에 있게 되는 시선(겹쳐 보이는 시선)을 찾아 그 경로를 핀 2와 핀 3으로 표시해 두자.

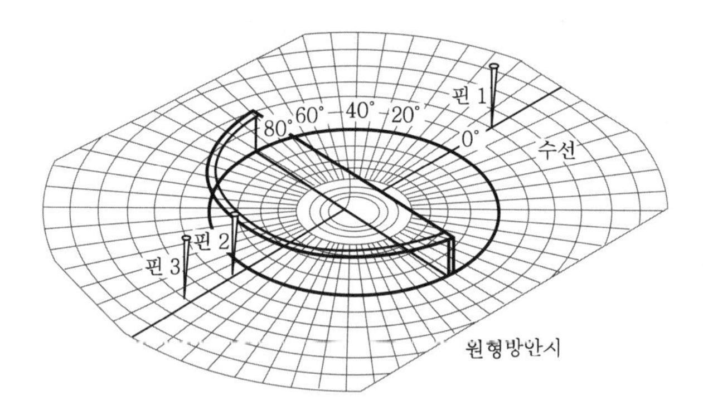

〈그림 4-22〉 빛의 굴절 실험장치

- 이때 입사각 i와 굴절각 r은 각각 얼마인가?

■ 핀 1을 움직여 입사각을 10° 씩 80° 까지 변화시키고 그때마다 빛이 핀 1에서 반원형 플라스틱 통의 수선까지 와서 물을 통해 나오는 경로를 핀 2, 3으로 표시하라. 플라스틱 통을 치우고 수선이 놓였던 점을 지나는 입사광선과 이에 대응하는 굴절광선을 그려라. 입사각에 대응하는 굴절각을 측정하고 다음 표를 완성하라. 입사각이 클 때 핀 1의 선명한 상을 관찰하려면, 핀 1을 통으로부터 너무 멀리 떨어지지 않도록 해야 한다.

입사각과 굴절각의 sine값은 〈그림 4-23〉과 같이 입사광선과 굴절광선이 원형방안지상의 임의의 원과 마주치는 점에서 법선에 각각 수선 $\overline{AC}$와 $\overline{DF}$를 그려서 그 선분의 비로 구하면 된다.

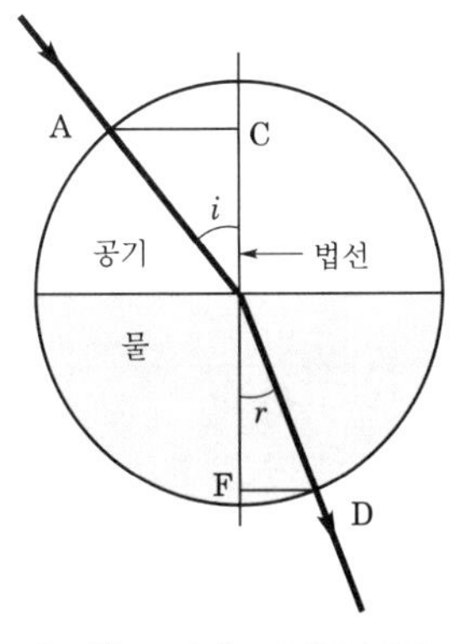

〈그림 4-23〉 빛의 굴절

입사각 i	굴절각 r	$i-r$	i/r	$\sin i/\sin r$	현 AC / 현 DF
10°					
20°					
30°					
40°					
50°					
60°					
70°					
80°					

- 입사각 i와, i/r 관계 graph를 〈그림 4-25〉에 그려라. 그리고 입사각 i와 $\sin i/\sin r$ 관계 graph를 〈그림 4-26〉에 그려 보자.

- 입사각과 굴절각의 차는 일정한가?

- 입사각과 굴절각의 비는 일정한가?

- 입사각 i에 대한 i/r의 graph와 $\sin i/\sin r$의 graph에서 어느 쪽이 더 일정한 값을 나타내는가?

- 위의 논의를 바탕으로 빛의 입사각과 굴절각 사이의 관계를 가장 간단히 나타내는 수학적 관계식을 써보자.

2) 글리세린의 굴절률 측정

■ 플라스틱 통 안에 다른 액체(글리세린, 소금물 등)를 넣고 실험을 반복하여 앞의 표와 같은 표를 만들고, 입사각에 대한 입사각과 굴절각의 sine비를 〈그림 4-27〉에 graph로 그려 보자.

입사각 i	굴절각 r	$i-r$	i/r	$\sin i/\sin r$	현 AC / 현 DF
10°					
20°					
30°					
40°					
50°					
60°					
70°					
80°					

- 이 graph는 물의 경우와 어떻게 다른가?

- 입사각이 커지면 핀이 흐리게 보이는 이유는 무엇인지 설명해 보자.

3) 양면이 평행한 유리판에 입사한 빛의 경로 알아 보기

■ 양면이 평행한 두툼한 유리판이나 아크릴판에 비스듬히 입사한 빛의 경로를 예측할 수 있는가?

- 실제로 그림을 그려 보자.

4) 두 물질 사이의 상대굴절률 측정

■ 두 액체(물과 글리세린) 사이의 상대굴절률을 구해 보자.

투명한 반원형 플라스틱 통을 〈그림 4-24〉와 같이 중심의 두 수선이 일치하도록 하여 종이클램프로 꼭 밀착시키자. 플라스틱 통의 한쪽에는 물을, 다른 쪽에는 글리세린을 반 정도만 넣는다. 한쪽 통의 수선에서 왼쪽으로 입사각이 10°가 되도록 핀을 꽂고, 반대편에서 핀과 수선이 일직선상에 있게 되는 시선을 찾아 다른 핀으로 표시하자. 또

수선에서 오른쪽으로 입사각이 10°가 되도록 핀을 꽂고 반대편에서 핀과 수선이 일직선상에 있게 되는 시선을 찾아 핀으로 표시하자.

핀을 왼쪽에 꽂았을 때와 오른쪽에 꽂았을 때의 굴절각이 같지 않으면 플라스틱 통이 잘 밀착되어 있는지 확인하고 다시 결합시킨 후 실험하자.

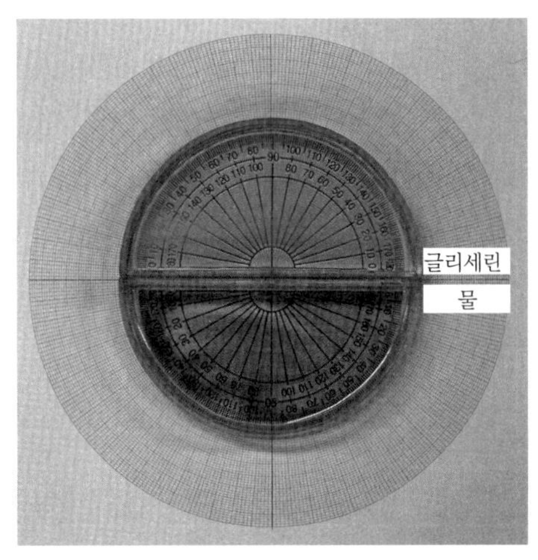

〈그림 4-24〉 **상대굴절률 측정장치(두 물질을 구분하기 위해 각각 다른 색으로 나타냈다.)**

- 입사각을 5°씩 40°까지 변화시키면서 그에 대응하는 굴절각을 측정하고, 다음 표를 완성해 보자.

입사각 i	굴절각 r	i/r	$\sin i$	$\sin r$	$\sin i / \sin r$
5°					
10°					
15°					
20°					
25°					
30°					
35°					
40°					
평 균			평 균		

- 입사각과 굴절각의 비(i/r), 입사각과 굴절각의 sin의 비($\sin i/\sin r$) 중 어느 값이 더 일정한가?

- 빛이 물속에서 글리세린으로 진행할 때 상대굴절률은 얼마인가?

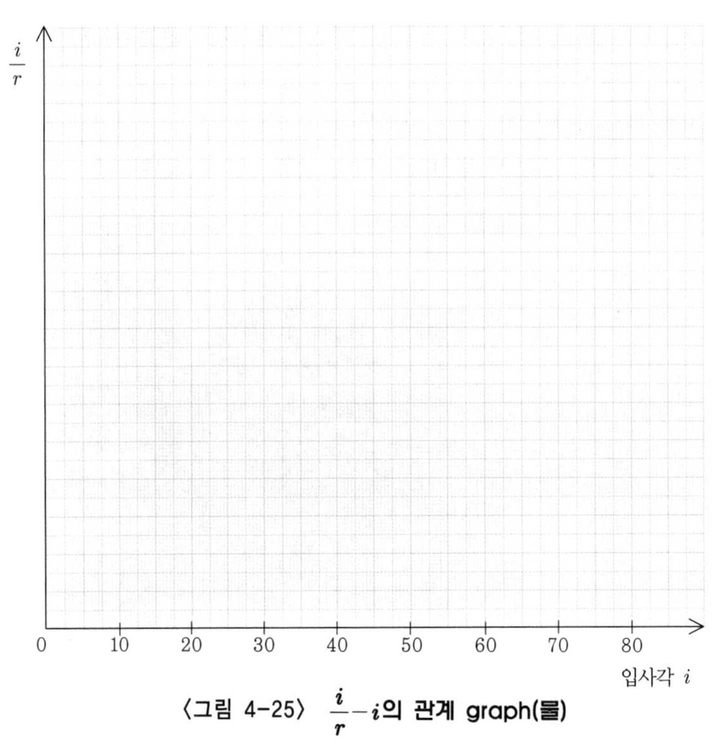

〈그림 4-25〉 $\frac{i}{r}-i$의 관계 graph(물)

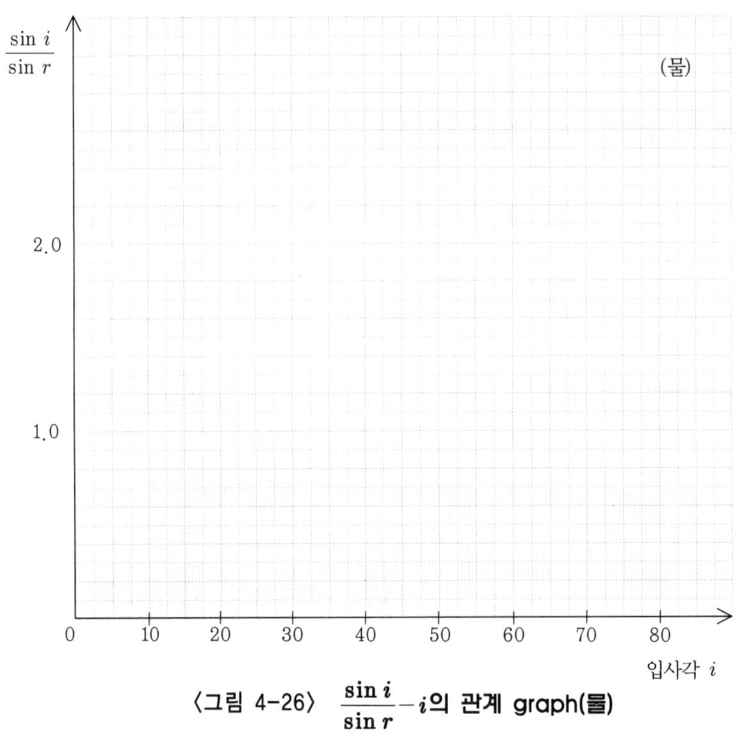

〈그림 4-26〉 $\frac{\sin i}{\sin r}-i$의 관계 graph(물)

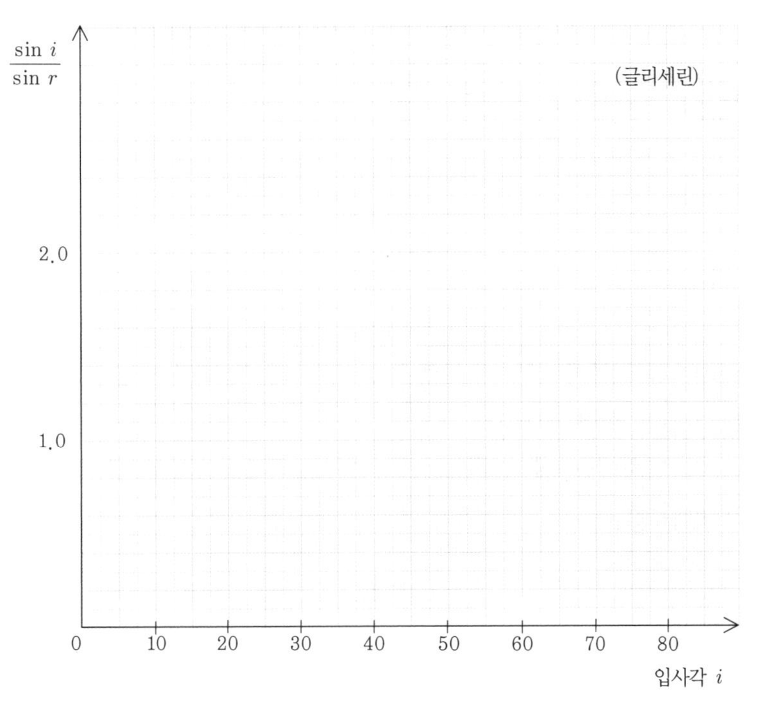

〈그림 4-27〉 $\frac{\sin i}{\sin r}-i$의 관계 graph(글리세린)

08 렌즈에 의한 상

1 목 적

- 광선이 렌즈(볼록렌즈, 오목렌즈)를 통과할 때의 경로를 이용하여 렌즈에 의해 만들어지는 상을 찾는다.
- 물체의 위치에 따라 변하는 상의 위치, 크기, 종류를 조사하여 렌즈의 공식을 도출한다.

2 준비물

광학실험장치 1조, 볼록렌즈(초점거리 $f=5\sim15$ cm) 1개, 오목렌즈 1개, 광원(양초, 꼬마전구, 백열전구 등) 1개, 모눈종이 약간, 플라스틱자(30 cm)

3 이 론

1) 구면렌즈

구면거울이 반사를 통하여 상을 맺는 데 반하여 **렌즈**는 굴절을 이용하여 실상 또는 허상을 만든다. 구면렌즈에는 볼록렌즈와 오목렌즈가 있다. **볼록렌즈**(converging lens)는 중심축을 공유하는 두 굴절구면을 갖는 투명한 물체로 만들어지고 이 두 굴절면은 각각 구의 일부분이다. 볼록렌즈의 형태는 〈그림 4-28〉(a)와 같이 중앙부분이 가장자리보다 두꺼운 모습을 가지고 있고 볼록렌즈는 평행광선을 안쪽으로 꺾어 주축 위의 한 점에 수렴시키며, 이 점이 바로 주초점이 된다. 볼록렌즈는 **수렴렌즈**라고도 한다. 수렴렌즈의 **주축**(principal axis)

은 렌즈면의 곡률 중심을 지난다. 수렴렌즈의 **광심**(optical center)은 광선이 편향 없이 곧게 진행해 나가는 주축 위의 한 점이다.

오목렌즈는 〈그림 4-28〉(c)와 같이 중앙부분이 가장자리보다 얇은 렌즈로 평행광선을 바깥쪽으로 꺾어 주축에서 멀어지도록 발산시킨다. 발산하는 특성이 있으므로 오목렌즈를 **발산렌즈**(diverging lens)라고도 한다.

렌즈의 두께가 물체거리 a, 상거리 b, 렌즈구면의 곡률반지름 r, 모두보다 작은 렌즈를 **얇은 렌즈**라고 한다. 평행광선이 볼록렌즈를 통과하면 한 점에 모이는데 렌즈 중심에서 이 점까지의 거리를 **초점거리**(focal length) f 라고 한다.

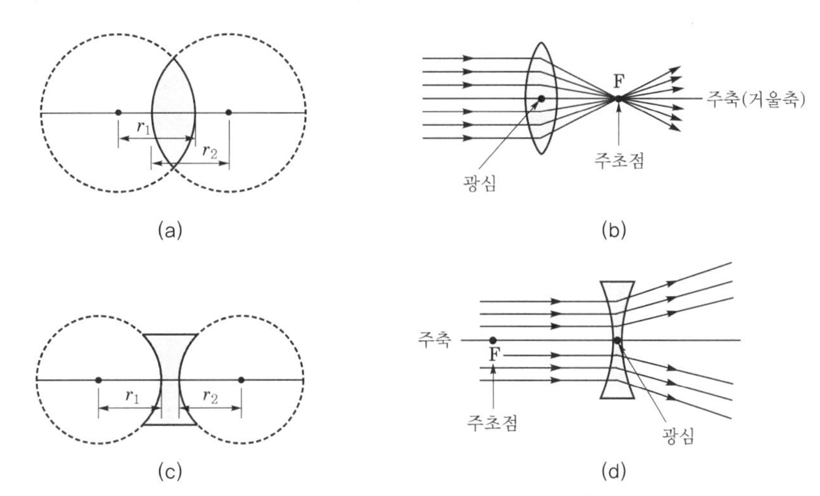

〈그림 4-28〉 (a) 볼록렌즈는 중심축을 공유하는 두 굴절구면을 가지며, 이 두 굴절면은 각각 구의 일부분이다.
(b) 볼록렌즈는 중앙부분이 가장자리보다 두꺼운 렌즈로 평행광선을 안쪽으로 꺾어 주축 위의 한 점에 수렴시킨다.
(c) 발산렌즈 역시 중심축을 공유하는 두 굴절구면을 가지며, 이 두 굴절면은 각각 구의 일부분이다.
(d) 오목렌즈는 중앙부분이 가장자리보다 얇은 렌즈로 평행광선을 바깥쪽으로 꺾어 발산시킨다.

2) 볼록렌즈에 의한 상 찾기

볼록렌즈와 오목렌즈 모두 두 개의 초점을 가지고 있다. 각 초점과 광심 사이의 거리가 렌즈의 초점거리이다. 초점거리는 물체가 무한대에 있을 때 생기는 상거리이다. 볼록렌즈는 〈그림 4−29〉(a)와 같이 렌즈 뒤에 있는 주초점에 수렴한다.

볼록렌즈에 의해 형성되는 상의 위치를 찾는 데는 두 개의 광선이면 충분하지만 세 번째 광선은 검증하는 데 유용하다. 세 번째 주광선은 렌즈를 중심으로 주초점의 반대편에 있는 부초점(secondary focal point)을 이용한다. 수렴렌즈 앞에 놓인 물체의 상은 〈그림 4−29〉(b)와 같이 3개의 주광선(principal rays) 중에서 두 개 이상의 광선들을 그리면 찾을 수 있다.

광선 ① : 주축에 평행하게 입사한 광선은 굴절 후 주초점을 지난다.
광선 ② : 광심으로 진행한 광선은 렌즈를 직선으로 통과한다.
광선 ③ : 부초점으로 진행한 광선은 주축에 평행하게 나간다.

볼록렌즈가 만드는 실상은 렌즈를 중심으로 물체의 반대편에 생기고, 허상은 물체와 같은 편에 생긴다.

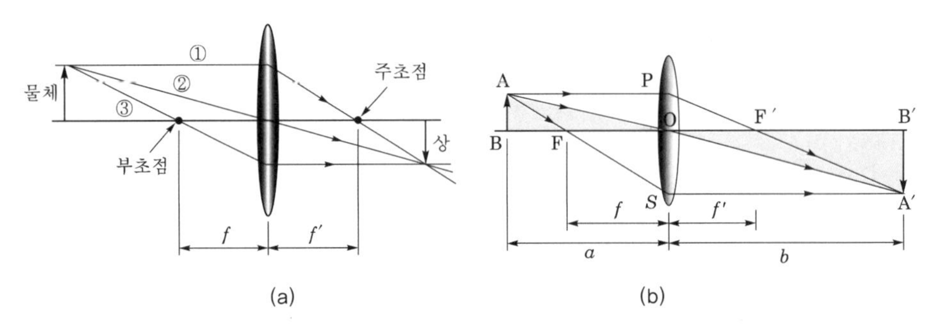

〈그림 4−29〉 (a) 3개의 주광선이 볼록렌즈를 지날 때의 광선추적도
(b) 볼록렌즈에서 물체거리 a, 상거리 b, 초점거리 f를 표시하는 방법

3) 배율과 얇은 렌즈의 공식

〈그림 4−29〉(b)에서 $\triangle$AOB와 $\triangle$A′OB′는 닮은 꼴이므로, 상의 배율 m은 다음과 같다.

$$m = \frac{\mathrm{A'B'}}{\mathrm{AB}} = \frac{b}{a}$$

$\triangle$COF′와 $\triangle$A′B′F′도 닮은꼴이므로 다음 관계가 성립한다.

$$\frac{A'B'}{AB} = \frac{A'B'}{PO} = \frac{B'F'}{OF'} = \frac{b-f'}{f'}$$

이 두 식으로부터 $\frac{b}{a} = \frac{b-f'}{f'}$의 관계가 성립하므로 다음 식을 얻는다.

$$\frac{1}{a} = \frac{1}{f'} - \frac{1}{b}$$

이 식을 정리하면 다음과 같은 식을 얻는다.

$$\frac{1}{a} + \frac{1}{b} = \frac{1}{f'} = \frac{1}{f}$$

이 관계를 **얇은 렌즈의 공식** 또는 **얇은 렌즈의 방정식**이라고 한다. 이 관계는 구면거울에서도 성립한다. 〈그림 4-29〉(b)에서 $a-f=S_o$ 이고, $b-f$(또는 f') $=S_i$ 이다.

4) 용어

① **실상**(real image) : 볼록렌즈의 경우 물체에서 나온 광선이 렌즈를 통과한 후 실제로 한 점에 모이는데, 이를 실상이라 하며 렌즈에서 실상까지의 거리가 초점거리이다. 실상이 맺혀지는 위치에 스크린을 대보면 종이에 맺힌 상이 실제로 보인다.

② **허상**(virtual image) : 오목렌즈의 경우 광선들이 한 점에 모이는 것이 아니고 마치 한 점에서 출발한 것처럼 보이는데, 이를 허상이라 한다. 이때 렌즈에서 허상까지의 거리가 초점거리이다. 허상이 맺혀지는 위치에 종이를 대보면 아무런 상이 나타나지 않는다.

③ **정립상과 도립상** : 정립상은 상의 모습이 물체의 모습과 같이 바로 선 경우를 말하고, 도립상은 물체의 모습과 반대로 거꾸로 보이는 경우를 말한다.

④ **배율**(magnification) : 배율 m은 물체의 크기 h_o(o는 object를 말함)에 대한 상의 크기 h_i(i는 image를 말함)의 비를 말한다. 이와 같이 정의된 배율은 횡배율, 측면배율, 선형배율이라고도 부른다.

$$m = \frac{h_i}{h_o} = \frac{b}{a}$$

정립상에 대해서는 배율 m은 양수(+)이고, 도립상에 대해서는 음수(−)이다. $|m|>1$이면 상은 확대되어 있고, $|m|<1$이면 상은 축소되어 있다. 기하광학의 여러 공식을 사용할 때에는 관계되는 모든 값들에 대해 부호약속을 상기하여 사용하는 것이 중요하다.

4 실험방법 및 결과

1) 볼록렌즈에 의한 상

■ 볼록렌즈를 통해 물체를 관찰해 보자.

• 물체의 상은 물체보다 크게 보이는가, 작게 보이는가?

• 물체의 상은 정립인가, 도립인가?

■ 먼 거리에 있는 물체(실험실 밖의 건물이나 나무 등)의 상을 스크린에 맺게 하고, 렌즈와 스크린 사이의 거리를 측정하여 초점거리 f의 근사값을 구해 보자.

• 렌즈의 초점거리 f는 몇 cm 인가?
$f=$

• 렌즈의 중심에서 양쪽으로 같은 거리에 초점이 하나씩 있다는 것을 확인하려면 어떻게 하면 되는가?

■ 〈그림 4-30〉과 같이 양초(또는 전구) A, 볼록렌즈 O, 스크린 B를 광학대 위에 설치하자. 이때 양초와 렌즈, 스크린의 중심이 일직선상(광축)에 있도록 높이를 조절하자. 물체(전구 또는 촛불)로부터 초점거리가 2배 이상 되는 곳에 ($a=2f$) 렌즈를 놓고 스크린을 움직여서 상의 위치를 찾아보자.

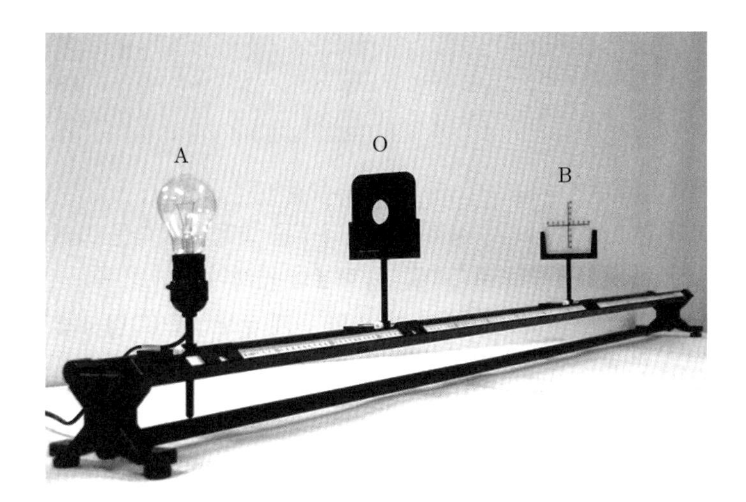

〈그림 4-30〉 **광학실험장치**

- 볼록렌즈의 중심에서 물체(전구)까지의 거리 a는 몇 cm인가?

- 물체쪽 렌즈의 초점에서 물체까지의 거리 S_o는 얼마인가? (단, $S_o=a-f$)

- 볼록렌즈에서 상(스크린)까지의 거리 b는 몇 cm인가?

- 스크린쪽 렌즈의 초점에서 상까지의 거리 S_i는 얼마인가? (단, $S_i=b-f$)

• 상은 정립인가, 도립인가?

• 상은 실물보다 큰가, 작은가? 배율 m을 구하자.

■ 물체와 볼록렌즈 사이의 거리 a를 $a=2f$, $f<a<2f$, $a=f$, $0<a<f$로 하고, 그 때마다 렌즈의 중심에서 상까지의 거리 b를 측정하여 다음 표에 기입하자. 그리고 상의 크기와 종류를 조사하고 S_i, S_o 배율을 구하여 표에 기록하라. 또 S_i와 S_o의 관계 graph를 〈그림 4-32〉에, S_i와 $1/S_o$의 관계 graph를 〈그림 4-33〉에 그려 보자.

물체의 위치	a	b	S_o	S_i	$1/S_o$	상의 크기	배 율	상의 종류
$a=\infty$								
$2f<a<\infty$								
$a=2f$								
$f<a<2f$								
$a=f$								
$0<a<f$								

• S_i와 S_o의 관계 graph에서 무엇을 알 수 있는가?

• S_i와 $1/S_o$의 관계 graph에서 S_i와 S_o 사이에는 어떤 수학적 관계가 있다고 할 수 있는가? 이 의미는 무엇인가?

• 양초를 렌즈의 초점에 놓았을 때 생기는 상을 볼 수 있는가?

• 렌즈의 초점거리 안쪽에 양초를 놓았을 때($0 < a < f$) 스크린에 상이 맺히는가? 스크린에 상이 맺히지 않는다면 상은 어느 곳에 있는가?

2) 오목렌즈에 의한 상

■ 오목렌즈를 통해 물체를 관찰해 보자.

오목렌즈 앞에 놓인 물체의 상은 〈그림 4-31〉과 같이 3개의 주광선(principal rays) 중에서 두 개 이상의 광선들을 그리면 찾을 수 있다.

광선 ① : 주축에 평행하게 입사한 광선은 굴절 후 주초점에서 나오는 것처럼 보인다.
광선 ② : 광심으로 진행한 광선은 렌즈를 직선으로 통과한다.
광선 ③ : 허초점으로 진행한 광선은 주축에 평행하게 나간다.

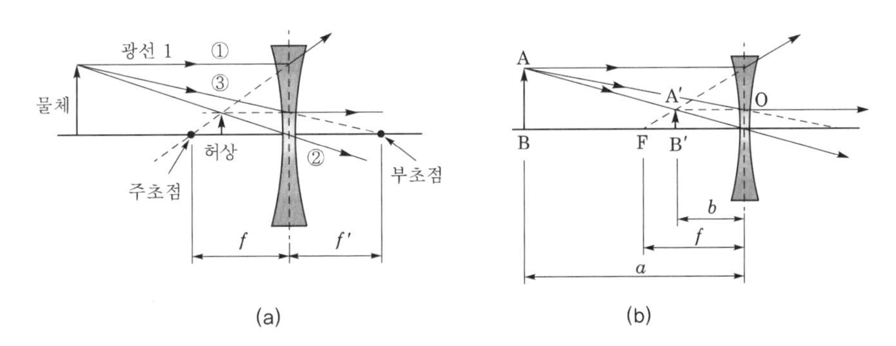

〈그림 4-31〉 **(a) 오목렌즈를 통과한 광선의 경로, (b) 상의 작도**

• 위와 같이 실험할 경우 물체의 상은 물체보다 크게 보이는가, 작게 보이는가?

• 물체의 상은 정립인가, 도립인가?

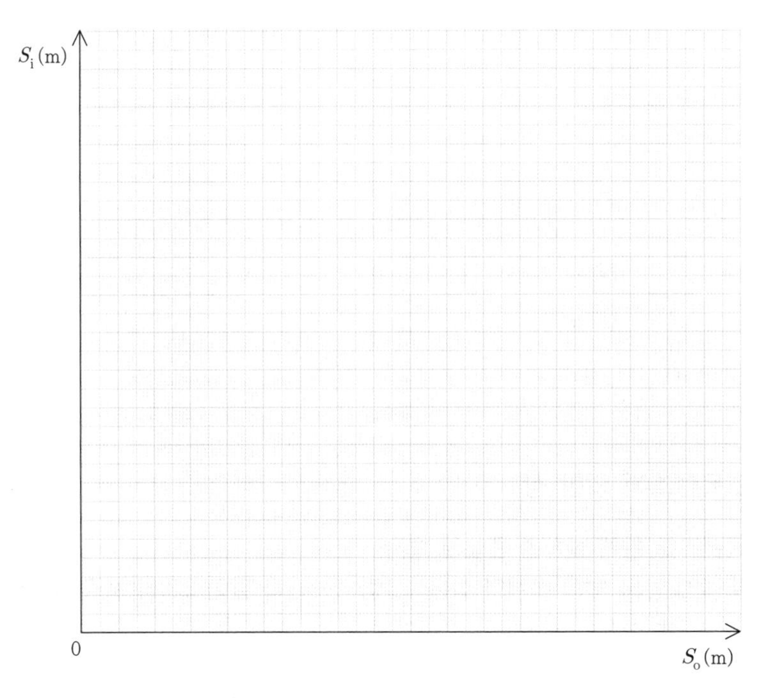

〈그림 4-32〉 $S_i - S_o$의 관계 graph

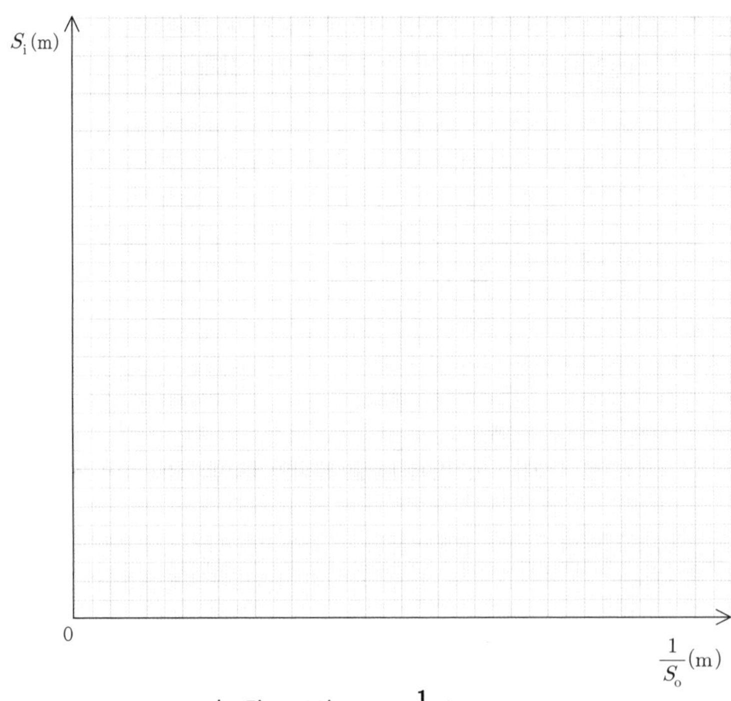

〈그림 4-33〉 $S_i - \frac{1}{S_o}$의 관계 graph

09 거울에 의한 상

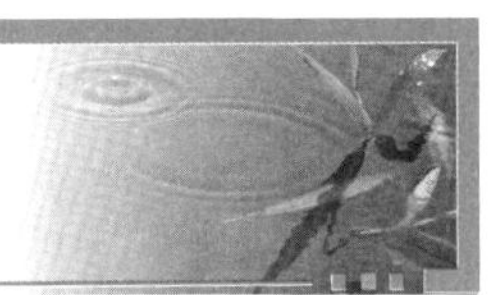

1 목 적

- 광선이 거울을 통과할 때의 경로를 이용하여 거울에 의해 만들어지는 상을 찾는다.
- 물체의 위치에 따라 변하는 상의 위치, 크기, 종류를 조사하여 거울의 공식을 도출한다.

2 준비물

광학 실험장치 1개, 오목거울(f =10~20 cm) 1개, 볼록거울 1개, 양초(또는 투명 전구) 1개, 플라스틱 자(30 cm) 1개, 모눈종이 약간

3 이 론

오목거울에 의해 만들어지는 상은 **광선추적**(ray tracing, 光線追跡)이라 부르는 작도법을 이용하여 분석할 수 있다. 광선추적을 통하여 상의 크기는 물론, 상의 위치도 알아낼 수 있다.

오목거울 앞에 놓인 물체에 대한 상의 위치는 다음과 같은 3개의 주광선(principal rays, 主光線) 중에서 2개 이상의 광선들의 경로를 그리면 찾을 수 있다.

광선 ① : 광축에 평행하게 입사한 광선은 반사 후 초점을 지난다.

광선 ② : 초점을 통과한 광선은 반사 후 광축에 평행하게 진행한다.

광선 ③ : 곡률 중심을 향해 입사한 광선은 반사 후 같은 길로 되돌아간다.

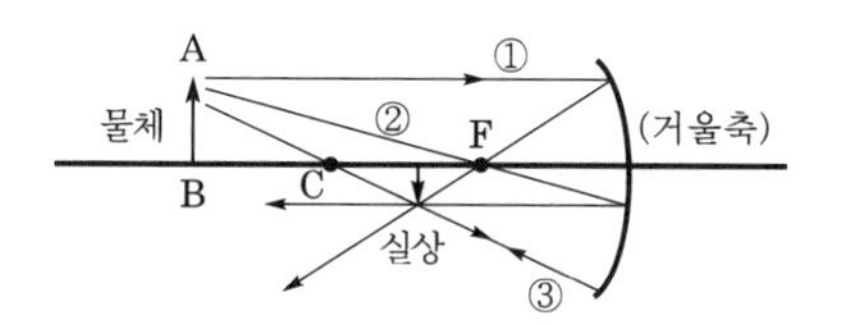

〈그림 4-34〉 오목거울에서 광선의 경로

4 실험방법 및 결과

1) 오목거울에 의한 상

■ 오목거울을 얼굴 앞에 놓고 자신의 얼굴 상을 관찰해 보자.

- 상은 실물보다 크게 보이는가 아니면 작게 보이는가?

- 상은 정립인가, 도립인가?

- 오목거울을 가까이 하거나 멀리하면 상의 크기와 위치는 어떻게 변하는가?

■ 광학대의 중앙에 오목거울을 놓고 오목거울이 창을 향하게 하여 먼 곳에 있는 물체의 상이 선명하게 맺히는 위치를 스크린으로 찾아보자. 이때 거울과 스크린 사이의 거리가 오목거울의 초점거리이다. 여러 번 되풀이하여 초점거리 f를 측정하고 그 평균값을 구하자.

- 오목거울의 초점거리 f는 얼마인가?

■ 〈그림 4-35〉와 같이 광학대 위에 오목거울, 스크린, 촛불(전구)을 설치하자. 물체(촛불)와 오목거울 사이 거리 a가 초점거리의 2배 이상 되도록 설치하고($2f < a < \infty$) 스크린을 움직여 상의 위치를 찾아보자.

- 오목거울에서 물체까지의 거리 a는 얼마인가?
  $a=$

- 초점에서 물체까지의 거리 S_o는 얼마인가? (단, $S_o = a - f$)

- 오목거울에서 상까지의 거리 b는 얼마인가?
  $b=$

- 초점에서 상까지의 거리 S_i는 얼마인가? (단, $S_i = b - f$)

- 상은 물체보다 큰가 아니면 작은가?

- 상은 정립인가, 도립인가?

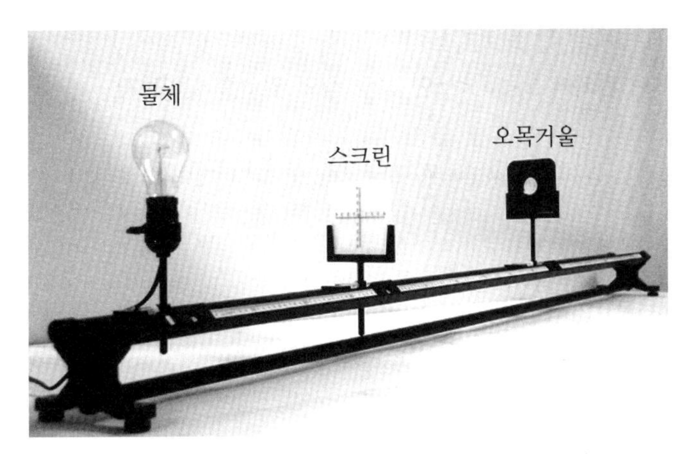

〈그림 4-35〉 오목거울에 의한 상을 찾는 실험장치

■ 물체를 오목거울쪽으로 옮기면서 물체에서 거울까지의 거리를 $a=\infty$, $2f<a<\infty$, $a=2f$, $f<a<2f$, $a=f$, $0<a<f$로 할 때마다 상의 위치와 상의 크기 및 종류를 관찰하여 다음 표에 기록하자. S_i와 S_o의 관계 graph를 〈그림 4-38〉에 그려보자. 또 S_i와 $1/S_o$의 관계 graph를 〈그림 4-39〉에 그려 보자.

물체의 위치	a(cm)	b(cm)	S_o	S_i	$1/S_o$	상의 크기	상의 종류
$a=\infty$							
$2f<a<\infty$							
$a=2f$							
$f<a<2f$							
$a=f$							
$0<a<f$							

- S_i와 S_o의 관계 graph에서 무엇을 알 수 있는가?

- S_i와 $1/S_o$의 관계 graph에서 S_i와 S_o 사이에는 어떤 수학적 관계가 있다고 할 수 있는가?

■ 물체의 위치가 $0<a<f$인 경우 상의 위치를 찾아보자.

- 상이 스크린에 맺히는가? 맺히지 않는다면 그 이유를 설명해 보아라.

- 어떻게 하면 상의 위치를 찾을 수 있겠는가?

2) 볼록거울에 의한 상

■ 볼록거울을 얼굴 앞에 놓고 자신의 얼굴 상을 관찰해 보자.

볼록거울에서 상의 위치와 크기를 결정하는 과정은 오목거울의 경우와 유사하다. 그러나 볼록거울에서는 항상 물체보다 작은 정립허상이 생긴다. 그리고 물체가 거울에서 멀어질수록 상은 작아진다. 볼록거울에 의한 상은 〈그림 4-36〉에서 보는 바와 같다. 상이 얻어지는 과정을 광선추적을 통해 정리하면 다음과 같다.

광선 ① : 광축에 평행하게 입사한 광선은 반사 후 초점에서 나오는 것처럼 진행한다.
광선 ② : 초점을 향해 입사한 광선은 반사 후 광축에 평행하게 진행한다.
광선 ③ : 곡률 중심을 향해 입사한 광선은 반사 후 같은 길을 되돌아간다.

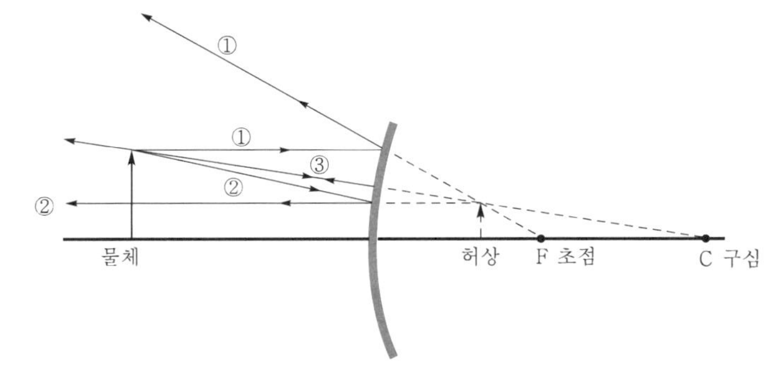

〈그림 4-36〉 **볼록거울에서 광선의 경로**

볼록거울에서 물체까지의 거리 a, 거울에서 상까지의 거리 b, 거울에서 초점까지의 거리 f, 곡률반지름 r을 이해하기 쉽게 나타내면 〈그림 4-37〉과 같다.

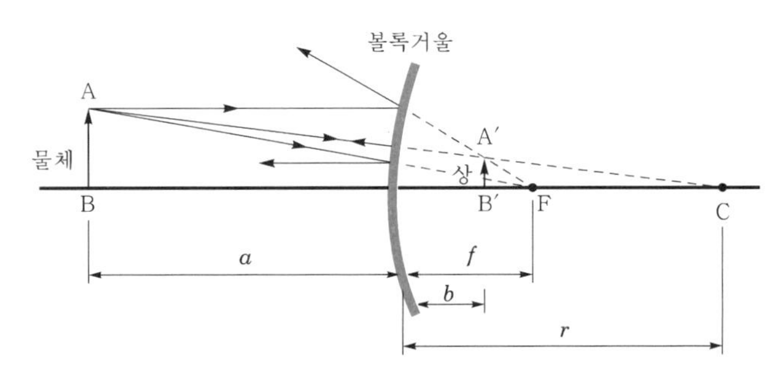

〈그림 4-37〉 **볼록거울에서의 물체거리, 상거리, 초점거리, 곡률반지름**

- 〈그림 4-37〉에서 상은 실물보다 크게 보이는가, 작게 보이는가?

- 상은 정립인가, 도립인가?

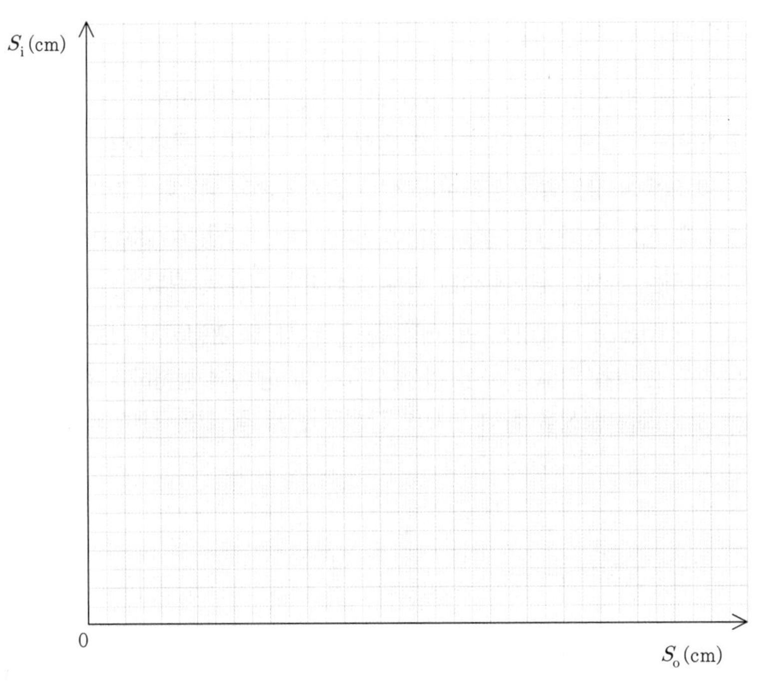

〈그림 4-38〉 $S_i - S_o$의 관계 graph

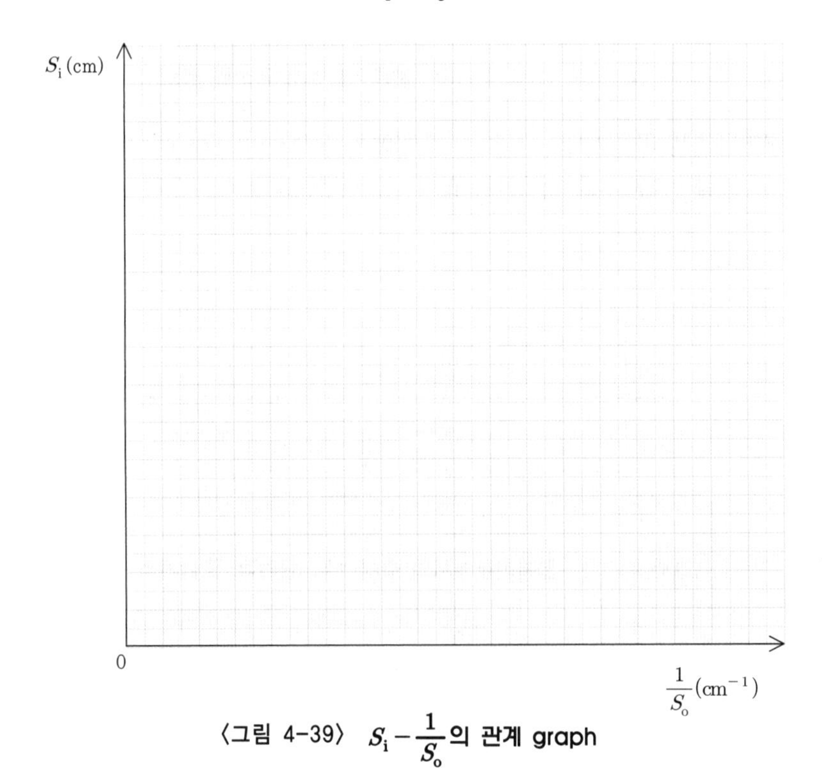

〈그림 4-39〉 $S_i - \frac{1}{S_o}$의 관계 graph

10 빛의 간섭 실험

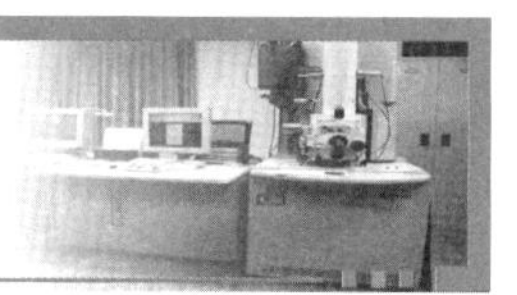

1 목 적

- 단색광을 이중 슬릿에 입사시킬 때 나타나는 간섭무늬를 관찰하고 간섭조건을 찾아 빛의 파동성을 이해한다.
- 간섭조건을 나타내는 식을 이용하여 단색광의 파장을 측정한다.

2 준비물

직선필라멘트 광원 1개, 슬라이드 유리 3장, 마이크로미터 1개, 면도날 2장, 스탠드 1개, 클램프 2개, 자(30 cm) 1개, 줄자 1개, 셀로판 종이(적색, 청색) 2장, 고무밴드 2개, 종이테이프 1롤, 흑연액 1병, He−Ne 레이저 1조, 이중 슬릿(간격 $d \approx 10^{-4}$ m) 1조

3 이 론

두 개의 가간섭성 광원에서 나온 빛은 서로 **간섭(interference, 干涉)**하여 공간상에서 그 에너지가 극대, 극소가 반복되는 간섭무늬를 만든다. 이러한 현상을 이용하여 광원으로부터 나온 빛의 파장을 구할 수 있다.

19세기 영국의 과학자 **토마스 영**(Thomas Young)은 이중 슬릿을 이용하여 스크린상에 밝고 어두운 간섭무늬를 맺게 하여 빛이 간섭한다는 사실을 실험으로 확인하고 빛의 파동성을 입증하였다.

〈그림 4−40〉과 같이 이중 슬릿에 파장이 λ인 단색광을 비추면 슬릿 S_1, S_2에서 회절한 빛이 서로 간섭하여 스크린상에 밝고 어두운 무늬를 만든다. 이때 두

점파원에서 나온 빛의 마루와 마루가 만나는 지점에서는 **보강간섭**이 일어나 밝은 무늬가 생기고, 마루와 골이 만나는 지점에서는 **소멸간섭**이 일어나 어두운 상태가 나타난다.

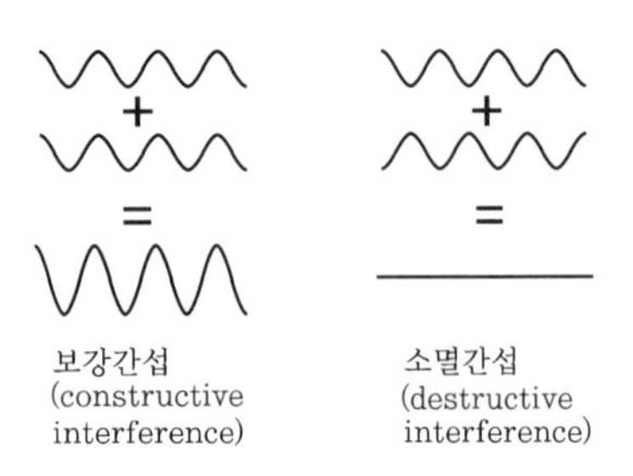

〈그림 4-40〉 **보강간섭과 소멸간섭**

이 실험에서 이중 슬릿 대신에 꼬마전구 2개를 광원으로 사용한다면 꼬마전구에서 나오는 빛의 위상이 다르기 때문에 간섭무늬가 생기지 않는다. 이중 슬릿에서 나오는 빛은 한 광원에서 나온 빛이 같은 거리를 진행해 와서 같은 시각에 두 슬릿을 동시에 통과하기 때문에 위상이 서로 같다. 이와 같이 **위상이 같은 광원에 의해서만 간섭현상이 나타난다**.

이때 슬릿 S_1, S_2 사이의 간격을 d라고 하면 S_1과 S_2를 통과한 두 광선의 광로차(경로차)는 다음과 같다.

$$S_2P - S_1P = S_2A = d\sin\theta = d\frac{x}{L} \quad \cdots\cdots (1)$$

이때 보강간섭과 소멸간섭이 나타날 조건은 다음과 같다.

$$d\frac{x}{L} = 2m \times \frac{\lambda}{2},\ m = 0, 1, 2, 3, \cdots \ (\text{밝은 무늬})$$

$$d\frac{x}{L} = (2m+1) \times \frac{\lambda}{2},\ m = 0, 1, 2, 3, \cdots \ (\text{어두운 무늬}) \quad \cdots\cdots (2)$$

식 (1)과 (2)에서 $d(\mathrm{m})$는 이중 슬릿의 간격이고, $L(\mathrm{m})$은 이중 슬릿에서 스크린까지의 거리, $\lambda(\mathrm{m})$는 단색광원의 파장, $x(\mathrm{m})$는 밝은 무늬에서 밝은 무늬(또는 어두운 무늬에서 어두운 무늬까지)까지의 거리, m은 차수(무늬의 순서)를 나타낸다.

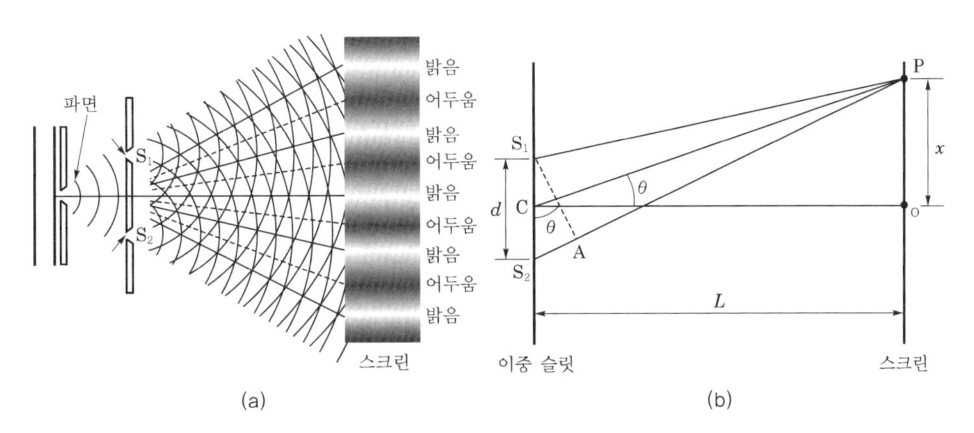

〈그림 4-41〉 Young의 간섭 실험 개략도

식 (1)에서 중앙의 밝은 무늬는 $m=0$인 경우에 해당한다. 중앙 밝은 무늬에서 다음 밝은 무늬까지의 거리를 Δx라고 하면 변수 사이에는 다음 관계가 있다.

$$\lambda = \frac{d\,\Delta x}{L} \quad \cdots\cdots (3)$$

이 식에서 Δx, L, d를 측정하면 광원의 파장을 구할 수 있다.

즉, 빛의 파장 λ는 슬릿에서 간섭무늬까지의 거리 L과 간섭무늬 사이의 거리 Δx를 측정하면 구할 수 있다. Δx가 큰 간섭무늬를 만들려면 두 슬릿 사이의 간격이 작을수록, 슬릿에서 스크린까지의 거리가 멀수록 좋다. 그러나 슬릿의 간격을 아주 좁게 하는 것은 기술적으로 어려우며, 또 슬릿과 스크린 사이를 무조건 멀리할 수도 없다.

빛의 간섭 실험은 '**Young의 이중 슬릿에 의한 간섭 실험**'이라고 부른다.

4 실험방법 및 결과

1) 이중 슬릿 만들기

- 슬라이드 유리 위에 흑연액을 균일하게 칠하여 말린 다음 〈그림 4-42〉와 같이 면도날 2장을 겹쳐서 꼭 잡고 줄을 그어 이중 슬릿을 2~3개 만들자.

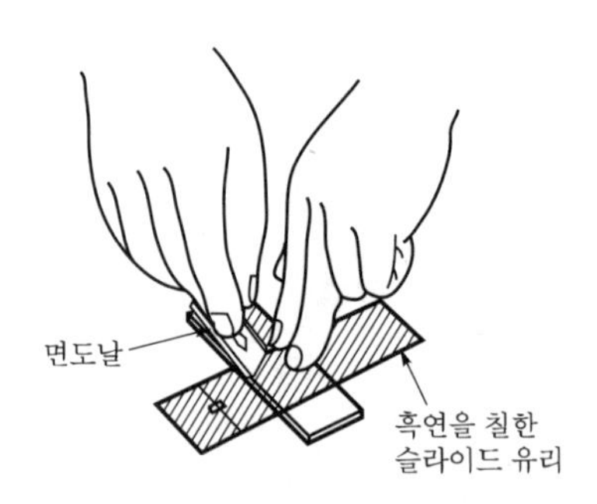

〈그림 4-42〉 **이중 슬릿 제작방법**

- 이중 슬릿의 간격을 알려면 어떻게 하면 되는가?

- 이중 슬릿의 간격 d는 몇 m인가?

- 빛의 간섭무늬를 만들 때 슬릿 간격이 좁을수록, 또 슬릿에서 스크린까지의 거리를 멀리할수록 좋은 이유는 무엇인가?

- 슬릿에서 스크린 사이의 거리를 매우 멀리할 수 없는 이유는 무엇인가?

2) 이중 슬릿과 단일 슬릿의 간섭무늬 비교

■ 이중 슬릿에서 1개의 슬릿을 종이로 막고 슬릿 하나만으로 직선 필라멘트 광원을 보자(면도날 1장으로 금을 그어 단일 슬릿을 만들어 관찰해도 좋다).
이때 직선 필라멘트 광원은 복합광으로 여러 색이 혼합되어 있어 여러 종류의 간섭무늬가 나타나 보강간섭과 소멸간섭을 정확하게 관찰할 수 없다. 따라서 단색광이 필요하다. 단색광을 얻기 위해 직선 필라멘트 광원을 적색(또는 청색) 셀로판 종이로 감싼 후 실험한다.

- 이중 슬릿으로 볼 때와 단일 슬릿으로 볼 때 무늬의 모양과 밝기가 어떻게 다른지 그림으로 그려보자.

3) 이중 슬릿에 의한 간섭무늬 찾기

■ 〈그림 4-43〉과 같이 30 cm 자를 수평이 되게 클램프로 고정하고, 그 아래에 직선 필라멘트 전구를 설치하자. 적색 셀로판 종이로 직선 필라멘트 광원을 감싼 후 전구에서 2 m 정도 떨어진 곳에서 이중 슬릿을 통해 전구에서 나오는 빛을 관찰하자.

〈그림 4-43〉 이중 슬릿으로 간섭무늬를 관찰하는 모습

- 이때 나타나는 간섭무늬 간격은 모두 같은가?

- 밝은 무늬는 어떤 색을 띠는가?

■ 전구의 위쪽 반은 적색 셀로판 종이로 감싸고, 아래쪽 반은 청색 셀로판 종이로 감싼 다음 이중 슬릿으로 간섭무늬를 관찰하자.

- 적색광에 의한 간섭무늬와 청색광에 의한 간섭무늬를 비교하면 어떤 차이점이 있는가?

■ 이중 슬릿으로는 적색광에 의한 간섭무늬를 보고, 네모난 창으로는 30 cm 자를 볼 수 있도록 시선을 조절하여 간섭무늬와 자를 동시에 관찰하자. 30 cm 자에 감아 놓은 종이테이프를 간섭무늬가 선명한 부분의 양끝에 놓이도록 하고 종이테이프 사이에 있는 밝은 무늬의 수를 세어라. 그리고 종이테이프 사이의 간격을 측정하여 밝은 무늬 사이의 간격을 구하고 슬릿에서 스크린(30 cm 자)까지의 거리를 측정하자.

- 두 종이테이프 사이의 간격은 몇 m인가?

- 두 종이테이프 사이에 있는 간섭무늬 사이의 간격이 일정하다고 가정해도 좋은가?

- 슬릿에서 스크린까지의 거리 L은 몇 m인가?

- 두 종이테이프 사이에 있는 밝은 무늬는 몇 개인가?

- 간섭무늬 사이의 간격 Δx는 몇 m인가?

- 적색광의 파장 λ는 몇 m인가?

■ 이와 같은 방법으로 3회 이상 측정을 반복한 결과를 다음 표에 기록하자. 또 청색광에 대해서도 실험하여 그 결과를 다음 표에 기록하고, 적색광과 청색광의 파장 평균값을 구해 보자.

구 분		이중 슬릿의 간격 d(m)	간섭무늬의 간격 Δx(m)	슬릿에서 스크린까지의 거리 L(m)	파장 $\lambda=\frac{d}{L}\Delta x$(m)
적색광	1				
	2				
	3				
	평 균				
청색광	1				
	2				
	3				
	평 균				

- 적색광의 파장은 몇 m인가?

- 청색광의 파장은 몇 m인가?

- 간섭무늬의 간격과 파장 사이에는 어떤 관계가 있다고 말할 수 있는가?

- 이중 슬릿(슬라이드 유리)의 시선에 대한 각이 90°가 아니고 30°가 되도록 옆으로 돌리면 간섭무늬는 어떻게 되는가? 이것을 어떻게 설명하면 되겠는가?

- 이 실험에서 간섭무늬 사이의 간격을 넓게 하기 위한 방법을 말해보자. 이들의 방법을 이용하는 데 어려운 점은 무엇인가?

11 Laser를 이용한 광학 실험

I. 단일 슬릿에 의한 회절

1 목 적

- 단일 슬릿에 레이저광을 입사시킬 때 나타나는 회절광의 간섭무늬를 관찰하고, 빛의 파동성을 이해한다.
- 회절된 광원에 의한 간섭무늬의 조건을 이용하여 사용한 레이저광의 파장을 측정한다.

2 준비물

레이저(He−Ne, 1 mW) 1개, 레이저용 광학대 1개, 단일 슬릿, 스크린, 줄자, 자(30 cm) 1개

3 이 론

레이저(Light Amplification by Stimulated Emission of Radiation ; LASER)광은 단색성과 직진성이 뛰어나고, 공간 및 시간 간섭성이 매우 좋으며 빛살의 폭이 매우 작다. 이러한 특성 때문에 대부분의 기하광학과 파동광학 실험의 광원으로 이용된다.

실험실에서는 균일한 고품질의 빛살을 얻을 수 있는 기체 레이저가 많이 사용되는데, 흔히 가시광원으로 쓰이는 레이저는 He−Ne 레이저(파장 632.8 nm)이며,

요구되는 파장이나 출력에 따라 He－Cd 레이저(442 nm, 325 nm)나 Argon ion 레이저(파장 514.5 nm, 488.0 nm, 476.5 nm, 496.5 nm 등)도 많이 쓰인다.

레이저를 고급 실험에 사용할 때에는 레이저 발진기에서 나오는 빛을 굴절시키고, 빛살의 폭을 넓히거나 좁히고, 혼합·분할·변조시켜 사용한다.
너비가 d인 단일 슬릿을 통과한 회절된 광원의 간섭무늬가 나타날 조건은 다음과 같다.

$$d\sin\theta_{\text{어두운 무늬}} = m\lambda \quad (m = \pm 1, \pm 2, \pm 3, \cdots\cdots) \quad (1)$$

$$d\sin\theta_{\text{밝은 무늬}} = \left(m + \frac{1}{2}\right)\lambda \quad (m = \pm 1, \pm 2, \pm 3, \cdots\cdots) \quad (2)$$

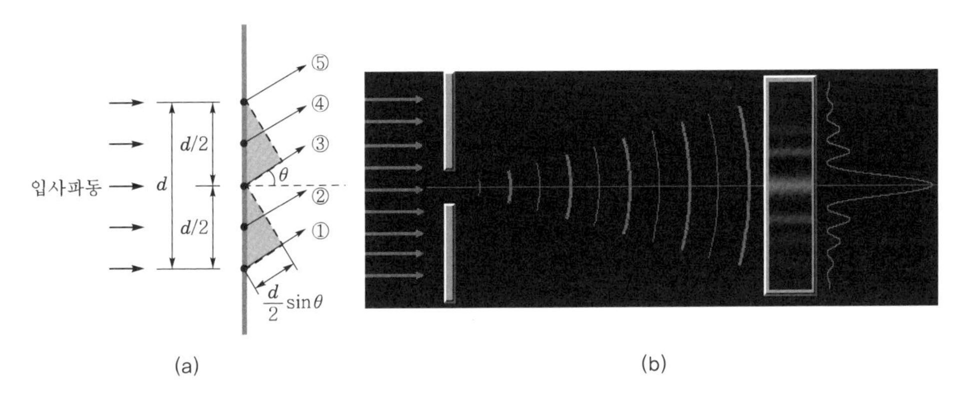

〈그림 4-44〉 단일 슬릿에 의한 빛의 회절

〈그림 4-44〉는 너비가 d인 단일 슬릿을 통과한 광선이 스크린을 향해 θ의 각도로 회절하는 광선의 경로(그림은 실제 비율과 다름)를 나타낸 것으로, 슬릿에 표시되어 있는 슬릿 간격을 이용하든지, 유동 현미경으로 슬릿의 폭을 측정한다면 레이저광의 파장을 알 수 있다.

4 실험방법 및 결과

〈그림 4-45〉와 같이 평행광선을 폭이 좁은 단일 슬릿에 비추면 슬릿에서 어느 정도 떨어진 스크린에 매우 밝은 회절무늬가 생기고, 밝은 무늬 양쪽으로 밝고 어두운 무늬가 교차하여 나타나는 것을 볼 수 있다.

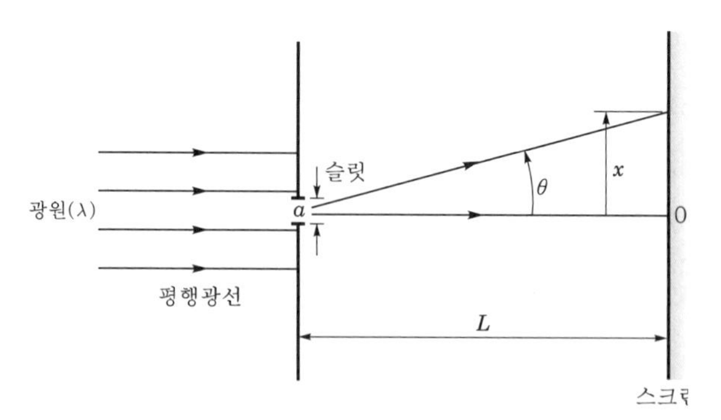

〈그림 4-45〉 **단일 슬릿에 의한 회절현상을 나타내는 개략도**

- 광학대 위에 레이저 광원을 설치하고 레이저광이 진행하는 경로에 필름(film)으로 만든 단일 슬릿을 수직으로 세우자. 슬릿에서 2 m 정도 떨어진 곳에 자가 그려 있는 스크린을 세운 다음 레이저광을 슬릿에 수직으로 비추자.

  - 스크린에 회절무늬가 생기는가? 회절무늬가 생기는 원인을 설명해 보자.

- 회절무늬 사이의 간격을 정확히 측정해 보자.

  - 회절무늬 사이의 간격은 일정한가?

  - 밝은 무늬들의 휘도(밝기)는 일정한가?

  - 〈그림 4-46〉에 회절무늬의 위치에 따른 상대적 휘도를 나타내 보자.

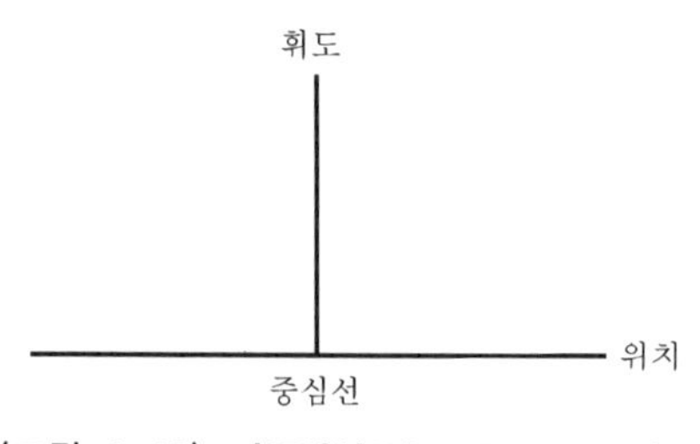

〈그림 4-46〉 **회절위치에 따른 상대적 휘도**

■ 단일 슬릿에 의한 회절에서 어두운 무늬가 나타날 조건을 이용하여 광원으로 사용된 레이저의 파장을 측정해 보자.

- 레이저광의 파장을 구하려면 식 (1)을 어떻게 바꾸면 되는가?

- 단일 슬릿의 간격 d 는 몇 m인가?

- 슬릿에서 스크린까지의 거리 L 은 몇 m인가?

- 중앙에서 첫 번째 어두운 무늬($m=1$)까지 거리 Δx는 몇 m인가?

- 이 실험에 사용한 레이저광의 파장 λ 는 몇 m인가?

II. 이중 슬릿을 이용한 레이저광의 파장 측정

1 목 적

이중 슬릿에 레이저광을 입사시킬 때 나타나는 회절광의 간섭무늬를 관찰하고, 레이저광의 파장을 측정한다.

2 준비물

레이저(He−Ne, 1 mW) 1개, 레이저용 광학대 1개, 이중 슬릿, 스크린, 자(30 cm) 1개, 줄자

3 이 론

〈그림 4-47〉과 같이 이중 슬릿에 레이저광을 비추면 슬릿 S_1, S_2에서 회절한 빛이 서로 간섭하여 스크린상에 밝고 어두운 무늬를 만들게 된다. 앞의 10장에서 증명한 것과 같이 스크린에 나타난 간섭무늬의 조건은 두 광선의 광로차에 의해서 나타난다. 이때 간섭무늬의 간격을 Δx, 슬릿과 스크린 사이의 거리를 L, 두 슬릿 사이의 간격을 d라고 하면 실험에 사용한 레이저광의 파장 λ를 다음 식에 의해 구할 수 있다.

$$\lambda = \frac{d\Delta x}{L} \quad \cdots\cdots (3)$$

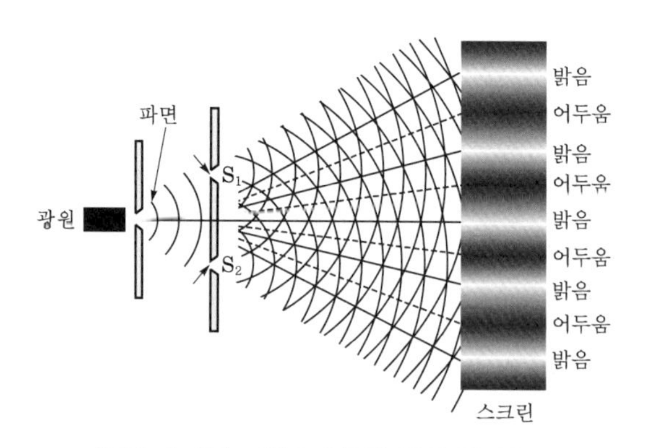

〈그림 4-47〉 이중 슬릿에 의한 간섭무늬

4 실험방법 및 결과

- 광학대 위에 레이저 광원을 설치하고 레이저광이 진행하는 경로상에 이중 슬릿을 수직으로 세우자. 슬릿에서 2 m 정도 떨어진 곳에 자가 그려 있는 스크린을 세운 다음 레이저광을 슬릿에 수직으로 비췄을 때 간섭무늬 사이의 간격을 확인하고 레이저광의 파장을 구하자.

  - 이중 슬릿의 간격 d는 몇 m인가?

- 슬릿에서 스크린까지의 거리 L 은 몇 m인가?

- 간섭무늬 사이의 간격 Δx 는 몇 m인가?

- 이 실험에 사용한 레이저광의 파장 λ 는 몇 m인가?

- 레이저광의 파장을 단일 슬릿에 의한 방법으로 구한 값과 비교해 보자.

III. 회절격자를 이용한 레이저광의 파장 측정

1 목 적

회절격자에 레이저광을 입사시킬 때 나타나는 회절광의 간섭무늬를 관찰하고, 이 때 사용된 레이저광의 파장을 측정한다.

2 준비물

레이저 (He−Ne, 1 mW) 1개, 레이저용 광학대 1개, 회절격자, 스크린, 줄자

3 이 론

투명한 평면유리나 플라스틱 판에 1 cm당 약 3000 ~ 20000개 정도의 가는 줄을 일정한 간격으로 평행하게 그어 놓은 것을 **회절격자**(diffraction grating, 回折格子)라 하고, 그어진 줄과 줄 사이의 간격 d를 **격자상수**라고 한다. 예를 들어 4000홈/1 cm를 가진 회절격자의 슬릿 간격은 $d = (1/4000)\ \mathrm{cm} = 2.5 \times 10^{-4}\ \mathrm{cm}$이다.

회절격자에 대한 분석은 Young의 이중 슬릿 실험의 분석과 유사하다. 〈그림 4-48〉과 같이 평행광선들이 회절격자에 입사되고, 슬릿의 폭이 좁기 때문에 각각의 슬릿은 격자 뒤의 먼 곳에 있는 스크린을 넓은 각도로 비추어 준다고 가정하자. 각각의 슬릿에서 직진하는($\theta = 0$) 빛들은 서로 보강간섭을 일으켜 스크린의 중앙에 밝은 점을 만들게 된다.

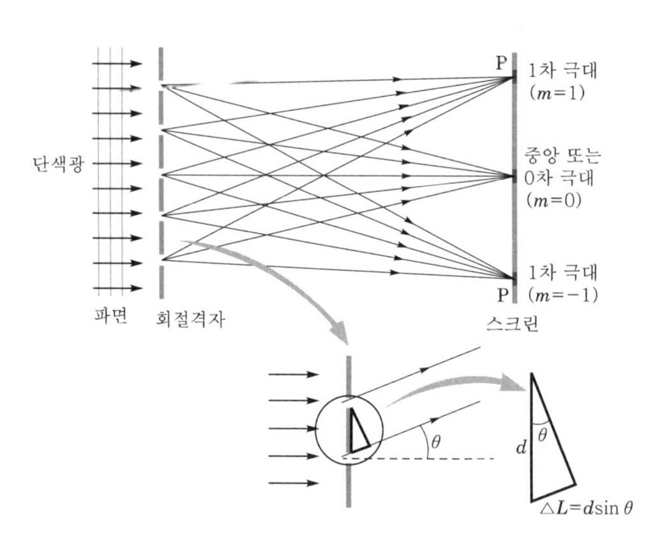

〈그림 4-48〉 **회절격자를 통과한 단색광의 간섭무늬 형성원리**

〈그림 4-48〉은 평면형 회절격자에 의해 간섭무늬가 형성되는 원리이다. 평면파가 회절격자의 왼쪽에서 격자면에 수직으로 입사하면 스크린상의 회절무늬의 세기는 간섭과 회절의 복합적인 결과로 나타난다. 각 슬릿은 회절을 일으키고, 이 회절된 광선은 다른 회절된 광선과 간섭무늬를 일으킨다. 이때 각 슬릿은 광선의 광원역할을 한다. 모든 광선은 슬릿에서 위상이 일치된 상태

로 떠난다. 그러나 수평선에서 측정한 임의의 각도 θ 로 슬릿을 떠난 빛들은 스크린상의 특정한 점 P에 도달하기 전에 서로 다른 경로를 진행한다. 〈그림 4－48〉의 아래쪽 그림을 보면 인접한 두 슬릿에서 나온 광파들 사이의 경로차는 $d\sin\theta$ 이다(스크린까지의 거리 L 이 d 보다 훨씬 크다고 가정하자). 이 경로차가 파장과 같거나 파장의 정수배라면, 모든 슬릿에서 나오는 광선들은 점 P에서 위상이 같게 되고 밝은 무늬가 관찰된다. 따라서 각도 θ 에 대한 간섭무늬의 극대조건, 즉 밝은 무늬가 나타나는 조건은 다음과 같다.

$$d\sin\theta_{\text{밝은 무늬}} = m\lambda \quad (m = 0, \pm 1, \pm 2, \cdots\cdots) \qquad (4)$$

4 실험방법 및 결과

- 격자상수(격자 홈 사이의 간격)를 알고 있는 회절격자에 레이저광을 비추고 $m=1$인 경우 간섭무늬의 위치를 측정하여 레이저광의 파장을 구하자.

  - 회절격자의 간격 d 는 몇 m인가?

  - $m=1$ 인 경우 회절각 θ 는 얼마인가?

  - 레이저광의 파장 λ 는 몇 m 인가?

  - 레이저광의 파장을 앞서 실험한 두 경우(단일 슬릿과 이중 슬릿)와 비교해 보자.

Ⅳ. 유리의 굴절률 측정

1 목 적

유리판에서의 다중 반사를 이용하여 유리판의 굴절률을 측정한다.

2 준비물

레이저 (He－Ne, 1 mW) 1개, 레이저용 광학대 2개, 유리판(두께 5 mm 정도) 2개, 마이크로미터 1개, 스크린, 각도기

3 이 론

〈그림 4－49〉와 같이 두꺼운 유리판에 레이저를 비추면 다중 반사되어 나오는 반사광을 볼 수 있다. 이때 유리판의 두께를 d, 굴절률을 n 이라 하고, 스넬의 법칙과 간단한 삼각함수를 이용하면 인접한 두 반사광선 사이의 거리 a 를 다음과 같이 나타낼 수 있다.

$$a = \frac{2d\sin\alpha\cos\alpha}{(n^2 - \sin^2\alpha)^{1/2}} \qquad (5)$$

여기서, α 는 입사각이다. 따라서 유리판의 두께와 반사광선 사이의 거리를 측정하면 유리의 굴절률 n 을 구할 수 있다. 여기서는 식 (5)의 유도는 생략한다(필요시 광학책 참조).

4 실험방법 및 결과

■ 유리판의 두께를 마이크로미터로 정확히 측정하자. 그 다음에 광학대 위에 회전시킬 수 있는 받침대를 올려놓고 그 위에 유리판을 수직으로 세워 고정시키자. 레이저광을 유리판에 적당한 입사각 α 로 비추고, 다중 반사되어 나오는 처음 2개의 반사광선 사이의 거리 a 를 측정하자.

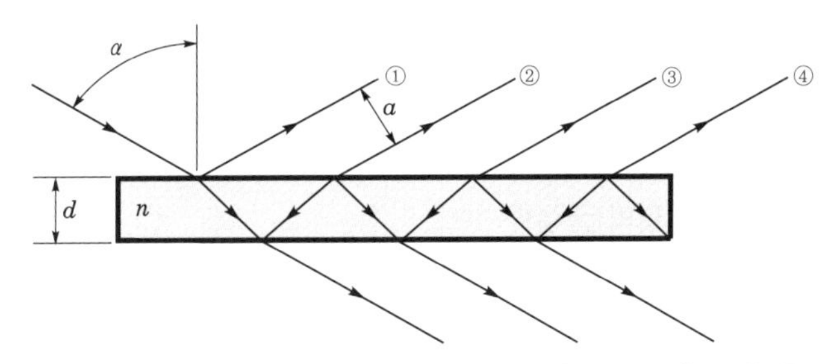

〈그림 4-49〉 **유리 표면에서 다중 반사가 일어날 때의 개략도**

• 유리판의 두께 d 는 몇 m인가?

• 입사각 α 는 얼마인가?

• 처음 두 반사광선 사이(①과 ②)의 수직거리 a 는 몇 m인가?

• 유리의 굴절률 n 은 얼마인가?

■ 입사각을 변화시키면서 측정을 반복해 그 결과를 다음 표에 기록하고 굴절률의 평균을 구하라. 또 시료를 바꾸어서 측정하고 시료의 굴절률을 구하자.

측정횟수	시료 Ⅰ(　　　)				시료 Ⅱ(　　　)			
	α	d	a	n	α	d	a	n
1회								
2회								
3회								
평 균								

※ 몇 가지 물질의 굴절률

물 질	굴절률	물 질	굴절률	물 질	굴절률
공 기	1.000276	Fused quartz	1.458	Crown glass	1.515
물	1.3333	Plexiglass	1.49	Flint glass	1.57~1.88

12 빛의 산란

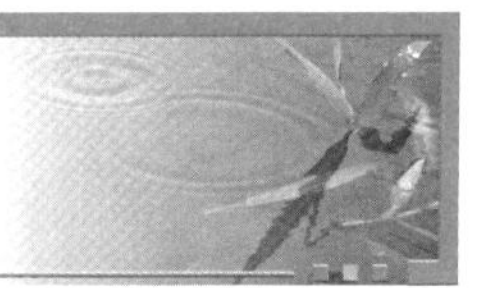

1 목 적

빛의 산란현상을 정성적으로 관찰하고 빛의 산란을 이해한다.

2 준비물

플라스틱 투명 사각수조(60 cm×30 cm×30 cm) 1개, 백색 광원(환등기, 손전등, 랜턴 등) 1대, 탈지분유, 스크린, 비커(1000 mL)

3 이 론

하늘은 왜 푸르게 보이는지 또 저녁노을이 붉은 이유는 무엇인가? 태양으로부터 오는 빛은 지구 대기 중의 입자들에 의하여 산란된 다음 우리 눈에 들어온다. 대기 중의 입자들은 **광학적 소리굽쇠**라고 볼 수 있는데 입자가 작을수록 고유 진동수가 커진다. 대기의 대부분은 질소와 산소 분자가 차지하는데 이들 분자는 자외선 정도의 고유 진동수를 가지는 매우 작은 공명입자이다.

Rayleigh 산란 강도는 $1/\lambda^4$에 비례하므로 보랏빛은 대기 중의 공명입자에 의해 푸른빛보다 더 많이 산란되지만, 사람의 눈이 보랏빛에 둔감하기 때문에 다음으로 많이 산란되는 푸른색으로 보이게 된다.

〈그림 4−50〉에서 A는 정오 무렵 머리 위에 있는 태양을 바라볼 때 공기층의 두께이고, B는 저녁에 서산을 넘어가는 태양을 바라볼 때 공기층의 두께이다. 저녁 무렵이 정오일 때보다 태양광선이 대기 중을 통과하는 거리가 길므로 푸른

빛과 보랏빛은 산란되어 없어지고 사람의 눈에는 노란색에서부터 주황색, 붉은색의 순서로 보이게 된다.

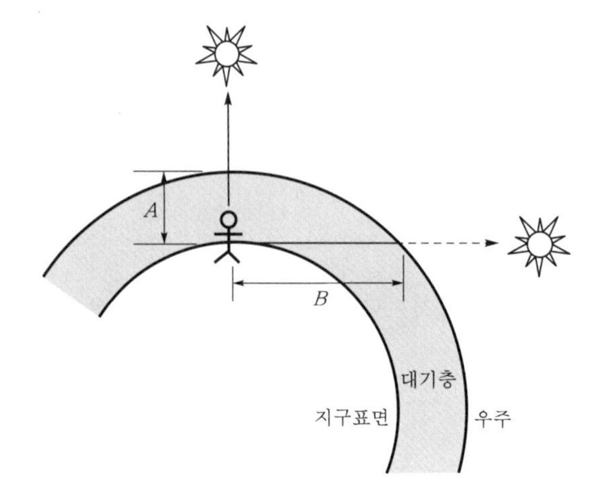

〈그림 4-50〉 **대기에 의한 빛의 산란**

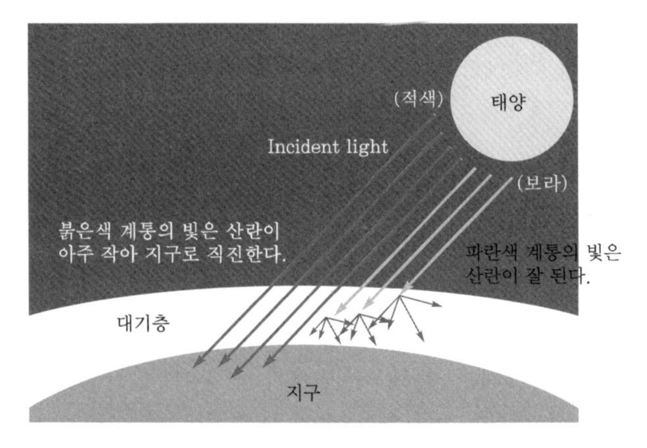

〈그림 4-51〉 **태양으로부터 오는 빛 중에서 파란색 계통은 산란이 잘 되고, 붉은색 계통은 산란이 작아 지구에 많이 도달한다.**

4 실험방법 및 결과

- 〈그림 4-52〉와 같이 플라스틱 투명 사각수조에 증류수를 2/3 정도 채운 다음 탈지 분유를 적당량 넣어서 엷은 현탁액을 만들자. 암실에서 용기의 한쪽에 백색광원을 놓고 다른 쪽에는 스크린을 세우자.

환등기를 켜서 현탁액이 들어 있는 용기를 비추고 수조를 통과해 나오는 빛을 관찰하자.

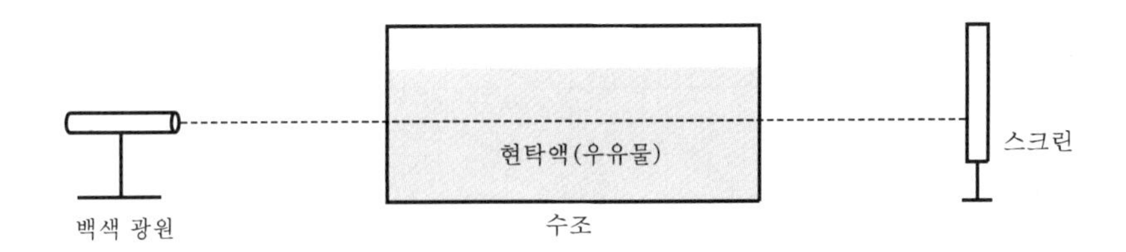

〈그림 4-52〉 **빛의 산란현상에 대한 정성적 실험**

- 현탁액이 들어 있는 수조를 지나온 빛은 어떤 색깔인가? 그 이유를 설명해 보자.

- 빛의 진행방향과 90°를 이루는 각도에서 수조를 보아라. 빛은 어떤 색깔인가? 스크린에 나타난 색깔과 다른 이유를 설명해 보자.

- 현탁액의 농도를 바꾸어서 실험을 되풀이해 보자. 결과는 같은가?

- 높은 산이나 달에서 하늘을 보면 무슨 색으로 보이겠는가? 그 이유를 설명해 보자.

13 빛의 편광과 Brewster각 측정

I. 빛의 편광현상

1 목 적

- 빛의 편광현상을 이해한다.
- 브르스터의 법칙을 이해하고 브르스터각을 측정한다.

2 준비물

He−Ne 레이저 1대, 레이저용 광학대 1대, 폴라로이드 편광자 2개, 포토다이오드 1개, 저항 1개, 전류계(mA) 또는 멀티테스터

3 이 론

빛은 횡파로서, 진행방향에 수직한 면을 따라 진동한다. 편광되지 않은 빛은 이 수직면상의 모든 방향으로 진동하지만 편광자를 사용하면 편광방향을 선택할 수 있다. 편광자의 종류에는 결정을 이용한 프리즘 편광자, 요오드를 포함하는 유기 화합물로 된 폴라로이드 판 등이 있다. 빛의 편광현상을 조사할 때 앞쪽에 위치하는 편광판을 **편광자**(Polarizer), 두 번째 편광판을 **검광자**(Analyer)라고 한다.

편광되지 않은 빛이 편광자를 통과하면 빛의 강도는 처음에 입사하는 빛 강도의 1/2 이 된다. 한편 입사강도 I_0 의 편광된 빛이 그 편광축과 θ 를 이루는 편광자를 통과하면 투과강도 $I(\theta)$는 다음과 같다.

$$I(\theta) = I_0 \cos^2\theta \quad \cdots\cdots (1)$$

이 관계를 **말뤼스의 법칙(Malus's law)**이라 한다.

일반적으로 광선은 여러 편광방향을 갖는 광자의 집합이다. 편광자를 돌려가면서 통과한 후 빛의 강도를 측정했을 때 가장 강한 강도를 I_P, 가장 약한 강도를 I_S 라 하면 투과 전 광원의 편광도 P 는 다음과 같이 정의한다.

$$P = \frac{I_P - I_S}{I_P + I_S} \quad \cdots\cdots (2)$$

유리판 등의 물체에 빛이 입사하면 일부는 투과하고, 일부는 반사한다. 일정방향으로 편광된 빛이 입사할 때 반사율은 입사각에 따라 다르며, 이 반사율의 입사각 의존성은 편광방향에 따라 다르다.

4 실험방법 및 결과

편광되지 않은 레이저 광원을 편광자에 통과시켜 직선편광으로 만들고, 이 빛을 검광자를 통해 수광하여 편광자의 특성을 측정해보자. 또한, 편광되지 않은 레이저 빛을 유리면에서 반사시켜 반사광의 편광을 조사하여 입사각(반사각)에 따라 반사광의 편광이 다름을 조사해 보자.

- 〈그림 4-53〉과 같이 레이저, 편광자 P, 검광자 A를 일직선으로 배치하고 눈금 0° 가 일치하도록 조정하자. 레이저 광선이 편광자의 중심 부근을 통과하는지를 편광자와 검광자 사이에 종이 등을 넣어 확인하자. 검광자를 나온 레이저 광선의 경로상에 Photo diode를 설치하고 전류계와 저항을 연결하자. 편광자 P를 고정하고, 검광자 A를 −10° 부터 10° 단위로 100° 까지 돌려가면서 광전류를 기록하자.

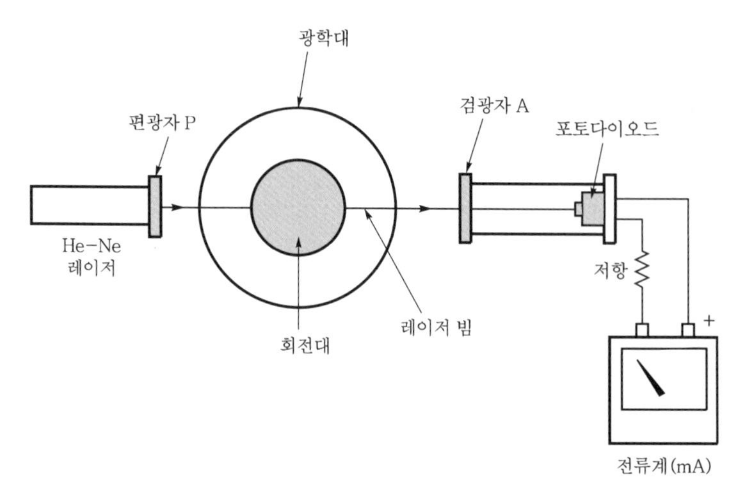

〈그림 4-53〉 Malus의 법칙과 편광도 측정 실험장치 배치도

- 광전류가 최대로 되는 것은 검광자의 각도가 몇 도일 때인가?

- 임의의 각도 θ 일 때의 광전류를 $I(\theta)$라 하고, $\theta=0$일 때의 광전류를 $I(0)$이라고 할 때 $I(\theta)$와 $I(0)$ 사이의 관계를 θ 를 써서 표시해 보자.

- 검광자를 제거하고 편광자를 한 바퀴 돌려가면서 광전류의 최대값과 최소값을 기록해 보자. 이로부터 실험에 사용한 레이저의 편광도를 구해 보자.

- 편광된 광원과 편광되지 않은 광원을 구분할 수 있는 방법을 조사해 보자.

* 주의 : 레이저 광선이 눈에 직접 들어가면 대단히 위험하므로 레이저 광선이 나오는 출사구를 절대 들여다 보아서는 안 된다. 또한, 레이저 광선이 다른 학생에게 향하지 않도록 각별히 주의하여야 한다.

II. 브르스터각 측정

1 목 적

빛이 매질의 경계면에서 반사할 때 반사광이 완전히 편광되는 입사각을 찾는다.

2 준비물

He－Ne 레이저 1대, 레이저용 광학대 1대, 거울 1개, 마이크로미터 1개, 편광판 1조

3 이 론

빛은 횡파로서, 다른 전자기 복사와 마찬가지로 진행방향에 수직인 면을 따라 진동한다. 편광되지 않은 빛은 이 수직면상의 모든 방향으로 진동한다. 그러나 빛이 매질을 통과하거나 매질에서 반사·산란·굴절되었을 때 한 방향으로만 진동하는 경우가 있다. 이때 이 빛은 편광되었다고 하며, 그 진동방향을 편광방향이라고 한다. 광학에서는 편광방향으로 전기장의 방향을 잡는 것이 관습이다. 여기서는 반사에 의한 편광만을 살펴보자.

유전체의 표면에 빛을 비추면 빛의 일부는 유전체 속으로 굴절되어 진행하고 일부는 표면에서 반사하는데, 이때 반사된 빛은 부분적으로 편광된다. 그러나 〈그림 4－54〉와 같이 굴절각과 반사각의 합이 90°인 경우에 반사광은 완전히 편광된다. 이때의 입사각을 i_P라 하고, 매질 1과 매질 2의 굴절률을 각각 n_1, n_2라 하면 다음의 관계가 성립한다.

$$\frac{n_2}{n_1} = \frac{\sin i_P}{\sin r_P} = \frac{\sin i_P}{\sin(90° - i_P)} = \frac{\sin i_P}{\cos i_P} = \tan i_P \qquad (3)$$

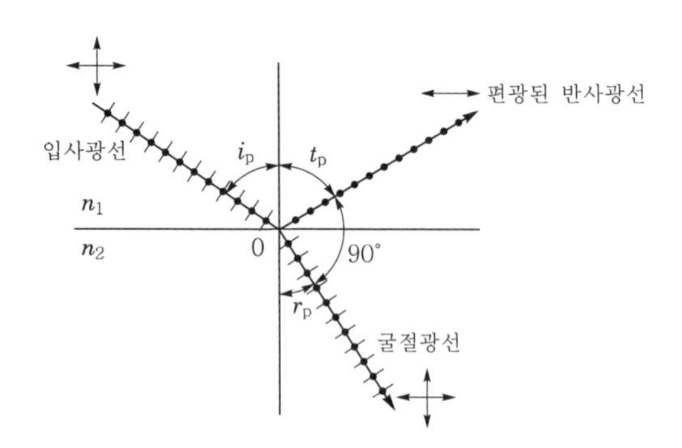

〈그림 4-54〉 **브르스터 법칙이 만족될 때 편광되는 반사광**

$$\tan i_P = \frac{n_2}{n_1} \qquad (4)$$

이 관계를 **브르스터(Brewster)의 법칙**이라고 하며, i_P를 **브르스터각**이라 한다. 반사광이 완전히 편광된 경우에는 검광자의 편광축이 반사광의 편광방향과 수직이 될 때 검광자를 통과하여 나오는 빛은 완전히 차단된다.

4 실험방법 및 결과

- 레이저 광원을 광학대 위에 올려놓자. 레이저광의 진행방향에 편광판을 놓고 돌려서 레이저광이 편광되었는지 확인하자(레이저 중 일부는 빛이 나올 때 이미 편광되도록 된 것도 있다). 나오는 빛의 세기가 편광자의 각도에 따라 변화가 없으면 편광되지 않은 것이다.

  레이저광이 편광되지 않은 것을 확인하였으면 회전시킬 수 있는 받침대를 광학대 위에 올려놓고, 그 위에 유리거울을 수직으로 세워 고정시키자. 레이저로 거울 표면을 비추면서 반사광이 나오는 경로에 검광자(analyzer)로 편광판을 놓고, 검광자를 돌려서 반사광이 편광되는지 관찰하자. 거울을 올려 놓은 받침대를 돌려서 입사각을 변화시켜 가면서 검광자로 반사광이 편광되는 입사각을 찾아보자.

- 반사광이 완전히 편광될 때의 입사각 i_P는 몇 도인가?

- 브르스터의 법칙에서 시료의 굴절률을 구할 수 있는가? 측정결과를 이용하여 유리의 굴절률 n_2를 구해 보자.

■ 다른 유전체 시료에 대하여 브르스터각을 측정하고 그 굴절률을 구해 보자.

14 Michelson 간섭계

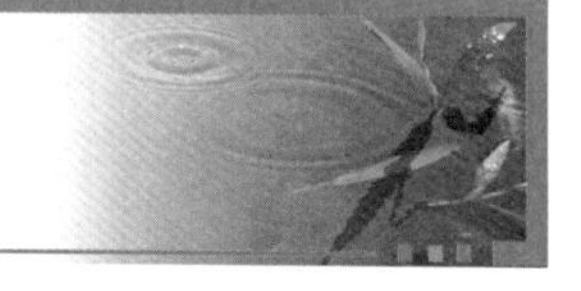

1 목 적

- Michelson 간섭계로 간섭무늬를 만들어 빛의 파동성을 이해한다.
- 경로차에 따른 간섭무늬의 변화를 이용하여 광원의 파장과 투명물체의 굴절률 또는 두께, 기체의 굴절률 등을 구한다.

2 준비물

레이저(He-Ne, 1 mW) 1개, Michelson 간섭계 1개, 스크린

3 이 론

간섭계는 일반적으로 파면분리, 진폭분리, 진동면분리 등의 다양한 방법으로 빛살을 2개 이상으로 나누고, 각각 다른 경로를 거치게 한 다음 재결합시켜서 생긴 간섭무늬를 이용하는 기기이다. **Michelson 간섭계**(Michelson interferometer)에서는 빛살분할기(beam splitter)를 사용하여 광원에서 나온 빛을 2개로 나누고(진폭분리), 나누어진 두 빛살이 서로 수직한 다른 경로를 진행한 후 다시 결합하여 간섭무늬를 만든다. Michelson 간섭계는 처음에 에테르의 존재 여부를 확인하기 위해 고안되었으나 빛의 파장 측정, 미세한 거리의 측정, 기체의 굴절률 측정, 증착면의 두께 측정 등에 널리 활용되고 있다.

〈그림 4-55〉는 Michelson 간섭계이다. 간섭계는 빛살분할기, 고정거울, 가동거울, 보상판, 스크린, 레이저, 빛살을 넓히기 위한 렌즈로 구성되어 있다. 빛살

분할기에서 거울 M_1 까지의 거리와 M_2 까지의 거리가 d 만큼 차이가 난다면, 재결합 시 두 빛살 사이의 광로차는 $2d$ 가 된다. 보강간섭이 이루어지려면 경로차 Δ 와 파장 사이에는 다음과 같은 관계가 있어야 한다.

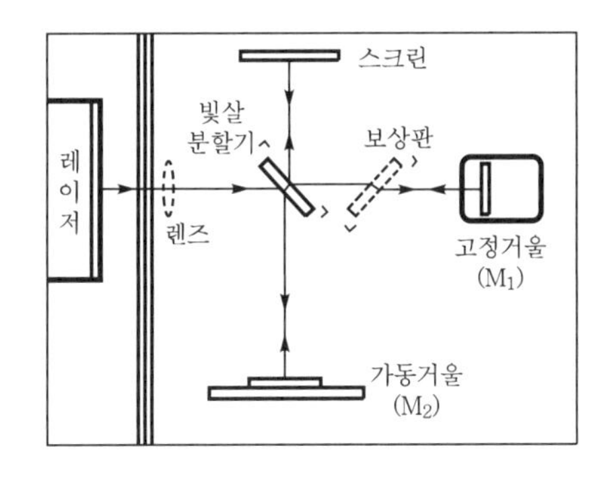

〈그림 4-55〉 Michelson 간섭계

$$2d = m\lambda \quad \cdots\cdots (1)$$

이 조건은 한 거울이 $\lambda/2$ 만큼 이동할 때마다 만족된다. 여기서, m 은 무늬의 차수이다. 따라서 하나의 거울이 Δd 만큼 움직이면 무늬 중심을 지나는 무늬의 수는 다음과 같다.

$$\Delta m = \frac{2\Delta d}{\lambda} \quad \cdots\cdots (2)$$

따라서 가동거울을 Δd 만큼 움직이면서 변하는 무늬의 수(무늬 중심에서 새로 생겨 나오거나 없어지는 무늬의 수)를 세면 사용한 빛의 파장을 구할 수 있다.

4 실험방법 및 결과

■ 간섭계를 〈그림 4-55〉와 같이 설치하고 광원쪽에 레이저를 놓는다. 레이저의 스위치를 올린 다음 스크린에 나타난 점을 관찰해 보자.

- 점은 몇 개 나타났는가?

- 2개의 밝은 점 중 하나는 고정거울로부터 반사된 것이고, 다른 하나는 가동거울로부터 반사된 것이다. 조금 덜 밝은 점이 나타날 수도 있는데 이것은 다중 반사에 의한 것이다. 2개의 점이 될 수 있는 한 가까이 오도록 빛살분할기의 각을 조절한다. 그런 다음 가동거울에 붙어 있는 나사를 조정하여 2점이 일치하도록 한다(2개의 나사가 있는데, 하나는 상을 좌우로 움직이게 하고 다른 하나는 상을 상하로 움직이게 한다).

- 광원쪽에 초점거리 18 mm 정도의 볼록렌즈를 설치한다. 이때 퍼져 나가는 빛이 빛살분할기의 중심에 오도록 조절한다. 간섭무늬가 보이지 않거나 간섭무늬가 원형이 아니라면 가동거울의 조절나사를 조심스럽게 돌려 둥근 동심원의 간섭무늬가 나타나도록 한다.

  - 스크린에 간섭무늬의 상이 보이는가?

  - 간섭무늬가 보인다면 모양은 원형인가?

- 상태가 좋은 간섭무늬가 나타나면 가동거울에 부착되어 있는 마이크로미터의 눈금을 읽는다. 간섭계에 따라서는 이 눈금에 지렛대상수를 곱해 줘야 하는 것도 있다. 지렛대상수는 마이크로미터의 이동에 따라 거울이 실제로 이동하는 비율이다. 그러나 대부분의 Michelson 간섭계는 마이크로미터의 눈금으로 직접 거울이 이동한 거리를 읽을 수 있도록 만들어져 있다.

  - 마이크로미터의 눈금 d_1은 얼마인가?

- 간섭무늬를 계속 관찰하면서 마이크로미터의 손잡이를 천천히 돌리면 가동거울이 움직여 간섭무늬가 이동하는 것을 볼 수 있다. 마이크로미터 손잡이를 계속 돌려 무늬가 100개 지날 때의 눈금을 읽자.

  - 마이크로미터의 눈금 d_2는 얼마인가?

• 마이크로미터의 눈금 변화 $|d_1 - d_2|$ 는 얼마인가?

■ 이와 같은 측정을 5회 이상 반복하고 다음 표에 기록하라. 단색광의 파장은 다음 식으로 구하면 된다.

$$\lambda = \frac{2\,|d_1 - d_2|}{\Delta m}$$

횟 수	1	2	3	4	5	평 균
Δm						
$\lvert d_1 - d_2 \rvert$						
λ						

• 측정값의 상대오차에 대한 백분율(%)은 얼마인가?

■ 레이저광이 아니라도 수은등과 같은 단색 광원을 쓰면 간섭무늬가 나타난다. 가능하면 파장이 다른 레이저광이나 일반 단색 광원을 써서 위의 실험을 반복해 보자.

■ 유리판과 같이 투명한 물질의 굴절률을 Michelson 간섭계로 측정하려면 어떻게 해야 하는가?

■ 기체의 굴절률을 측정하려면 어떻게 해야 하는가? 실험장치에 관한 자료를 찾아보자.

▌전하를 대량으로 모을 수 있는 장치 중 하나인 밴 더 그래프 발전기(van de graaff generator). 이 장치는 초창기 핵물리학 연구에 광범위하게 이용된 바 있다.▐

chapter 05 전자기

01 대전체와 정전기 유도

1 목 적

- 물체를 마찰시켜 대전시키고, 대전체 사이에 작용하는 힘을 조사하여 전기의 종류를 구별한다.
- 정전기 유도 현상을 이해한다.
- 검전기에 전하를 모을 수 있는 방법을 이해한다.

2 준비물

전기진자(흑연액을 묻힌 스티로폼구) 2개, 비닐막대 1개, 유리막대 1개, 명주헝겊 1개, 모직헝겊 1개, 비닐조각 2개, 비커 2개, 금속막대 2개, 흑연구, 나일론 실 약간, 검전기 1개

3 이 론

자연계에 존재하는 물질은 전기적으로 도체, 부도체(절연체), 반도체 등으로 구분할 수 있다. 도체는 원자에 구속되지 않고 물질 내에서 상대적으로 자유롭게 움직일 수 있는 자유전자가 있는 물질이며 절연체는 모든 전자가 핵에 구속되어 있어 물질 내에서 자유롭게 움직일 수 없는 물질이다.

마찰에 의해 발생하는 전기를 **마찰전기**라고 부르며, 물체가 전기를 띠는 것을 **대전**이라 하고, 대전된 물체를 **대전체**라고 한다. 대전체가 띤 전기를 **전하**라 하고 대전체와 대전체 또는 전하와 전하 사이에서 작용하는 힘을 **전기력**이라 한다.

마찰하여 물체를 대전시킬 때 한 물체가 전하를 잃으면 다른 물체는 전하를 얻는다. 이때 물체 사이에서 주고받는 전하의 총량은 생성되거나 소멸되지 않고 일정하다. 이 관계를 **전하의 보존 법칙**이라고 한다.

대전된 물체를 절연체에 가까이 가져가면 절연체 내에서 원자나 전자의 전하 배치가 변하여 분자들이 극성을 띠고 늘어선다. 이에 따라 절연체 양쪽에 양전하와 음전하가 나타난다. 이러한 현상을 **유전분극**이라고 한다.

4 실험방법 및 결과

1) 마찰전기 관찰

- 비닐(또는 아세테이트)막대를 모직(또는 무명)헝겊으로 마찰시켜서 작은 종이 조각이나 실 토막에 가까이 가져가 보자.

  • 어떤 현상이 일어나는가? 이 현상을 어떻게 설명하면 좋은가?

2) 전하 사이에 작용하는 힘

- 직경 1cm 정도의 작은 스티로폼 구에 흑연액을 고르게 칠하여 잘 건조시킨 후 나일론실에 매달아 〈그림 5-1〉과 같이 전기진자를 만들자. 비닐막대를 잘 마른 모직헝겊으로 문질러서 대전시키고, 대전된 비닐막대를 두 전기진자의 구에 각각 접촉시켜서 대전시키자. 대전된 스티로폼(styroform) 구를 서로 가까이 접근시켜 보자.

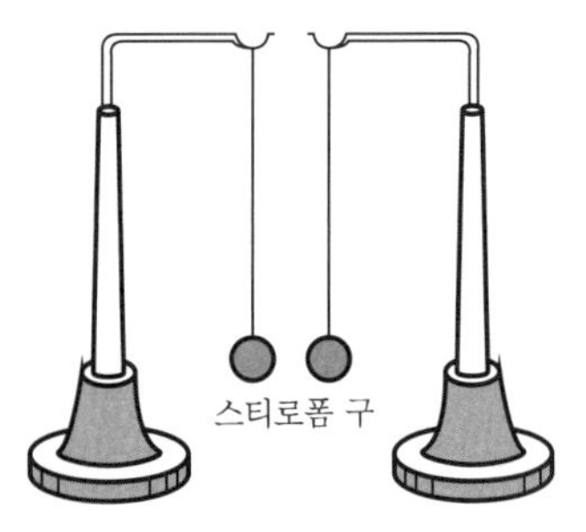

〈그림 5-1〉 **전기진자**

  • 어떤 현상이 나타나는가?

  • 두 스티로폼 구에 대전된 전하는 서로 같은 종류인가 아니면 다른 종류인가?

- 비닐막대를 모직헝겊으로 마찰했을 때 모직헝겊도 대전되는가? 대전된다면 비닐막대의 전하와 같은 종류인가 다른 종류인가?

■ 스티로폼 구에 손을 대어 방전시킨 후 스티로폼 구 하나는 명주헝겊으로 문지른 유리막대와 접촉하여 대전시키고 다른 스티로폼 구는 모직헝겊으로 문지른 비닐막대와 접촉하여 대전시키자.

- 대전된 두 스티로폼 구를 서로 가까이 접근시키면 어떤 현상이 일어나는가?

- 두 스티로폼 구에 대전된 전하는 서로 같은 종류인가 아니면 다른 종류인가?

■ 스티로폼 구 하나는 손을 대어 방전시키고 다른 스티로폼 구는 모직헝겊으로 문지른 비닐막대로 다시 접촉시켜 대전시키자.

- 두 스티로폼 구를 서로 접촉시키면 두 구 사이에 전기력이 작용하는가? 어떤 현상을 관찰하였는가? 그 이유는 무엇인가?

- 이상의 실험결과로 보아 전하의 종류는 몇 가지라고 생각하는가? 전하의 종류에 이름이나 부호를 붙여 보자.

- 같은 종류의 전하 사이에 작용하는 전기력과 다른 종류의 전하 사이에 작용하는 전기력은 어떻게 다른가?

- 대전된 전하량을 $\frac{1}{2}$ 또는 $\frac{1}{4}$로 나누는 방법을 그림을 그려서 설명해 보자.

3) 정전기 유도

■ 비닐막대를 모직헝겊으로 마찰시켜 대전시킨 후 전기를 띠지 않는 스티로폼 구 가까이 가져가 보자.

- 어떤 현상이 나타나는가? 이런 현상이 나타나는 이유는 무엇인가?

■ 전하가 도체를 통해서 자유롭게 이동함으로써 일어나는 현상을 조사해 보자. 〈그림 5-2〉(a)와 같이 두 금속막대 A와 B를 비닐조각을 덮은 비커 위에 올려놓고 끝을 서로 접촉시키자. 그림의 (b)와 같이 비닐막대를 모직헝겊으로 마찰시켜 금속막대 B의 끝에 가까이 가져 가자. 다른 금속막대 A가 놓인 비커를 움직여 금속막대 B가 놓인 비커와 분리시키자. 두 개의 전기진자를 같은 대전체(비닐막대)로 접촉하여 대전시킨 다음, 두 금속막대 끝에 가까이 가져가 보자.

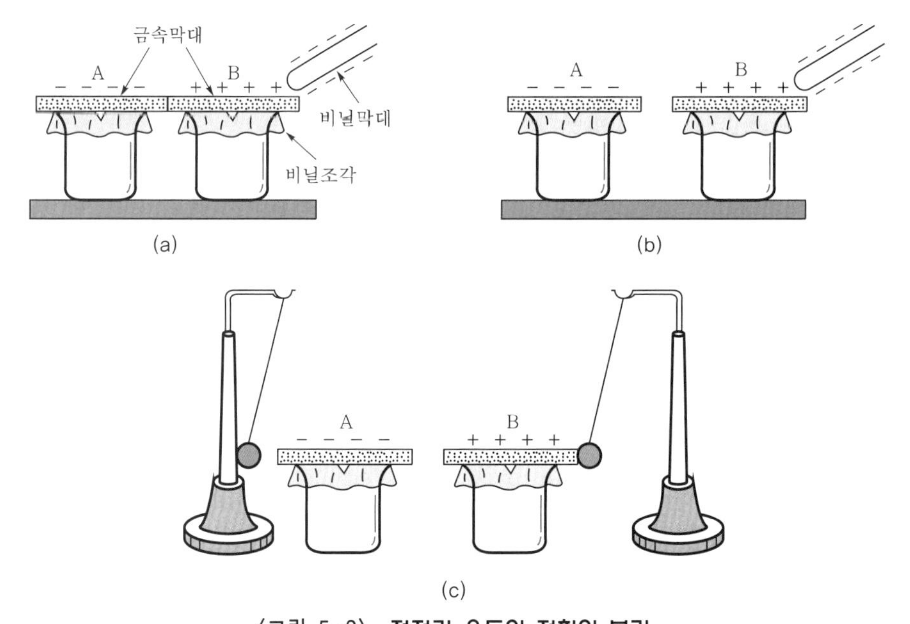

〈그림 5-2〉 **정전기 유도와 전하의 분리**

- 비닐막대의 전하와 스티로폼 구의 전하는 같은 종류인가 아니면 다른 종류인가?

- 전기진자의 스티로폼 구를 금속막대 A에 가까이 가져가 보자. 어떻게 되는가? 금속막대 A의 전하와 스티로폼 구 전하의 종류는 서로 같은가, 다른가?

- 이번에는 전기진자의 스티로폼 구를 금속막대 B에 가까이 가져가 보자. 어떻게 되는가? 금속막대 B의 전하와 스티로폼 구의 전하는 같은가, 다른가?

- 금속막대 A와 B의 전하는 다른 종류인가, 같은 종류인가?

- 정전기 유도 현상을 설명하여라.

〈그림 5-3〉 **간이 검전기**

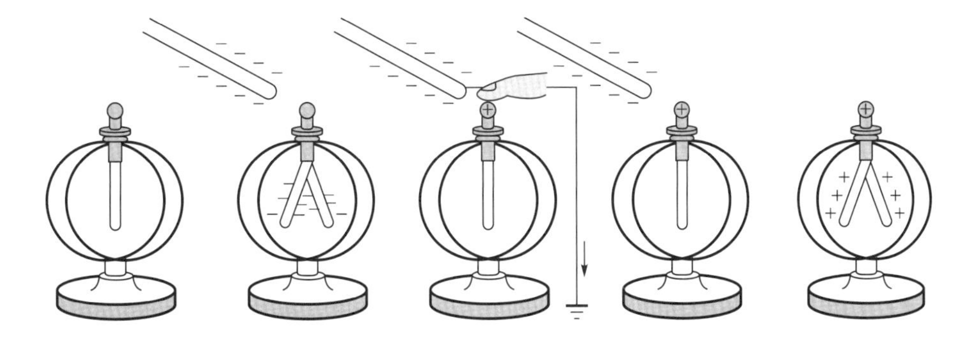

〈그림 5-4〉 **검전기에 (+)전하를 모으는 과정**

4) 검전기를 이용한 정전기 유도

■ 검전기를 이용해 정전기 유도 현상을 조사하자. 검전기는 위쪽에 금속판이 달린 금속막대를 고무와 같은 절연체를 거쳐 유리병 안에 넣은 것으로, 금속막대 끝에는 얇고 가벼운 금속박막 2개가 붙어 있어서 쉽게 벌어질 수 있도록 만들어져 있다.

- 검전기의 윗판에 손을 대어 방전시키고, 비닐막대를 모직헝겊으로 마찰시킨 후 〈그림 5-4〉와 같이 비닐막대를 검전기의 윗판에 가까이 가져가 보아라. 검전기의 금속박막은 어떻게 되는가?

- 대전된 비닐막대를 검전기의 윗판에 가까이 한 채 검전기의 윗판에 손가락을 대어보자. 검전기의 금속박막은 어떻게 되는가?

- 다음에는 비닐막대를 검전기에서 멀리해 보자. 검전기의 금속박막은 어떻게 되는가?

- 검전기의 대전된 전하는 어떤 종류의 전하인가?

5) 보충자료

■ 대전열이란 무엇인가?

두 물체를 마찰시키면 한쪽 물체에는 (+)전기를, 다른 쪽 물체에는 (−)전기를 띠게 되는데 같은 물체라도 어떤 물체로 마찰시켰는가에 따라 (+)로 대전될 수도 있고, (−)전기로 대전될 수도 있다. 두 물체를 마찰시켰을 때 상대적으로 (+)전기를 띠기 쉬운 물체에서 (−)전기를 띠기 쉬운 물체 순으로 나열해 놓은 표를 **대전열**(order of electrification, 帶電列)이라고 한다.

대전열에서 왼쪽에 위치한 물체는 (+)로 대전되기 쉽고, 오른쪽에 위치한 물체는 (−)로 대전되기 쉽다. 몇 가지 물질 사이의 대전열은 다음 표와 같다.

경우 1	(+) 털가죽 - 상아 - 유리막대 - 명주 - 나무 - 솜 - 고무 - 에보나이트 (−)
경우 2	(+) 석면 - 운모 - 양털 - 호박 - 에보나이트 - 구리 (−)
경우 3	(+) 토끼털 - 석영 - 고양이털 - 명주 - 면 - 나무 (−)

- 표를 보는 법을 알아보자. 예를 들어, 경우 1에서 털가죽과 유리막대를 마찰시키면 털가죽에는 (+)전하가, 유리막대에는 (−)전하가 대전된다. 이번에는 같은 유리막대를 고무에 마찰시키면 유리막대에는 (+)전하가, 고무에는 (−)전하가 대전된다. 대전열은 과학자들의 수많은 실험을 통해 얻어진 결과이다.

02 Coulomb의 법칙

1 목 적

- Coulomb의 법칙을 이해한다.
- 같은 종류의 전하로 대전된 두 대전체 사이에 작용하는 반발력을 이용하여 두 대전체 사이의 거리와 전기력 사이의 관계를 구한다.

2 준비물

쿨롱의 법칙 실험장치 1조, 비닐막대 1개, 백열전등(100 W) 1개, 모직헝겊 1장, 자(30 cm) 1개, 명주실

3 이 론

쿨롱의 법칙은 대전된 두 전하 사이에 작용하는 전기력으로 두 전하량의 곱에 비례하고, 그들 사이의 거리의 제곱에 반비례한다는 전기력에 관한 법칙이다. 1785년 프랑스의 물리학자 Charles-Augustin de Coulomb이 발견했다.

〈그림 5-5〉와 같이 대전구 A가 다른 대전구 B에 의한 전기력 때문에 밀려서 점 C에서 평형을 이루었다면, 이때 실의 장력 T와 대전구의 중력 mg와의 벡터합은 전기력 F와 크기가 같고 방향이 반대이다. 그리고 θ가 작은 경우에 전기력 크기와 중력 크기의 비 F/mg는 대전구 A의 수평이동거리 d와 실의 길이 L과의 비 d/L와 같다.

$$\sin\theta = \frac{F}{mg}$$

$$F = mg\sin\theta = \frac{mg}{L} \times d = (\text{상수}) \times d$$

이 식에서 F는 d에 비례함을 알 수 있다. 그러므로 전기력 F를 측정하는 데 대전구의 수평이동거리 d를 이용할 수 있다. 따라서 d와 두 대전구 사이의 거리 R과의 관계를 조사하면, 전기력 F와 대전구 사이의 거리 R의 관계를 알아낼 수 있다.

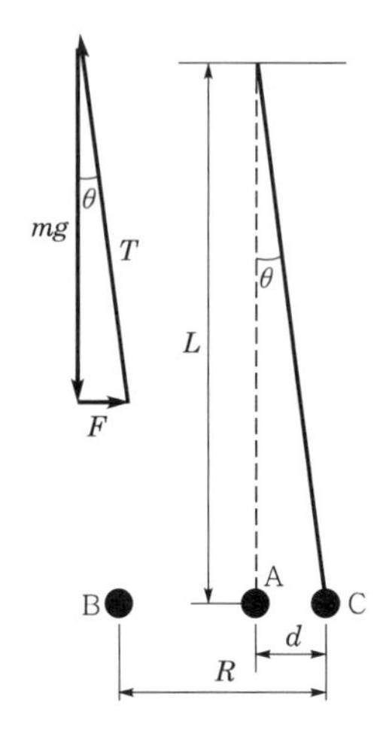

〈그림 5-5〉 **스티로폼 구에 작용하는 힘의 개략도**

4 실험방법 및 결과

- 〈그림 5-6〉과 같은 방법으로 스티로폼 구의 지름을 따라 가는 바늘로 구멍을 뚫고, 70 ~ 80 cm의 가는 명주실 2가닥을 넣어 한쪽 끝에 매듭을 만들자. 명주실을 위로 약간 잡아당겨 매듭이 스티로폼 구의 속으로 들어가게 한 후 바늘을 스티로폼 구에 꽂아 위로 세우고 흑연액을 고르게 칠하여 잘 건조시키자.

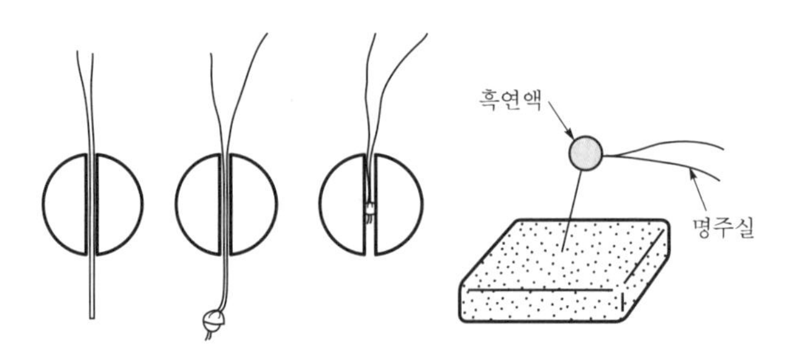

〈그림 5-6〉 **실로 스티로폼 구를 고정시키는 모습**

■ 스티로폼 구가 잘 건조되었으면 명주실을 V자 모양으로 하여 〈그림 5-7〉과 같이 실험장치의 골판지 상자 천장에 테이프로 매달아 스티로폼 구가 연직면 내에서 좌우로 자유롭게 움직일 수 있도록 하자. 준비가 끝나면 실험하기 전에 상자 속에 백열전등을 켜서 2 ~ 3분 놓아두자. 그러면 상자 속의 습기가 건조되어 좋은 실험결과를 얻을 수 있다.

• 이 실험을 골판지 상자 속에서 하는 이유는 무엇인가?

• 실험장치를 건조시켜 습기를 제거하면 좋은 실험결과를 얻을 수 있는 이유는 무엇인가?

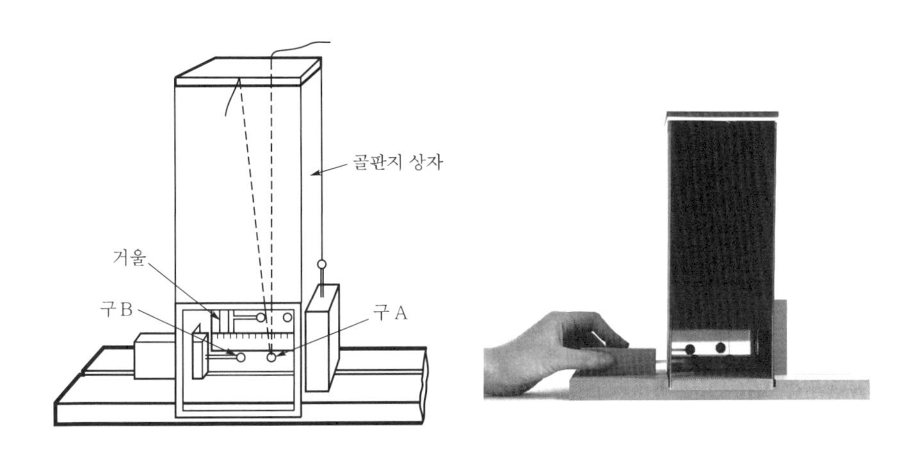

〈그림 5-7〉 **쿨롱의 법칙 실험장치**

■ 스티로폼 구 A가 흔들리지 않고 고정되면 상자의 벽에 붙여 놓은 유리자로 구 A의 처음 위치 P_0를 읽어 둔다. 구의 위치를 측정할 때에는 〈그림 5-8〉에서와 같이 유리자에 비친 구의 상과 실물이 겹쳐 보이는 방향에서 구의 한쪽 끝을 기준으로 하여 자의 눈금을 읽으면 된다.

• 스티로폼 구 A의 처음 위치 P_0의 눈금은 얼마인가?

$P_0 =$

■ 비닐막대를 모직헝겊으로 마찰하여 대전시킨 후 나무토막에 꽂혀 있는 스티로폼 구 B에 접촉시켜 대전시키자. 그리고 이 대전구 B를 구 A에 가까이 가져가 구 A가 끌려와서 잠시 접촉한 후 반발하도록 하자.

- 구 A와 B에 대전된 전하의 종류와 전하량은 각각 어떠한가?

■ 구 B를 구 A에서 멀리하여 구 A가 처음 위치로 돌아오면 다시 구 B를 조금씩 구 A에 가까이 접근시키면서, 구 B의 위치 P_1과 구 A의 나중위치 P_2를 정확히 읽어 다음 표에 기록하라. 측정이 가능할 때까지 구 B를 구 A에 접근시키면서 각 구의 위치를 측정하자. 이번에는 구 B를 구 A에서 조금씩 멀리하면서 각 구의 위치를 측정하고 그 결과를 다음 표에 기록하라.

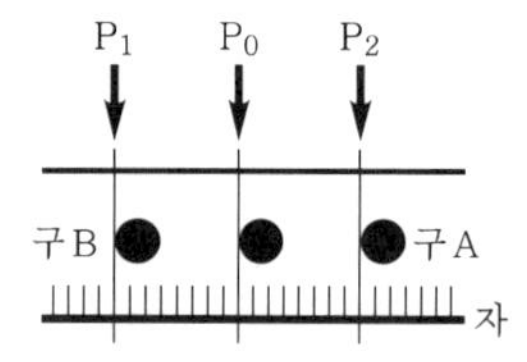

〈그림 5-8〉 **구에 눈금을 일치시키는 방법**

접근시킬 때				멀리할 때			
순 서	구 B의 위치 P_1	구 A의 처음위치 P_0	구 A의 나중위치 P_2	순 서	구 B의 위치 P_1	구 A의 처음위치 P_0	구 A의 나중위치 P_2
1				14			
2				13			
3				12			
4				11			
5				10			
6				9			
7				8			

• 첫 번째 측정값(1회)에서 두 대전구 A와 B 사이의 거리 R은 얼마인가? 그리고 이들 사이의 전기력 $d(\propto F)$는 얼마인가?

■ 위의 표에 기록한 결과에서 매 회마다 두 대전구 사이의 거리 R과 전기력 d를 구하여 다음 표에 기록하고 $1/R^2$의 값도 구하라. 그리고 두 구를 접근시킬 때와 멀리할 때의 d와 R 사이의 관계를 〈그림 5-9〉에 graph로 그려라. 또 d와 $1/R^2$ 사이의 관계를 〈그림 5-10〉에 그려 보자.

접근시킬 때				멀리할 때			
순 서	$d=\mathrm{P}_2-\mathrm{P}_0$ $(\propto F)$	$R=\mathrm{P}_2-\mathrm{P}_1$	$1/R^2$	순 서	$d=P_2-P_0$ $(\propto F)$	$R=\mathrm{P}_2-\mathrm{P}_1$	$1/R^2$
1				14			
2				13			
3				12			
4				11			
5				10			
6				9			
7				8			

• 전기력 d와 대전구 사이의 거리 R 사이의 관계 graph에서 접근할 때의 곡선과 멀리할 때의 곡선이 일치하지 않는 이유는 무엇일까?

• 두 구를 접근시킬 때의 곡선과 멀리할 때의 곡선으로 둘러싸인 면적은 무엇에 해당되는가?

■ 전기력 d와 대전구 사이의 거리 R의 제곱의 역수 $1/R^2$과의 관계 graph에서 어떤 결론을 내릴 수 있는가? 식으로 표현해 보자.

- d와 $1/R^2$의 관계식을 써 보자.

- d와 $1/R^2$의 관계 graph에서 직선이 원점을 지나지 않는 이유는 무엇인가?

- 이 실험에서 전하의 누설을 줄이려면 어떻게 해야 하는가?

- 전기력과 두 대전구의 전하량 사이의 관계를 조사하려면 어떻게 하면 되겠는가?

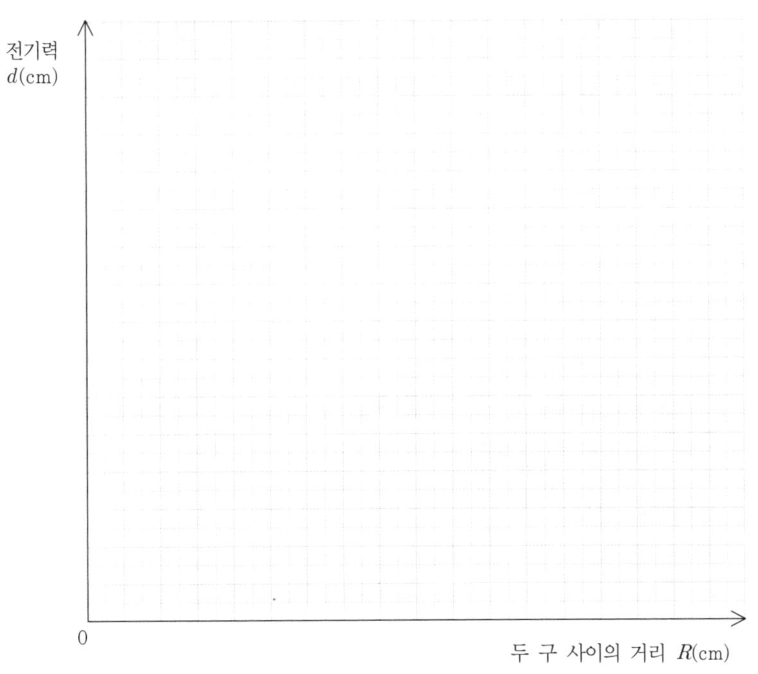

〈그림 5-9〉 $d-R$의 관계 graph

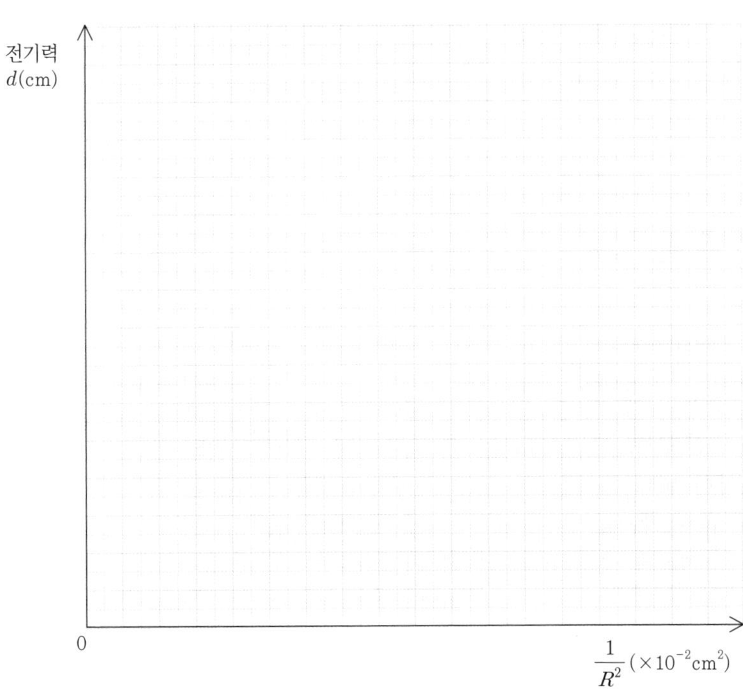

〈그림 5-10〉 $d-\frac{1}{R^2}$의 관계 graph

03 멀티 테스터 사용법

1 목 적

- 멀티 테스터의 기본원리인 검류계를 이해하고 그 사용법을 습득한다.
- 색코드로 표시된 저항값을 읽을 수 있다.
- 옴의 법칙을 이해한다.

2 준비물

멀티 테스터(Multi-tester), 저항(색코드가 있는 것으로 여러 종류), 전지끼우개, 건전지(1.5 V) 3개, 장갑, 전원공급기 1조, 드라이버

3 각 부위별 명칭

멀티 테스터는 〈그림 5-11〉과 같은 기구로 전류, 전압, 저항 등을 측정할 수 있는 간편한 측정계기이다.

보통 **테스터**(Tester)라고 부르기도 하고 **VOM**(Volt-Ohm-Milliampere) 미터라고 부르기도 한다.

〈그림 5-11〉를 보고 각 부분의 명칭을 알아 보자.

명칭 : ① 트랜지스터 검사 소켓　② 트랜지스터 판정 지시장치
③ 입력소켓　④ 레인지 선택 스위치
⑤ '0' 옴 조정기　⑥ 지침 '0'점 조정기

⑦ 가동코일형 미터　　　　　　⑧ 눈금판

⑨ 케이스

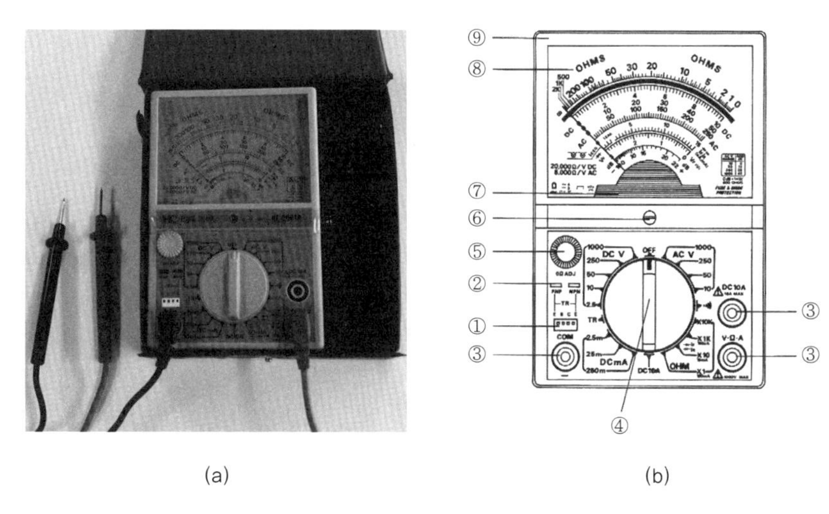

(a)　　　　　　(b)

〈그림 5-11〉 **(a) 멀티 테스터, (b) 각 부분의 위치**

4 실험방법

1) 직류전압(DCV) 측정

■ 건전지나 축전지 등의 전압은 직류이다. 이 같은 직류전압을 측정할 때에는 선택 스위치를 DCV에 옮겨 놓는다. 측정하려는 전압의 크기를 대강 알 경우에는 해당되는 눈금에 선택 스위치를 위치하고, 만일 측정하려는 전압을 알지 못하는 경우에는 가장 큰 눈금 위치로 스위치를 돌려놓는다.

• DCV측정 레인지는 각각 어떻게 표시되어 있으며, 각 눈금의 측정범위는 얼마인가?

■ 적색 리드선(+단자)은 V · Ω · A 단자에 삽입하고, 흑색 리드선은 COM 단자에 삽입하자. 만약 극성을 반대로 삽입하면 미터의 바늘이 왼쪽 눈금 밖으로 움직이며, 이때 전압이 크면 바늘이 휠 수도 있다.

• 건전지 1개의 전압을 측정해 보자.

• 건전지 2개를 직렬연결하고 그 전압을 측정해 보자. 또 병렬로 연결하고 전압을 측정해 보자.

2) 교류전압(ACV) 측정

■ 선택 스위치를 ACV에 놓고 직류전압을 측정하는 방법과 동일하게 측정한다. 멀티 테스터에는 기본 측정소자로 검류계(galvanometer)가 사용되므로 직류에만 동작할 수 있도록 되어 있다. 따라서 다이오드(diode)를 이용하여 교류를 직류(일종의 맥류)로 정류하여 그 전압을 측정하게 된다.
교류전압은 최대값($V_{\rm m}$), 실효값(0.707 $V_{\rm m}$), 유효값(0.639 $V_{\rm m}$)으로 표현할 수 있는데 실제로 테스터로 측정하는 것은 실효값의 약 90 %가 된다.

• 교류전압을 측정하는 레인지는 각각 어떠한가? 각 눈금의 측정범위는 얼마인가?

• 실험실에 연결되어 있는 교류의 전압을 측정해 보자.

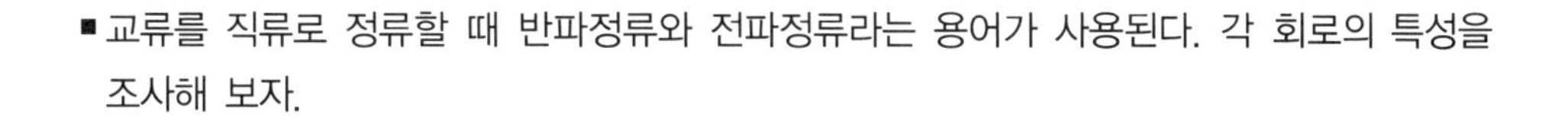

■ 교류를 직류로 정류할 때 반파정류와 전파정류라는 용어가 사용된다. 각 회로의 특성을 조사해 보자.

- 반파 정류회로

- 전파 정류회로

3) 직류전류(DCA) 측정

■ 직류전류를 측정할 때에는 멀티 테스터를 측정하고자 하는 회로에 직렬로 연결해야 한다. 먼저 선택 스위치를 DCA 위치로 돌려놓는다. 측정하려는 전류를 알지 못하는 경우에는 반드시 스위치를 최대 측정 레인지에 위치시킨다. 바늘이 너무 작게 움직이면 선택 스위치를 점차로 내려 오른쪽 부근에 바늘이 오도록 한다.

- 직류전류를 측정하기 위한 회로를 그려 보자.

- 건전지와 니크롬선을 이용하여 위 회로를 꾸미고 흐르는 전류를 측정해보자. 건전지 2개를 직렬로 연결하면 전류의 크기는 어떠한가? 니크롬선의 길이를 2배로 할 때 전류의 크기는 어떠한가?

4) 저항(Ω)의 측정

- 선택 스위치를 저항 레인지의 적당한 곳에 위치시킨다. 적색 리드선과 흑색 리드선의 끝을 합쳐서 단락시키고 0Ω 조정기를 돌려 바늘이 저항 스케일 오른쪽의 0의 위치에 오도록 조절한다. 이와 같은 영점 조절은 선택 스위치를 한 단씩 움직일 때마다 반드시 반복해서 조절해야 한다.
  저항을 측정한 후에는 반드시 선택 스위치를 OFF 위치로 옮겨 놓아야 한다.

  • 저항 레인지 표시는 각각 어떻게 되어 있는가?

- 저항값을 색코드로 읽을 때는 〈그림 5-12〉와 다음 표를 참고하면 된다.

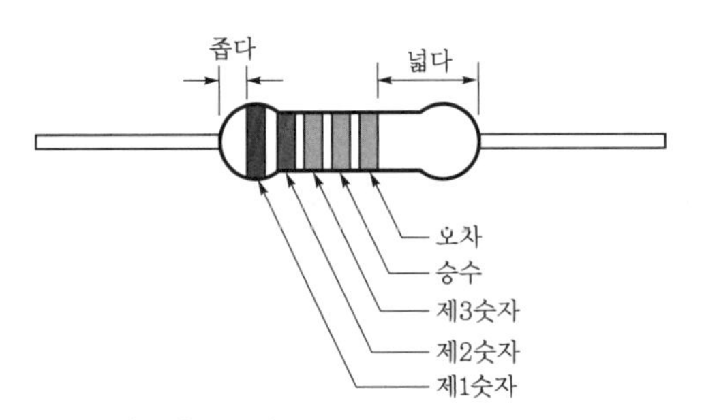

〈그림 5-12〉 **5띠 색코드**

색 \ 색코드	첫번째 띠	두번째 띠	세번째 띠	네번째 띠 (승수)	다섯번째 띠 (허용오차)
검정	0	0	0	10^{0}	-
갈색	1	1	1	10^{1}	±1 %
적색	2	2	2	10^{2}	±2 %
오렌지색	3	3	3	10^{3}	-
황색	4	4	4	10^{4}	-
녹색	5	5	5	10^{5}	±0.5 %
청색	6	6	6	10^{6}	±0.25 %
자색	7	7	7	10^{7}	±0.1 %
회색	8	8	8	10^{8}	-
백색	9	9	9	10^{9}	-
금색	-	-	-	10^{-1}	±5 %
은색	-	-	-	10^{-2}	-

• 저항 몇 개를 선택하여 각각의 저항을 측정해 보자. 그리고 이 측정값과 색코드로 읽은 값을 비교해 보자.

5 옴의 법칙(Ohm's law)

도체 양끝 사이에 전압 V를 걸어주면 전류가 흐르는데, 전류 I의 세기는 걸어준 전압에 비례한다. 이때 비례상수를 그 도체의 전기저항 R이라고 한다. 따라서 저항은 다음과 같다.

$$R = \frac{V}{I}$$

이들의 관계는 다시 $V = IR$, $I = \frac{V}{R}$로도 나타낼 수 있다.

이 실험은 전압, 전류, 저항 중 하나를 일정하게 하고 나머지 두 물리량 사이의 관계를 조사한다.

■ 〈그림 5-13〉과 같이 회로를 꾸미자.

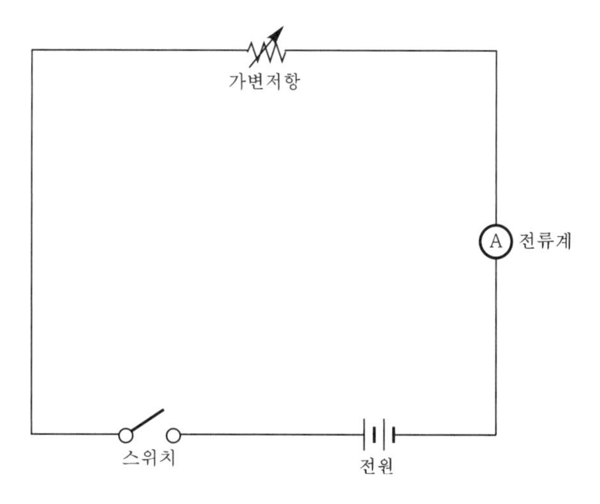

〈그림 5-13〉 **옴의 법칙 측정 회로도**

■ 전압을 일정하게 하고 저항을 10Ω, 20Ω, 30Ω, 40Ω, 50Ω으로 변화시킬 때 전류의 크기를 측정하자.

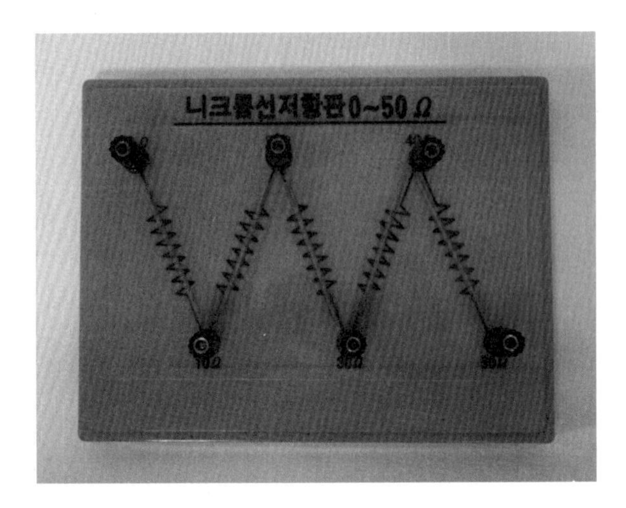

〈그림 5-14〉 **저항판(10Ω 저항 5개가 직렬로 연결)**

저항 (Ω)	10	20	30	40	50
전류 (mA)					

• 전압이 일정할 때 회로에 흐르는 전류는 저항과 어떤 관계가 있는가?

■ 저항을 일정하게 고정시키고(예 40Ω) 전압의 크기를 1.5V, 3V, 4.5V, 6V로 바꾸어 가면서 회로에 흐르는 전류를 측정해 보자.

전압 (V)	1.5	3	4.5	6
전류 (mA)				

• 저항이 일정할 때 전압과 전류 사이에는 어떤 관계가 있는가? 이 실험 결과를 하나의 식으로 통합해 보자.

04 등전위선

1 목 적

도전성 종이에 전류를 흐르게 하여 등전위선을 찾고, 그 물리적 의미와 전기력선과의 관계를 이해한다.

2 준비물

도전성 종이(또는 알루미늄 호일) 1장, 검류계(5 ~ 10 μA), 전원공급기(0 ~ 30 V) 또는 건전지 1조, 스티로폼 판(20 cm×30 cm) 1개, 모눈종이, 전극(압정) 및 도선

3 이 론

도전성 종이(conductive paper, 導電性) 위에 전위차가 있는 두 전극을 연결하면 전기장이 형성되고 전기장의 방향을 따라 전류가 흐른다. 전류의 경로에 직각인 방향으로는 전류가 흐르지 않으므로 이 방향으로는 전위차가 없다. 이와 같이 전기장 내에는 같은 전위를 가진 점들이 있는데, 이 점들을 연결한 것을 2차원에서는 **등전위선**(Equipotential line)이라고 하며 3차원에서는 **등전위면**이라고 한다. 전기장 내에서 등전위선이나 등전위면은 무수히 많이 그릴 수 있다.

이때 전기장의 방향으로 그은 선을 **전기력선**(electric field lines)이라고 하며, 전기력선은 등전위선(면)과 수직이다. 〈그림 5-15〉(a)와 같이 하나의 점전하 Q가 만드는 전기장의 전기력선은 전하 Q를 중심으로 하여 방사상을 이루며, 등전위선(면)은 Q를 중심으로 하는 동심원(동심구면)을 이룬다. 그리고 점전하 $+Q$와 $-Q$가 가까이 놓여 있을 때의 전기력선과 등전위선은 〈그림 5-15〉(b)와

같다. 전기력선을 따라 전위가 낮은 곳에서 높은 곳으로 양전하를 이동시킬 때에는 양전하에 일을 해 주어야 하며, 이와 반대로 전위가 높은 곳에서 낮은 곳으로 양전하가 이동할 때에는 전기장이 양전하에 대하여 일을 한다. 그러나 등전위선(면)을 따라 전하(양 또는 음)를 이동시키는 데 하는 일은 0이다.

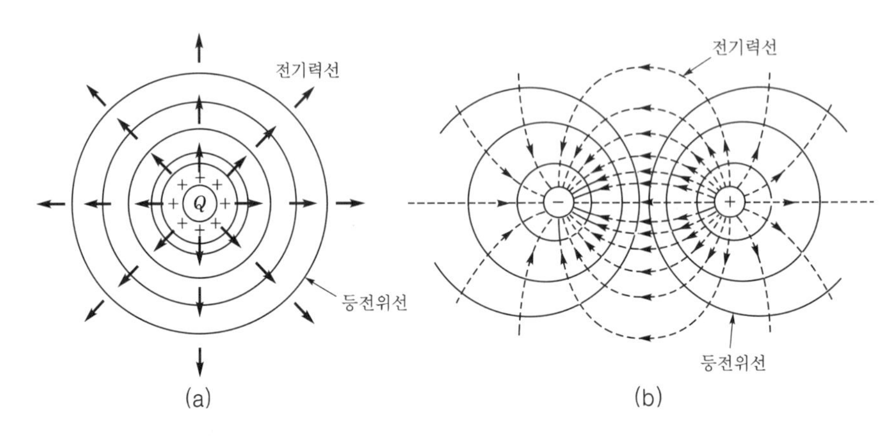

〈그림 5-15〉 **(a) 양(+)전하 주위의 전기력선**
(b) 양(+)과 음(-)전하 주위의 전기력선

4 실험방법 및 결과

- 〈그림 5-16〉과 같이 회로를 꾸민 다음 스티로폼 판 위에 모눈종이를 깔고, 그 위에 도전성 종이를 펴 놓는다. 도전성 종이에 두 전극 P와 Q를 고정시키고 스위치를 닫은 후 전원공급기를 조절하여 회로에 일정한 전류가 흐르게 한다.

  검류계 G에 연결되어 있는 두 단자 X, Y 중 단자 X를 임의의 위치 x_1에 고정하고, 단자 Y를 임의의 여러 곳에 대어 보면서 검류계의 바늘이 0을 가리키게 되는 점 y_1을 찾아 약간 세게 눌러서 모눈종이에 그 위치가 표시되도록 하라. 이 점이 x_1과 전위가 같은 등전위점이다. 단자 Y를 이곳저곳으로 이동시켜 여러 개의 등전위점을 찾아 표시하자. 그리고 모눈종이에 표시된 점들을 매끄러운 곡선으로 연결하라. 이때 검류계에 과도한 전류가 흐르지 않도록 유의해야 한다. 과도한 전류가 흐르면 검류계가 파손되므로 도전성 종이에 흐르는 전류를 1 A 이내로 조절한다.

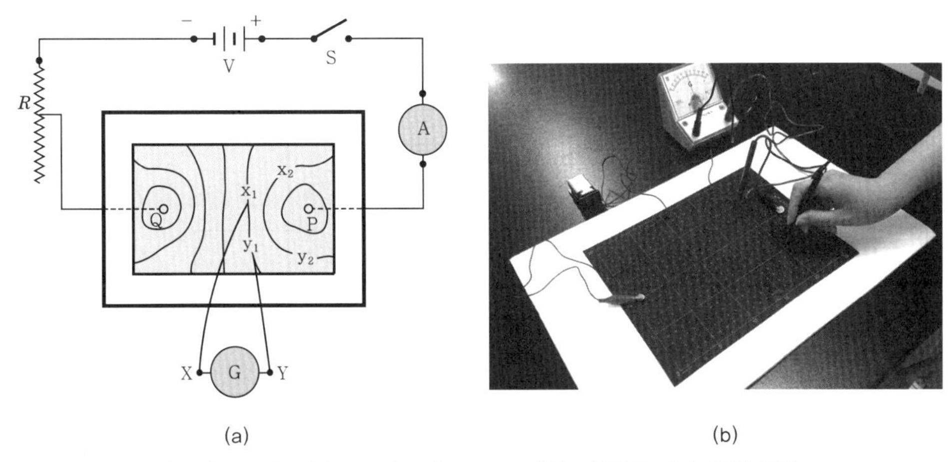

(a) (b)

〈그림 5-16〉 **(a) 등전위선을 그리기 위한 회로도, (b) 실험 모습**

- 이 곡선을 무엇이라고 하는가?

- 이 곡선은 어떤 모양인가?

■ 단자 X를 다른 위치에 고정시키면서 실험을 반복하여 5~10개 정도의 등전위선을 그려 보자. 그리고 모눈종이에 등전위선에 직교하는 선을 굵은 선으로 여러 개 그려 넣자.

- 전극 P, Q 사이에서 전류는 어떤 경로를 따라 흐르는가?

- 등전위선에 직교하는 선은 무엇인가? 그 물리적 의미를 말해 보자.

- 모눈종이의 모서리 부분은 등전위선과 어떤 각을 이루는가? 또 모서리 부분이 전류의 경로와는 어떤 각을 이루는가?

■ 고정 전극 P, Q의 모양을 〈그림 5-17〉과 같이 직선 전극으로 바꾸어 실험을 반복하고, 등전위선과 등전위선에 직교하는 직선을 그려 보자.

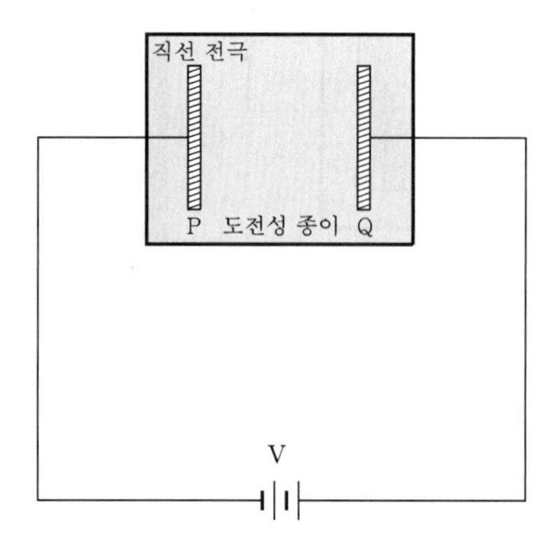

〈그림 5-17〉 **직선 전극을 이용하여 등전위선을 그리기 위한 장치**

- 등전위선은 어떤 모양인가?

- 등전위선과 전기력선의 모양은 예측한대로 그려졌는가?

- 원형 전극으로 실험한 것과 어떻게 다른가?

05 Wheatstone bridge

1 목 적

휘트스톤 브리지(Wheatstone bridge)의 구조와 원리를 이해하고, 이를 이용하여 도체의 전기저항을 정밀하게 측정한다.

2 준비물

휘트스톤 브리지 1조, 검류계(50 μA) 1개, 저항(0.1 ~ 111 Ω) 1개, 건전지(1.5 ~ 3 V) 1개, 저항(색코드가 있는 것) 5개, 캘리퍼스 1개, 스위치 2개, 구리선 50 cm

3 이 론

휘트스톤 브리지는 미지의 저항을 정확하게 측정하는 데 사용되는 기구로, 그 외형은 〈그림 5－18〉과 같다.

(a) 와이어(wire)형

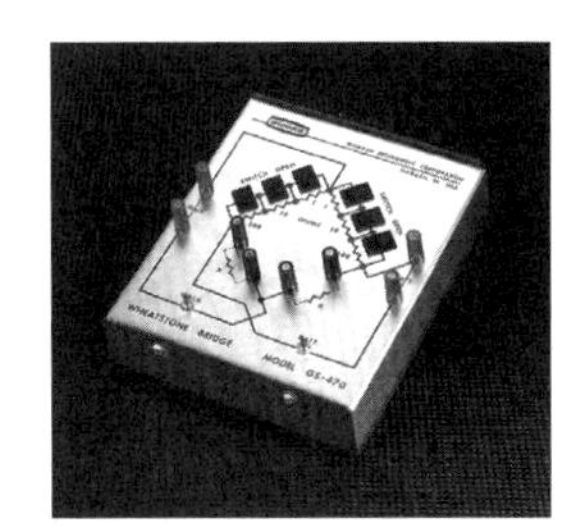

(b) 박스형

〈그림 5-18〉 **휘트스톤 브리지**

휘트스톤 브리지는 4개의 전기저항 R_1, R_2, R_3, R_x를 〈그림 5-19〉와 같이 연결하고, 점 c와 점 d 사이에 건전지 V를, 점 a와 점 b 사이에 검류계 G를 연결하여 점 a와 점 b 사이의 전위차를 알 수 있게 만든 장치이다. 여기서 R_1과 R_2는 그 값을 알고 있는 저항이고, R_3는 가변저항이며, R_x는 미지저항이다. 스위치 S_1을 닫아서 회로에 전류를 흘리고, 다음에 스위치 S_2를 잠깐씩 닫았다 열었다 하면서 검류계의 바늘이 움직이지 않도록 가변저항 R_3를 조절하면, 검류계에 전류가 흐르지 않게 할 수 있다. 검류계의 바늘이 0을 가리킨다는 것은 검류계에 전류가 흐르지 않는다는 것이며, 이때 브리지는 평형이 되었다고 한다. 즉, 점 a와 점 b는 등전위가 되었다는 뜻이다. 따라서 ac 사이의 전압강하 $V_{ac} = I_1R_1$과 bc 사이의 전압강하 $V_{bc} = I_2R_2$가 같으므로 다음의 관계가 성립한다.

$$I_1R_1 = I_2R_2 \quad \cdots\cdots (1)$$

$$I_1R_x = I_2R_3 \quad \cdots\cdots (2)$$

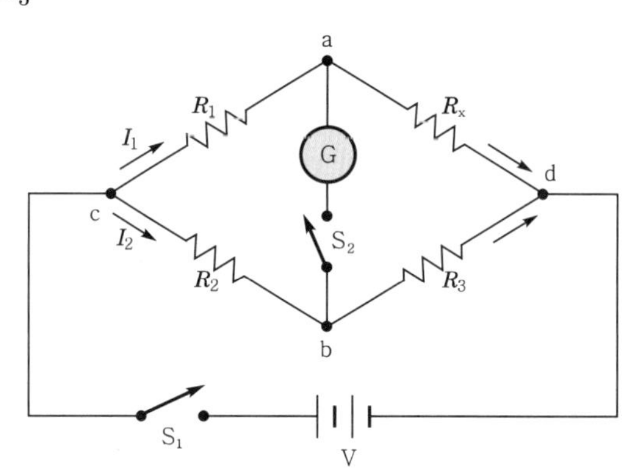

〈그림 5-19〉 휘트스톤 브리지의 기본회로

위의 두 식의 비를 취하면 다음과 같다.

$$\frac{R_x}{R_1} = \frac{R_3}{R_2}$$

이 식을 미지저항 R_x에 대하여 정리하면 다음과 같다.

$$R_x = \left(\frac{R_3}{R_2}\right)R_1 \quad \cdots\cdots (3)$$

그러므로 측정하려는 미지저항 R_x는 R_1, R_2, R_3를 알면 그 값을 구할 수 있다. 이와 같이 저항을 조절해서 검류계에 전류가 흐르지 않게 하여 평형 상태를 찾는 방법을 **영위법**(零位法, null-method)이라고 한다.

4 실험방법 및 결과

- 〈그림 5-20〉과 같이 휘트스톤 브리지에 검류계 G, 저항 R_1 그리고 미지저항 R_x를 연결하자.

  휘트스톤 브리지에서 R_2와 R_3는 단면적 A와 같고, 비저항이 ρ인 균일한 저항선으로 되어 있으므로 단위길이당 저항은 일정하다. 따라서 R_2와 R_3의 저항은 그 길이에 비례한다. R_2에 대한 저항선의 길이를 l_1이라 하고, R_3에 대한 저항선의 길이를 l_2라고 하면 R_2와 R_3는 각각 다음과 같다.

$$R_2 = \rho\frac{l_1}{A},\ R_3 = \rho\frac{l_2}{A} \qquad (4)$$

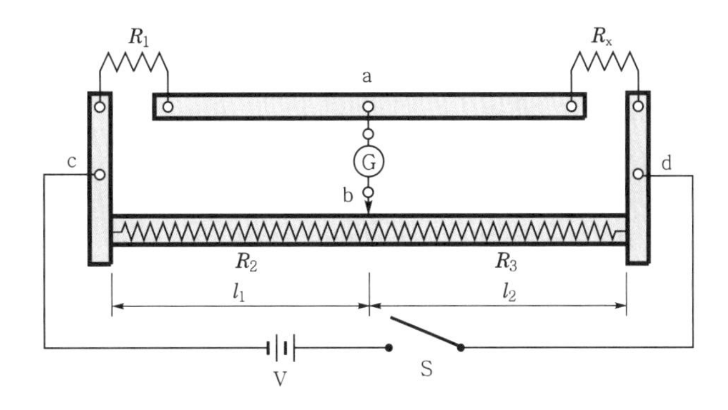

〈그림 5-20〉 **휘트스톤 브리지**

식 (4)에서 R_3를 R_2를 나누면 다음과 같다.

$$\frac{R_3}{R_2} = \frac{\rho l_2/A}{\rho l_1/A} = \frac{l_2}{l_1} \qquad (5)$$

이 관계를 식 (3)에 대입하면 미지저항 R_x는 다음과 같다.

$$R_x = \left(\frac{l_2}{l_1}\right) R_1 \quad \cdots\cdots (6)$$

그러므로 l_1, l_2를 측정하고 R_1의 정확한 값을 알면 미지저항 R_x를 정확히 구할 수 있다.

■ 스위치 S를 닫고 접촉 스위치 B를 저항선 중앙 부근에 놓고 가볍게 눌러서 검류계의 바늘이 어떻게 움직이는지 관찰하라. B의 위치를 이동하면서 가볍게 눌러서 검류계의 바늘이 0점에서 움직이지 않는 점을 찾아 l_1과 l_2를 측정하라. 평형점이 찾아지면 스위치 S를 열자.

- R_1은 몇 Ω인가?

- R_2와 R_3에 각각 대응하는 저항선의 길이 l_1과 l_2는 각각 얼마인가?

- 미지저항 R_x를 계산하라. 몇 Ω인가?

■ 구리선의 직경을 캘리퍼스로 측정하고 길이를 2배, 3배, 4배로 잘라서 같은 방법으로 저항을 측정해 보자.

- 구리선의 직경 d는 몇 m이고, 구리선의 단면적 A는 몇 m^2인가?

- 가장 짧은 구리선의 길이 l은 몇 m인가? R_1은 몇 Ω인가?

• R_2와 R_3에 대응하는 저항선의 길이 l_1과 l_2는 각각 얼마인가?

• 길이 l인 구리선의 저항을 구하라. 몇 Ω인가?

• 구리의 비저항 ρ를 구하라. 몇 Ωm인가?

• 실험으로 측정한 구리의 비저항과 기준값으로 알려진 비저항을 비교하면 차이가 있는가?

■ $2l$, $3l$, $4l$의 구리선에 대하여 실험하고 그 결과를 다음 표에 기록하라.

길이 l(m)	기지저항 R_1(Ω)	저항선의 길이		미지저항 R_x(Ω)	비저항 ρ(Ωm)
		l_1	l_2		
$l=$					
$2l=$					
$3l=$					
$4l=$					
평 균					

• 단면적이 같은 동일한 물질의 저항은 길이와 어떤 관계가 있는가?

• 상대오차의 백분율은 몇 %인가? 오차요인은 무엇인가?

■ 다른 미지저항에 대한 측정결과를 다음 표에 기록하고, 미지저항값을 구하라. 미지저항값을 색코드로 판별하여(〈그림 5-12〉 참조) 그 값을 함께 기록하라.

구 분	기지저항 $R_1(\Omega)$	저항선의 길이		미지저항 $R_x(\Omega)$	색코드에 의한 저항값 및 허용오차
		l_1	l_2		
1					
2					
3					
4					

• 휘트스톤 브리지로 측정한 저항값과 색코드로 읽은 저항값을 비교하면 어떠한가?

06 직선전류 주위에 형성되는 자기장 측정

1 목 적

전류가 흐르는 긴 직선도선 주위에 자기장이 생기는 것을 이해하고, 자기장의 크기가 전류가 흐르는 도선으로부터의 거리에 따라 어떻게 변하는지 조사한다.

2 준비물

긴 구리 도선(4 ~ 6 m), 스탠드 1개, 전원공급기 1조, 나침반 1개, 각도기 1개, 벽돌, 모눈종이, 장갑

3 이 론

자석 주위에는 자기장이 퍼져 있다. 이와 비슷하게 직선 도선에 전류가 흐를 때 도선 주위에도 자기장이 만들어 진다. 이 현상은 덴마크의 물리학자인 외르스테드(H. C. Oersted ; 1777~1851)에 의해 밝혀졌다.

- 〈그림 5-21〉과 같이 긴 직선도선을 지구자기장의 수평성분에 평행하게 위치시키고 나침반을 도선 근처에 놓고 도선에 전류를 잠깐 흘리면 나침반이 움직이는 것을 볼 수 있다.

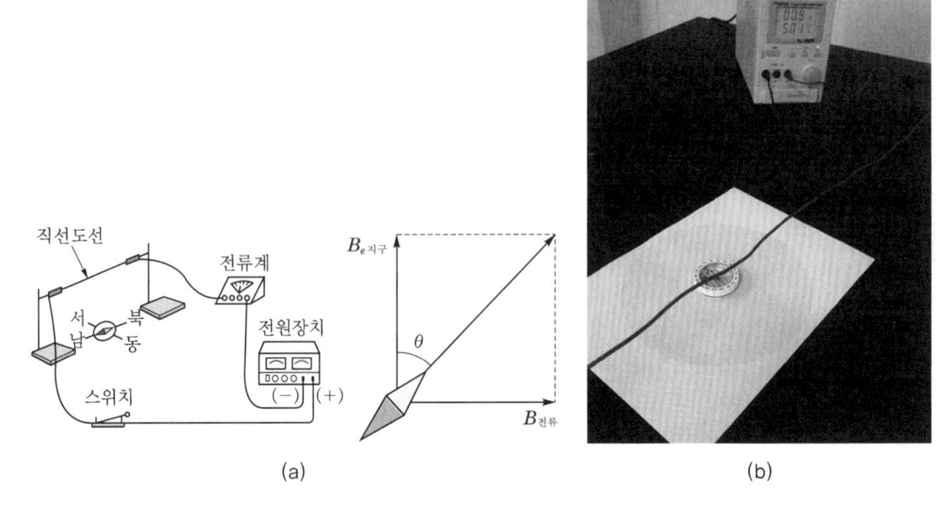

〈그림 5-21〉 **직선전류에 의한 자기장 측정장치**

직선도선에 전류가 흐르면 〈그림 5−22〉에서 보는 바와 같이 자기장이 형성된다. 이때 자기력선의 모습은 도선을 중심으로 동심원 모양을 한다. 자기장 B의 방향은 동심원을 그리는 자기력선의 접선방향이므로 원의 중심(전류가 흐르는 도선)에서 지구자기장의 수평성분 B_e를 따라 그은 직선상에서는 어디에서나 직선전류에 의한 자기장의 방향과 지구자기장의 수평성분이 서로 직각을 이룬다. 따라서 이 직선상의 한 곳에서 나침반 자침의 N극이 지구자기장의 수평성분과 θ의 각을 이룬다면 지구자기장의 수평성분 크기 B_e와 전류에 의한 자기장의 크기 B 사이에는 다음의 관계가 성립한다.

$$\tan\theta = \frac{B}{B_e}$$

$$\therefore\ B = B_e \tan\theta$$

그런데 지구상의 어느 한 지역에서 B_e는 일정하므로 전류에 의해 형성되는 자기장 B는 $\tan\theta$에 비례함을 알 수 있다.

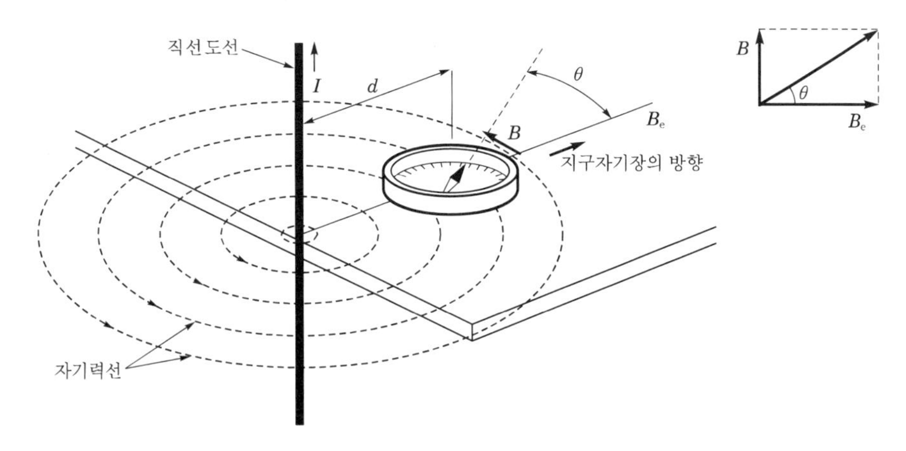

〈그림 5-22〉 **직선전류 주위에 형성되는 자기장과 지구자기장 사이의 관계**

4 실험방법 및 결과

■ 직선도선으로부터 50 cm 이내에 있는 철제품(자성체) 및 전류가 흐르는 도선을 모두 치우자. 모눈종이에 직선도선으로부터 지구자기장의 수평성분에 평행인 직선을 그어라. 직선도선으로부터 5 cm 떨어진 곳에 나침반을 놓고, 전원공급기를 조정하여 도선에 2 A 정도의 전류를 흘려보낸 다음 나침반 자침의 편향각 θ를 측정하자. 이때 전류는 잠깐만 흘리도록 해야 하고 편향각은 신속하게 측정해야 한다.

- 직선도선에 흘려 준 전류 I는 몇 A인가?

- 나침반 자침의 편향각 θ는 몇 도인가?

- 직선도선에 가까이 있는 철제품 및 전류가 흐르는 도선을 모두 치워야 하는 이유는 무엇인가?

■ 도선에 흐르는 전류 I를 일정하게 유지하고(예 2 A) 나침반을 1 cm씩 멀리하면서, 그때마다 나침반 자침의 편향각 θ를 측정하고 다음 표를 완성하자. 그리고 직선도선으로부터

나침반까지의 거리 d와 $\tan\theta$ 사이의 관계 graph를 〈그림 5-23〉에, 그리고 $1/d$과 $\tan\theta$ 사이의 관계 graph를 〈그림 5-24〉에 그려 보자.

나침반까지의 거리 d(cm)						
나침반 자침의 편향각 $\theta(°)$						
$1/d(\text{cm}^{-1})$						
$\tan\theta\ (\propto B)$						

- 직선전류에 의한 자기장 B의 크기는 도선으로부터 거리의 함수로서 어떻게 변화하는가?

- 도선의 직선부분의 길이가 20 cm 뿐이었다면 실험결과는 어떻게 달라질까? 그 이유를 설명해 보자.

■ 이번에는 직선전류에 의한 자기장의 크기가 전류의 세기와 어떤 관계가 있는지 알아보자. 도선과 나침반 사이의 거리를 일정하게 유지하고 도선에 흐르는 전류 I를 0.5 A씩 변화시키면서 그때마다 나침반 자침의 편향각 θ를 측정하고 다음 표를 완성하자.

전류의 세기 $I(\text{A})$						
나침반 자침의 편향각 $\theta(°)$						
$\tan\theta\ (\propto B)$						

- 자기장 B는 전류의 세기에 따라 어떻게 변화하는가?

- 만약 이 실험에서 전류의 세기를 100배로 하였다면 실험결과에 어떤 영향을 미칠 것인가? 또 전류의 세기를 1/100배로 하였다면 어떠한가?

- 직선전류에 의해 형성되는 자기장은 거리와 전류에 따라 어떻게 달라지는지 식으로 정리해 보자.

■ 긴 직선전류에 의한 자기장을 구하는 이론식은 다음과 같다.

$$B = 2 \times 10^{-7} (\mathrm{N/A^2}) \frac{I(\mathrm{A})}{d(\mathrm{m})}$$

- 이 식으로 실험실이 있는 지점에서 직선전류에 의해 형성되는 자기장의 크기 B를 구하면 얼마인가?

- 우리나라가 속한 지역의 지구자기장 수평성분의 크기는 약 $B_e = 3.0 \times 10^{-5}$ T이다(지구자기장의 크기는 지역에 따라 조금씩 다르다). 이 값을 이용하여 직선전류에 의해 형성되는 자기장의 크기 B를 구해 보자.

■ 자기장 B의 세기를 나타내는 단위는 N/A m이고, 이것을 테슬라(T)라고 한다. 또 웨버(Wb)를 사용하여 나타내면 Wb/m^2이다. 의료 및 산업분야에서는 가우스(gauss, G)도 사용된다.

$$1\mathrm{T} = 1\mathrm{N/A\ m} = 1\frac{\mathrm{Ns}}{\mathrm{Cm}} = 1\mathrm{Wb/m^2}$$

■ 자기장 B를 공학에서는 자속밀도라고 부른다. $B = \mu_o H$의 관계가 있으며 cgs단위계에서는 $\mu_o = 1$로 $B = H$이지만, 국제단위계에서는 $B = 4\pi \times 10^{-7} H$이다. 이때 H는 자계(磁界)라고 부른다.

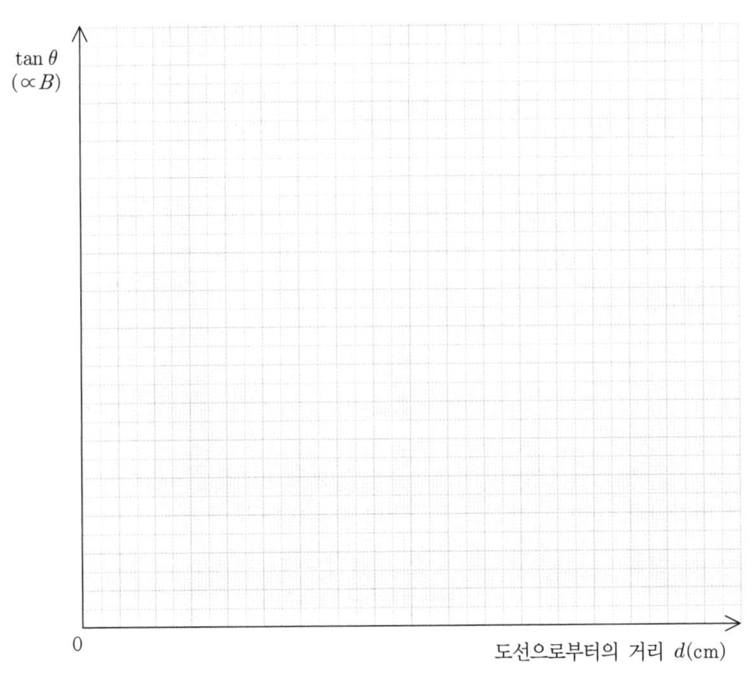

〈그림 5-23〉 **$\tan\theta - d$의 관계 graph**

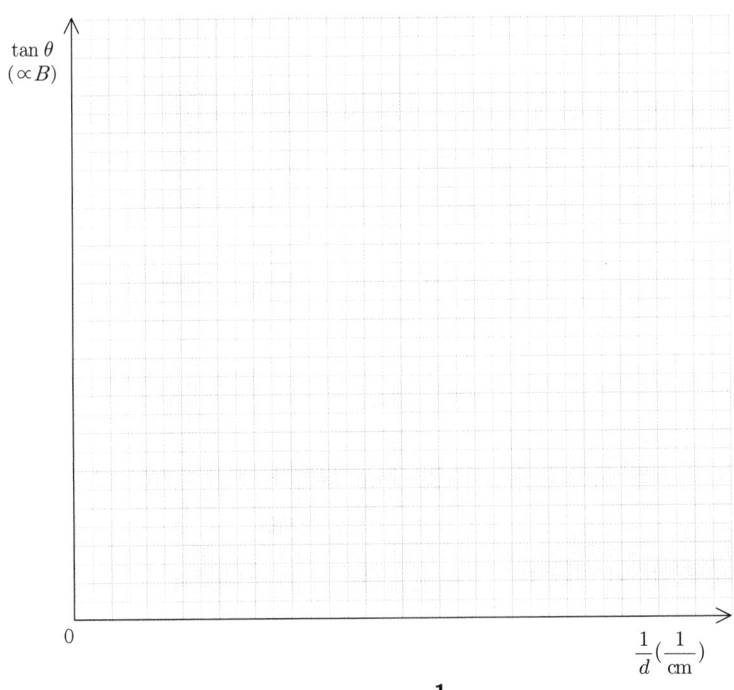

〈그림 5-24〉 **$\tan\theta - \frac{1}{d}$의 관계 graph**

5 MBL 실험장치를 이용한 자기장 측정

■ MBL을 이용해 보다 정밀한 자기장 측정을 할 수 있다. 앞서 설계된 실험구조에서 긴 직선도선 근처에 나침반을 놓는 대신 자기장 센서(측정범위 ±6.4 mT)를 위치시킨다. 이때 자기장 센서는 랩프로 인터페이스의 1번 채널에 연결하고, 센서의 측정범위 스위치를 고범위(high에 위치)로 설정한다.

〈그림 5-25〉 **MBL 센서를 이용한 직선도선 주위의 자기장 측정**

■ 도선에 흐르는 전류 I를 2 A 정도로 일정하게 유지하고 센서를 1 cm씩 멀리하면서, 그 때마다 자기장 B의 크기를 측정하여 아래 표에 기록하자.

도선에서 센서까지 거리 d(cm)						
자기장의 크기 B(mT)						

• 자기장의 세기는 도선으로부터의 거리에 따라 어떻게 변하는가? 나침반으로 실험한 것과 비교하면 어떠한가?

07 원형전류 중심에 형성되는 자기장 측정

1 목 적

- 원형코일에 전류가 흐를 때 그 중앙 지점에 형성되는 자기장의 특성을 이해한다.
- 이때 형성되는 자기장의 방향은 오른나사의 법칙을 따라 형성됨을 이해한다.

2 준비물

정접검류계(원형 타입이나 사각형 타입) 1개, 코일(구리선, 10 ~ 15 m), 나침반 1개, 전원공급기 1조, 원형방안지 1장, 자(30 cm) 1개

3 이 론

정접검류계(正接檢流計, tangent galvanometer)는 자침이 움직이는 각도의 탄젠트로 전류의 세기를 알아내는 자침검류계이다. 정접검류계를 이용하여 원형전류가 흐르는 코일의 중심에 형성되는 자기장을 측정해 보자. 정접검류계는 〈그림 5-26〉과 같이 도선을 한쪽 방향으로 여러 번 감아서 코일을 만든다. 정접검류계의 원형 고리는 자기장에 영향을 받지 않아야 하므로 플라스틱 또는 알루미늄으로 제작한다. 현재 보급되어 있는 실험기구는 제작이 용이한 사각형 타입이 많이 보급되어 있다.

기본틀이 원형고리일 때와 사각형 고리일 때 자기장의 값은 어떻게 달라지는지 계산해 보자. 〈그림 5-26〉과 같이 4개의 직선도선을 내부 정사각형에 반지름이 r인 원이 들어가도록 배치하고 각각에 전류 I를 흘릴 때 정사각형 중심에서의 자기장을 계산하면 다음과 같다.

$$B = 4 \times \frac{\mu_0 I}{2\pi r} = \frac{4}{\pi}\left(\frac{\mu_0 I}{2r}\right) = (1.27)\left(\frac{\mu_0 I}{2r}\right)$$

다음으로 원형고리에 의해 그 중심에 형성되는 자기장을 계산하면 다음과 같다.

$$B = \left(\frac{\mu_0 I}{2r}\right)$$

이 두 경우를 비교하면, 4개의 직선도선에 의해 형성되는 자기장의 크기는 원형고리에 의해 형성되는 자기장보다 약 1.27배가 크다. **원형고리 타입의 실험기구가 없으면 사각고리 타입을 사용해도 근사적으로 비슷하다.**

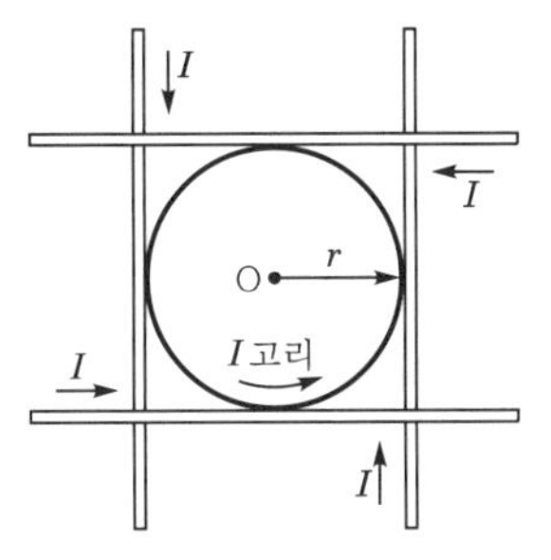

〈그림 5-26〉 **원형고리에 의해 형성되는 자기장의 크기는 4개의 직선도선에 의해 형성되는 자기장과 근사적으로 비슷하다.**

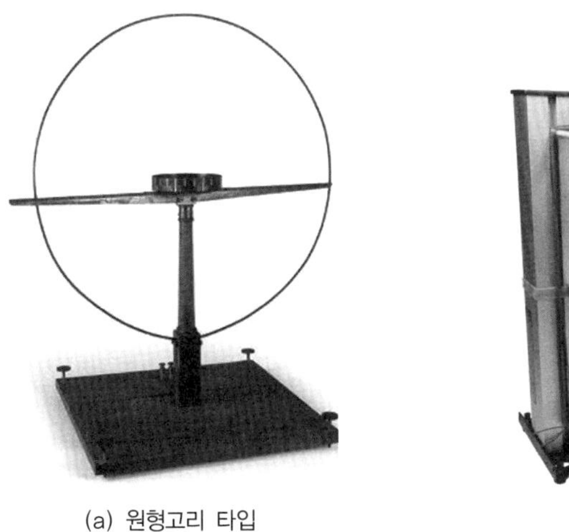

(a) 원형고리 타입

(b) 사각고리 타입

〈그림 5-27〉 **정접검류계**

4 실험방법 및 결과

■ 〈그림 5-28〉과 같이 정접검류계의 중앙에 놓인 플라스틱판 위에 원형방안지를 놓고, 그 중심에 나침반을 놓은 다음 나침반을 코일의 중심에 놓이도록 하자. 그리고 이때 자침의 방향을 읽어두자. 코일을 2~3회 감고 스위치를 닫아 일정한 전류를 흘려주고 자침의 편향각을 신속히 측정해 보자. 코일은 구리선으로 만들어진 것을 사용한다.

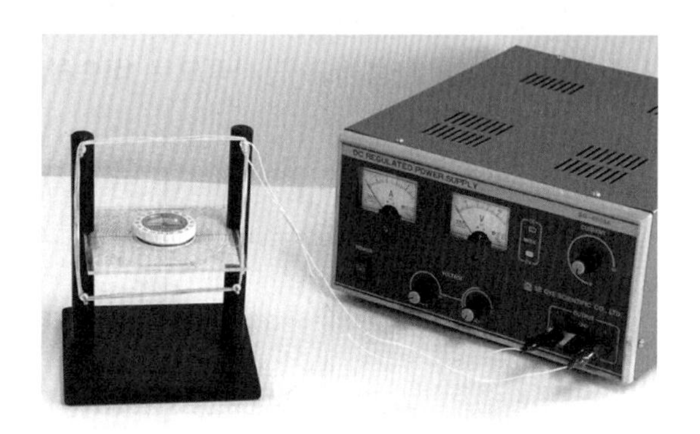

〈그림 5-28〉 **원형전류에 의한 자기장 측정**

- 전류가 흐르면 나침반 자침은 편향되는가?

- 전류의 방향을 반대로 하였을 때 나침반 자침의 방향은 어떻게 되는가? 나침반 자침은 얼마나 편향되었는가?

- 코일에 전류가 흐를 때 코일 중심에서 자기장의 방향을 오른나사의 법칙으로 설명해 보자.

■ 코일을 모두 풀고 정접검류계에 코일을 한 번만 감아라. 코일 중심에 놓인 나침반의 위치를 고정시키고, 〈그림 5-28〉과 같이 코일의 면을 지구자기장의 방향에 일치시키자. 스위치를 닫아 코일에 일정한 전류를 흘리고 자침의 편향각을 측정하라. 또 전류의 방

향을 반대로 하여 다시 자침의 편향각을 측정하라. 이때 코일과 전원공급기를 연결하는 도선이 코일에 흐르는 전류에 의한 자기장에 영향을 주지 않도록 코일로부터 충분히 멀리 떼어 놓아야 한다.

- 코일에 흐르는 전류 I는 몇 A인가?

- 나침반 자침의 편향각 θ_1은 몇 도인가?

- 전류가 흐르는 방향을 반대로 하였을 때 나침반 자침의 편향각 θ_2는 얼마인가?

- 코일에 전류를 흘릴 때 나침반 자침의 방향은 코일에 의한 자기장 B_c와 지구자기장의 수평성분 B_e와의 벡터합 방향과 일치할 것이다. 종이에 B_e의 벡터를 그리고 나침반 자침의 편향각 θ를 고려하여 B_e를 기본크기로 하는 B_c의 크기를 구하라. B_c는 얼마인가?

■ 실험실에서 지구자기장의 크기 B_e는 일정하므로 코일에 흐르는 전류에 의한 자기장 B_c는 나침반 자침의 편향각 θ의 $\tan\theta$에 비례함을 알 수 있다. 0.5 A가 흐르는 코일의 감은 수를 하나씩 증가시켜서 코일에 흐르는 전류의 세기를 2배, 3배, …… 로 증가시키고, 매번 전류의 방향을 반대로 하면서 나침반 자침의 편향각 θ_1과 θ_2를 각각 측정하여 다음 표를 완성하자. 한쪽 방향의 편향각에 대하여 tan값을 구하고 코일의 감은 수 n과 $\tan\theta$의 관계를 〈그림 5－29〉에 graph로 나타내자.

코일의 감은 수 n(번)	1	2	4	6	8	10
오른쪽 편향각 θ_1(°)						
왼쪽 편향각 θ_2(°)						
$\tan\theta$						

- 코일에 흐르는 전류의 세기는 감은 수와 어떤 관계가 있는가?

- n과 $\tan\theta$ 사이의 관계 graph에서 코일 중심에서의 자기장 B_c와 코일에 흐르는 전류 사이에는 어떤 관계가 있다고 결론을 내릴 수 있는가?

- 이 실험에서 원형방안지를 사용하여 자침의 편향각을 각도로 측정하지 않을 경우 어떻게 하면 $\tan\theta$를 구할 수 있는지 설명하자.

- 우리나라에서 지구자기장의 수평성분의 크기는 약 $B_e = 3.0\times10^{-5}$ T이다. 코일을 3번 감은 경우 코일에 흐르는 전류에 의한 코일 중심에서의 자기장 B_c를 구하면 얼마인가?

■ 원형코일의 반지름이 a이고 코일의 감은 수가 1회일 때 코일에 흐르는 전류세기가 I이면 코일중심에서 자기장 B_c는 다음과 같다.

$$B_c = \frac{\mu_0}{2}\frac{I}{a}$$

또 코일의 감은 수가 n번이면 다음과 같다.

$$B_c = \frac{\mu_0}{2}\frac{nI}{a}$$

코일의 감은 수가 상당히 많고 코일의 길이가 그 직경에 비해 훨씬 긴 경우 코일 내부에서의 자기장은 양끝 근처를 제외하면 균일하여 다음과 같다.

$$B_c = \mu_0 nI$$

여기서, n은 단위길이당 코일의 감은 수이며, μ_0는 진공 또는 공기 중에서의 투자율이다 ($\mu_0 = 4\pi\times10^{-7}$ N/A^2).

■ 코일을 3번 감은 경우에 대하여 코일중심에서의 자기장 B_c를 구해 보자.

- 코일을 3번 감았을 때 코일에 흐르는 전류 I는 얼마인가?

- 코일을 원형이라고 할 때 그 반지름 a는 몇 m인가?

- 이들을 이론식에 대입하여 코일 중심에서 자기장 B_c를 구하고, 앞에서 구한 값과 비교하면 어떠한가?

- 만약 처음에 나침반이 코일면에 나란하지 않았다면 원형전류에 의해 생기는 자기장을 측정할 수 있을까? 측정할 수 있다면 그 방법을 구체적으로 설명해 보자.

- 만약 코일을 한쪽 방향으로 3번 감고 다음에 반대 방향으로 3번 감으면, 코일 중심에서의 자기장 B_c는 어떻게 된다고 생각하는가? 예측한 바를 확인하기 위하여 실제로 자기장을 측정해 보자.

■ 코일에 흐르는 전류의 세기를 변화시키는 방법으로 코일의 감은 수를 바꾸지 않고, 전원공급기를 조정하여 전류의 세기를 직접적으로 바꾸는 방법도 있다. 코일을 정접검류계에 1회 감고 전류의 세기를 0.5 A 단위로 변화시키면서 나침반 자침의 편향각 θ를 측정하여, 다음 표를 완성하고 앞에서 실험한 결과와 일치하는지 알아보자.

전류 I(A)	0.5	1.0	1.5	2.0	2.5	3.0
나침반 자침의 편향각 θ(°)						
$\tan\theta$						

- 앞의 실험결과와 일치하는가?

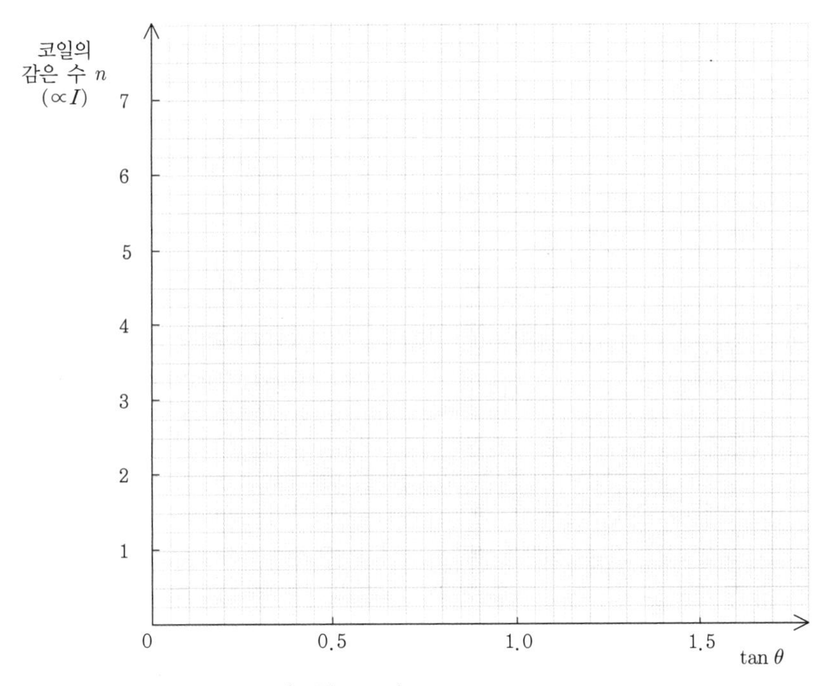

〈그림 5-29〉 **$n-\tan\theta$의 관계 graph**

08 Solenoid 내부 중심의 자기장 측정

1 목 적

전류천칭을 이용하여 전류가 흐르는 솔레노이드 내부에 형성되는 자기장을 측정한다.

2 준비물

솔레노이드(Solenoid) 1개, 전류천칭 1조, 전원공급기(0 ~ 30 V, 5 A) 2조, 전자저울 1개, 도선, 실

3 이 론

1) 솔레노이드의 구조

〈그림 5-30〉(a)와 같이 긴 원통에 원형 도선을 여러 번 감은 형태를 **솔레노이드** (Solenoid)라고 한다. 솔레노이드에 전류가 흐르면 〈그림 5-30〉(b)와 같이 자기장이 형성된다. 이 자기장은 여러 개의 원형 전류가 만드는 자기장을 합한 것이라고 할 수 있다. 솔레노이드 내부에서의 자기장은 도선에 아주 가까운 곳과 양 끝을 제외하면 거의 일정하다. 그리고 외부의 자기장은 막대자석의 자기장과 유사하다. 솔레노이드 내부에서의 자기장의 방향은 오른손의 엄지손가락을 펴고 나머지 네 손가락을 전류의 방향으로 감쌀 때 엄지손가락이 가리키는 방향이다. 실험에 의하면 솔레노이드 내부에 형성되는 자기장 B_s(T)는 흐르는 전류 I_s(A)와 단위 길이당 감긴 수 n(회/m)에 비례한다. 즉, 다음과 같다.

$$B_S = \mu_0 n I_S(\mathrm{T}) \quad \cdots\cdots (1)$$

식 (1)에서 μ_0는 자유 공간의 투자율로 그 값은 $4\pi \times 10^{-7}\mathrm{N/A}^2$이다.

(a) 구조 : 원통에 코일을 여러 번 감은 형태

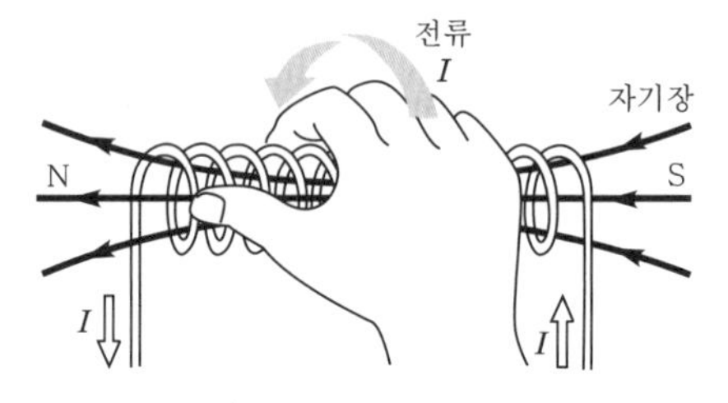

(b) 자기장의 방향

〈그림 5-30〉 **솔레노이드의 구조와 자기장의 방향**

솔레노이드 내에 철과 같은 물질을 넣으면 자기장이 훨씬 강해진다. 이러한 물질을 **철심**이라고 한다. 이것은 솔레노이드 내의 자기장에 의하여 철심이 자석이 되어 자기장이 증가되기 때문이다. 이러한 물질을 **강자성체**라고 하며 강자성체에는 철, 니켈, 코발트 등이 있다. 솔레노이드 내에 철심을 넣은 것을 **전자석**이라고 한다. 전자석은 전류의 세기로 자기장을 조절할 수 있다.

실험에 사용하는 솔레노이드를 살펴보면 제작 시 감긴 수가 기록되어 있다. 예를 들어 솔레노이드 몸통 길이(가로쪽으로 긴 부분) 15.5 cm에 560 회가 감겨 있다면 이때 감긴 수 n(회/m)은 다음과 같다. 즉 $n = \frac{560\text{ 회}}{15.5\text{ cm}} = 3{,}613$(회/m)이다. 감긴 수는 솔레노이드 제작회사에 따라 다르다.

2) 자기장 속에서 전류가 흐르는 도선에 작용하는 힘

전류 I(A)가 흐르는 길이 l(m)인 도선이 자기장 B_s(T)속에서 받는 F(N)힘(로렌츠 힘, 전자기력)은 다음과 같다.

$$F = B_s I l(\mathrm{N}) \quad \cdots\cdots (2)$$

식 (2)에서 받는 힘은 자기장의 방향과 전류의 방향이 수직일 때 가장 크며, 서로 평행하면 0이다. 따라서 자기장 B(T)의 방향과 전류 I(A)의 방향 사이의 각이 θ일 때 전류가 흐르는 도선이 받는 힘은 다음과 같다.

$$F = B_s I l \sin\theta \qquad (3)$$

3) 전류천칭

본 실험에서는 전류천칭(current balance)이 중요한 역할을 한다. 전류천칭의 구조는 〈그림 5-31〉(a), (b)와 같다. 그림 (b)에서와 같이 ㄷ자 모양의 구리 도선 양단에는 두 전극을 납땜하여 전기 접촉이 잘 되도록 만들어졌다. 그림 (c), (d)와 같이 실험 전에 전류천칭의 한 끝을 솔레노이드 속으로 넣고 조정나사 E를 좌우로 돌려 전류천칭을 수평으로 유지시켜 놓아야 한다.

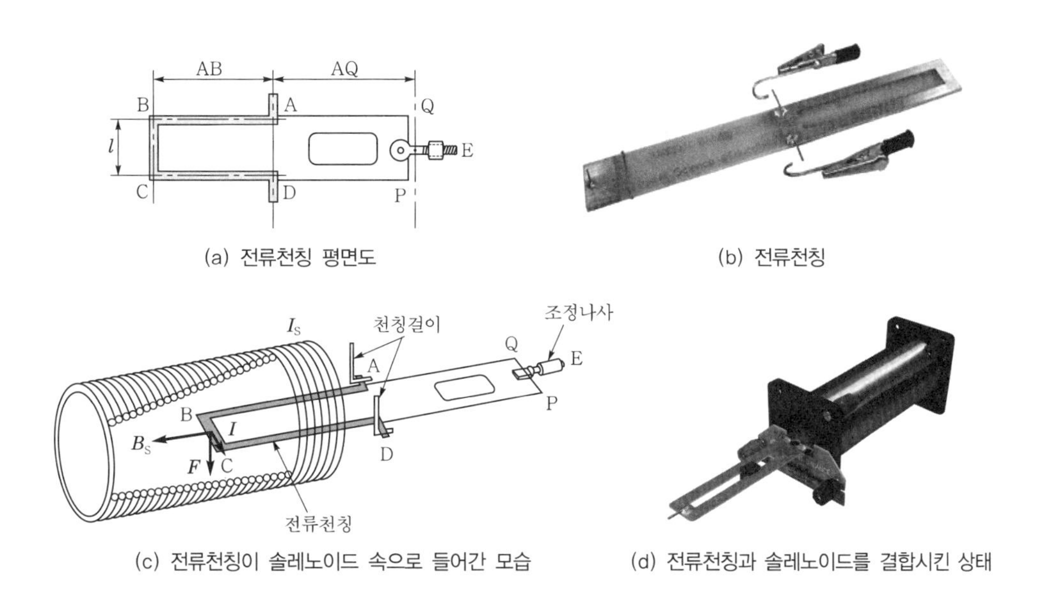

(a) 전류천칭 평면도 (b) 전류천칭

(c) 전류천칭이 솔레노이드 속으로 들어간 모습 (d) 전류천칭과 솔레노이드를 결합시킨 상태

〈그림 5-31〉 전류천칭의 구조

4) 솔레노이드 내의 자기장 구하기

본 실험에서는 두 개의 전원장치가 사용되는데, 하나는 솔레노이드에 전류(I_s)를 흐르게 하여 자기장을 만들고, 또 하나는 전류천칭의 ㄷ자 부분에 전류(I)를 흐

르게 하여 자기장(솔레노이드에 의해 만들어진) 속에서 전류가 흐르는 도선이 힘을 받게 한다. 이 두 개의 전원장치에는 각각 흐르는 전류의 양을 측정하도록 전류계에 연결시켜 놓아야 한다. 실험 도중에 두 전류 I_s와 I를 혼동해서는 절대 안 된다.

솔레노이드에 전류(I_s)를 흘려 자기장이 형성된 상태에서, 전류천칭에 전류(I)가 흐르면 전류천칭의 AB부분과 CD부분은 식 (3)에서 $\sin 0 = 0$이 되어 힘을 받지 않는다. 이때 힘을 받는 부분은 오로지 길이가 l(m)인 BC부분이다. 실험 전에 전류의 방향을 조절하여 받는 힘이 아래쪽을 향하도록 해놓아야 한다(플레밍의 왼손법칙 이용).

만약 BC부분이 힘을 받아 아래쪽으로 기울어졌다면 전류천칭의 반대편 끝 E부분에 일정한 질량을 올려놓아 수평이 되도록 한다면 길이 l(m)인 BC부분이 받는 힘을 구할 수 있다. 이때 힘의 크기는 $F = W(mg)$이다. 이 힘의 크기는 아주 작으므로 질량이 아주 작은 분동이나, 종잇조각, 실조각 등을 이용하여 전류천칭의 평형을 유지시키고 그때의 질량을 측정하여 구할 수 있다. 예를 들어 실조각을 이용하는 경우 실을 1 cm(또는 0.5 cm)간격으로 잘라 전류천칭이 평형이 될 때까지 몇 개의 실 조각을 올려놓고 나중에 전제 실량을 구하면 힘(질량×중력가속도)을 구할 수 있다. 이때 실의 선밀도(g/cm, 단위 길이당 질량)를 미리 측정해 놓아야 한다.

전류천칭의 좌우 길이가 같지 않은 경우 즉, 〈그림 5-31〉(a)의 AB와 AQ가 같지 않다면 지레의 원리를 이용하면 된다. 즉, $\mathrm{AB} \times F = \mathrm{AQ} \times W$의 관계에서 힘을 구할 수 있다.

$$F = \frac{\mathrm{AQ}}{\mathrm{AB}} \times W(\mathrm{N}) \quad \cdots\cdots (4)$$

식 (4)에서 AB = AQ라면 $F = W(mg)$이다.

본 실험에서 구하고자 하는 값은 식 (2) $F = B_s I l$에서 솔레노이드 내의 자기장 B_s(T)이다. 이 식에서 길이 l은 일정하므로 솔레노이드 내의 자기장 B_s는 전류천칭에 흐르는 전류 I와 길이 l부분이 받는 힘 F에 의존된다. 따라서 솔레노이드 내의 자기장 B_s를 구하려면, 전류천칭에 흐르는 전류를 변화시키면서 그때마다 전류천칭을 평형상태로 유지시키는데 필요한 힘을 구하면 된다. 또 다른 방법은 길이 l부분이 받는 힘을 변화시키면서(실 조각을 더해가면서) 그때마다 전류천칭이 평형 상태를 유지하도록 전류를 조절하는 방법이다. 어느 방법을 사용하던지 동일한 값이 얻어진다.

예를 들어 솔레노이드에 흐르는 전류를 1~5 A 범위 내에서 1.0 A씩 증가시키면서 위의 실험을 반복하면 그때의 자기장이 구해진다.

4 실험방법 및 결과

■ 전류천칭에서 BC의 길이 l을 측정한 후 전류천칭을 솔레노이드 속으로 넣고 천칭걸이를 조절하여 전류천칭이 솔레노이드의 중앙에 오도록 하자. 이때 천칭걸이와 접촉되는 부분은 잘 닦아서 접촉저항을 작게 한다. 그리고 전류천칭이 수평을 유지하도록 하고 전류천칭 옆에 자를 세워서 천칭의 수평위치를 표시해 두자. 만약 전류천칭이 수평이 되지 않으면 PQ 또는 BC에 적당한 양의 실 또는 종이 조각을 올려놓아 수평이 되도록 한다.

• 전류천칭에서 BC의 길이 l은 몇 m인가?

■ 길이가 2 m 정도 되는 가는 실의 질량을 저울로 정확히 측정하고 실을 0.5, 1, 2, 3, 5, 10 cm 등으로 길이로 잘라 놓자.

• 실 2 m의 질량은 얼마인가?

• 실의 선밀도(g/cm), 즉 단위 길이당 질량은 얼마인가?

• 솔레노이드에 감긴 수 n은 몇 회/m인가?

■ 솔레노이드에 흐르는 전류 I_s를 1~5 A 등 몇 단계로 바꿔가면서 그때 마다 솔레노이드 내부에 형성되는 자기장 B_s을 구해보자. 이때 전류천칭에 흐르는 전류 I와 실의 질량 m은 전류천칭을 수평으로 유지시키는데 적절하도록 조절하여야 한다. 아래 표의 빈 칸을 모두 채우는 것이 아니라 실험기구에 따라 실험 가능한 범위가 다르므로 그에 맞추어 적절하게 채워 나가자.

(전류천칭 l의 길이 : m)

솔레노이드에 흐르는 전류 I_s(A)	전류천칭에 흐르는 전류 I(A)	실의 질량 m ($\times10^{-3}$kg)	받는 힘 F ($\times10^{-3}$N)	솔레노이드 중심의 자기장 B_s ($\times10^{-2}$N/A m)	평균 자기장 B_s ($\times10^{-2}$N/A m)
1.0					
2.0					
3.0					
4.0					
5.0					
$\Sigma I_s = 15\text{A}$				$\Sigma B_s =$	
$\dfrac{\Sigma B_s}{\Sigma I_s} = ($) N/A²m					

※ 위 표에서 전류 I_s나 I의 범위 설정은 실험기구에 따라 다를 수 있다.

• $\dfrac{\Sigma B_s}{\Sigma I_s}$ 값은 무엇을 뜻하는가?

• 이 실험에 사용된 솔레노이드에 전류가 1 A가 흐를 때 형성되는 자기장은 몇 T(N/Am)인가? 이 값을 솔레노이드 상수라고 부른다.

■ 측정값의 표를 보고 솔레노이드 내부에 형성되는 자기장 B_s와 솔레노이드에 흐르는 전류 I_s 사이의 관계 graph를 〈그림 5-32〉에 그려라.

- $B_s - I_s$ graph에서 어떤 결과를 얻었는가?

- $\frac{B_s}{I_s}$ 의 값 즉, 기울기는 얼마인가? 이는 무엇을 나타내는가?

- 이 결과를 이용하여 (1)식의 자유 공간에서의 투자율 μ_0 를 구할 수 있다. μ_0 값은 얼마인가?

- μ_0 의 기준값인 $\mu_0 = 4\pi \times 10^{-7}\ \mathrm{N/A^2}$(Wb/Am)와 비교해 보자.

■ 본 실험을 통해 구한 솔레노이드 상수는 다음 실험인 〈전자의 질량 측정〉에 이용될 수 있다.

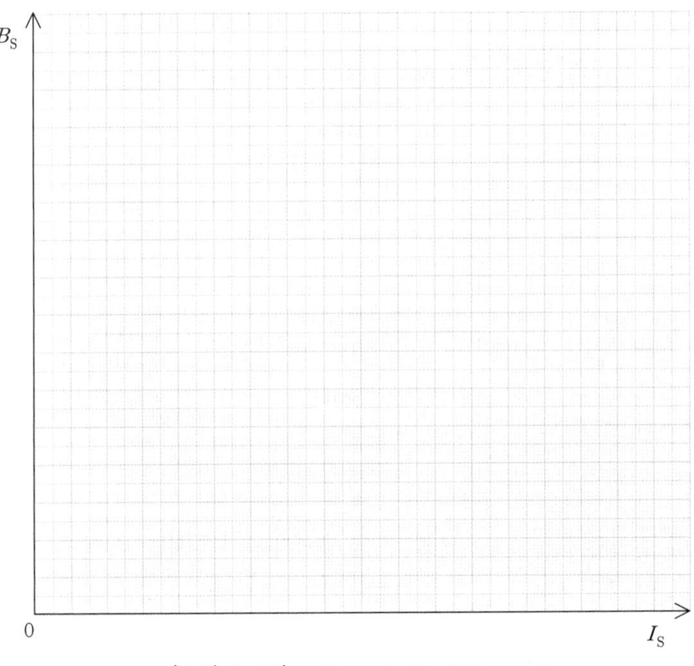

〈그림 5-32〉 $B_S - I_S$의 관계 graph

09 전자의 질량 측정

1 목 적

자기장 내에서 운동하는 대전입자는 힘(Lorentz의 힘)을 받는다는 사실을 이용하여 전자의 질량을 측정한다.

2 준비물

솔레노이드 1개, 동조지시관(Magic Eye Tube ; 6E5C, 6AF6 등) 1개, 전원공급기 각(0 ~ 250 VDC, 6 ~ 12 V DC, DC 또는 AC 6 V) 1조, 둥근 나무토막(ϕ=5 mm ~ 3 cm)

3 이 론

전자가 자기장 내에서 처음에 정지해 있다가 가속되어 속도가 v로 되었다면 전자의 운동에너지는 $\frac{1}{2}mv^2$이다. 이 에너지는 전위차 V에 의해서 공급되므로 $\frac{1}{2}mv^2 = eV$이다. 이 전자가 운동방향과 수직이고 균일한 자기장 내에서 속도 v로 운동한다면 자기장은 전자에 그 운동방향과 자기장의 방향에 각각 수직인 방향으로 힘(구심력)을 가한다. 이 힘은 자기장을 B, 전하량을 e, 속도를 v라고 할 때 $F = evB$이다. 전자는 이 힘에 의하여 $F = \frac{mv^2}{R}$으로 주어지는 반지름 R인 궤도를 원운동한다. 따라서 다음 식이 성립한다.

$$evB = \frac{mv^2}{R} \quad \cdots\cdots (1)$$

여기서, 속도는 $v = \frac{eBR}{m}$ 이고, $v^2 = \frac{e^2B^2R^2}{m^2}$ 이므로 v^2 을 $\frac{1}{2}mv^2 = eV$ 에 대입하면 다음 식이 얻어진다.

$$m = \frac{eB^2R^2}{2V}(\mathrm{kg}) \quad \cdots\cdots (2)$$

식 (2)에서 전자의 질량을 구할 수 있다. 또 식 (2)를 e/m 으로 정리하면 다음 식이 얻어진다.

$$e/m = \frac{2V}{B^2R^2}(\mathrm{C/kg}) \quad \cdots\cdots (3)$$

여기서, e 는 전자의 전하량(1.6×10^{-19} C) 이고, B 는 자기장(N/A m)이며, V 는 가속전압(V), R 은 전자의 궤도반지름(m)이다.

(a) 동조지시관의 유리 덮개를 제거한 모습

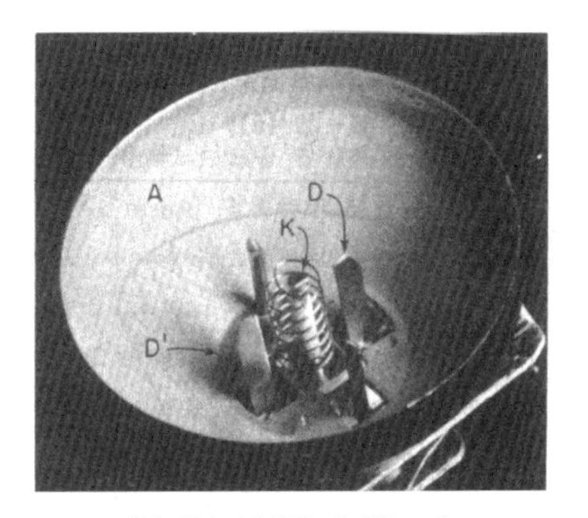

(b) 금속 덮개를 제거한 모습
K : 음극, A : 양극
DD' : 그림자를 만들기 위한 편향음극

〈그림 5-33〉 **동조지시관의 구조**

〈그림 5-34〉 **동조지시관의 외부 모습**

전자를 가속시키거나 편향시키기 위해 본 실험에서는 **동조지시관**(6AF6)을 이용한다. 〈그림 5-33〉은 동조지시관의 구조이다. 음극에서 튀어나온 전자는 음극과 양극의 전위차에 의하여 가속된다. 전자는 바깥쪽을 향하여 부채꼴의 전자선속을 이루며 진행하고 동조지시관의 중앙부에 있는 검은 금속 뚜껑 밑을 빠져나올 때 쯤에는 거의 최대 속도에 도달하게 된다. 전자의 속도는 이 부근으로부터 양극에 이르는 동안에는 거의 일정하다.

동조지시관의 양극은 전자가 충돌하면 빛을 방출하도록 형광물질로 덮여 있으며 원뿔모양으로 48°의 각을 이루고 있으므로 음극을 나온 전자의 진행거리는 각각 다르게 되므로(〈그림 5-35〉(a)) 이것을 바로 위에서 보면 〈그림 5-35〉(b)와 같이 음극으로부터 각각 다른 거리에 있는 전자의 위치를 알 수 있다.

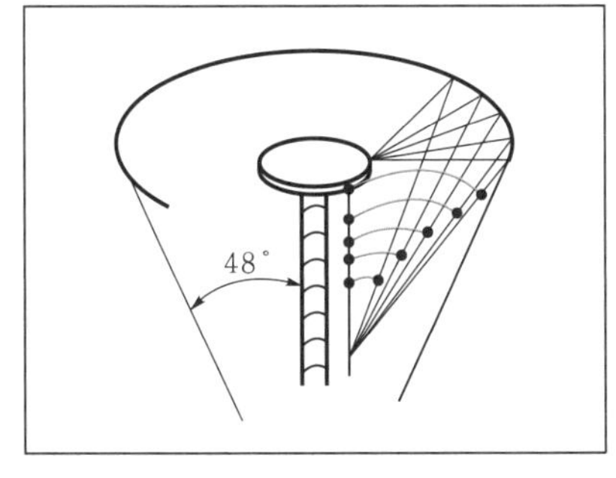

(a) 동조조시관의 옆에서 본 전자의 경로

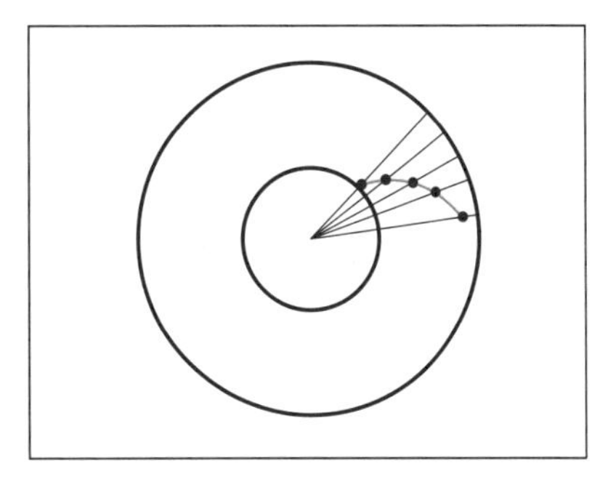

(b) 동조조시관의 위에서 본 전자의 경로

〈그림 5-35〉 **전자의 경로**

동조지시관에는 2개의 편향 전극이 음극에 연결되어 있어서 자기장이 없을 때에는 음극에서 방출되어 이 전극을 향해 진행해 오는 전자는 반발되어 〈그림 5-36〉(a)와 같이 전극 뒤에 부채꼴의 그림자를 만든다. 그리고 동조지시관을 음극에 평행한 균일 자기장 속에 놓으면 전자는 로렌츠(Lorentz)의 힘을 받아 거의 원형으로 편향된다.

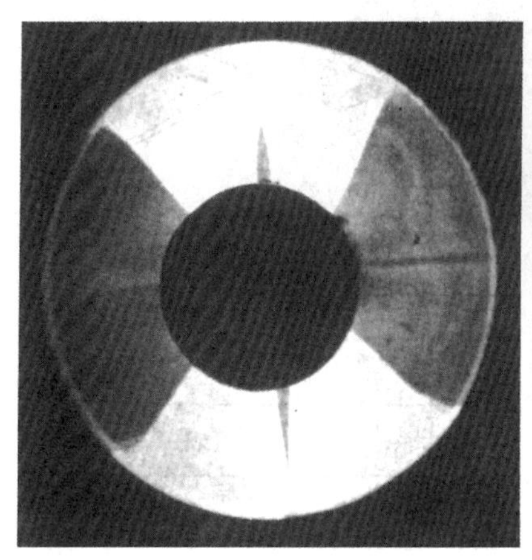

(a) 자기장을 걸지 않았을 때

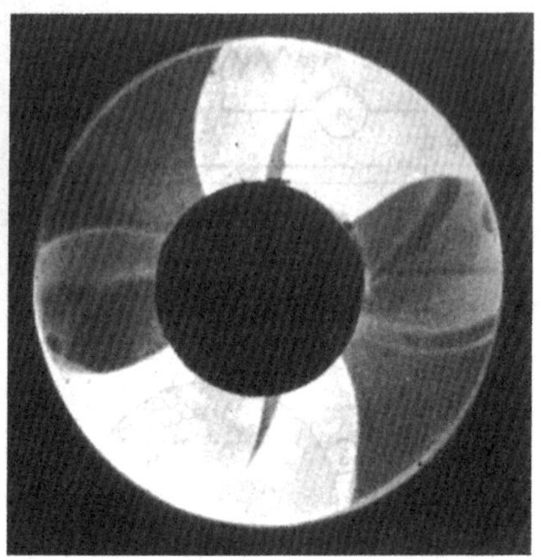

(b) 자기장을 걸었을 때

〈그림 5-36〉 **동조지시관의 형광판에 나타난 전자의 궤적**

4 실험방법 및 결과

- 전류천칭에 의한 자기장 측정실험에서 사용한 솔레노이드를 찾아서 동조지시관을 그 중심에 넣고 〈그림 5-37〉과 같이 배선하여라. 배선이 정확하게 되었는지 확인하고 전원을 연결하자. 가속전압 V를 90 ~ 250 V 사이에 위치시키고 솔레노이드에 흐르는 전류 I를 조절하여 그림자 가장자리가 선명하고 곡률반지름을 쉽게 측정할 수 있는 작고 둥근 물체의 곡률과 같아지도록 하자.

  그림자의 곡률을 측정하는 데에는 동전이나 둥근 나무토막, 연필 등을 이용하거나 트레이싱 종이에 그림자의 모양을 그려서 측정하면 된다.

  동조지시관의 그림자가 선명하게 되었으면 이때의 가속전압 V, 솔레노이드에 흐르는 전류 I, 곡률반지름 R을 측정하자.

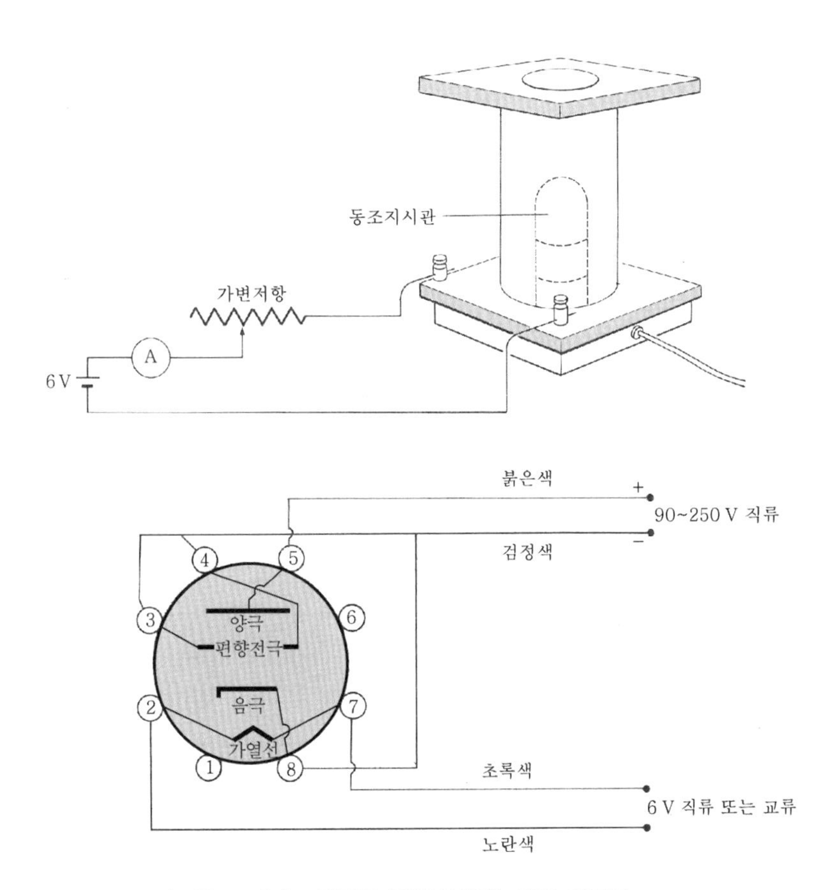

〈그림 5-37〉 전자의 질량 측정을 위한 회로도

• 가속전압 V는 몇 V 인가?

• 솔레노이드에 흐르는 전류 I는 몇 A 인가?

• 솔레노이드 중심에서의 자기장 B는 얼마인가? (앞 단원의 실험 08의 실험 결과를 이용하면 편리하다. 즉, 솔레노이드에 1 A의 전류가 흐를 때 그 내부 중앙에 형성되는 B값을 말한다.)

• 그림자의 곡률반지름 R은 몇 m인가?

• 측정값을 이론식에 대입하여 전자의 질량 m을 구하라.

■ 솔레노이드에 흐르는 전류 I와 가속전압 V를 바꾸어가며 그때마다 그림자의 곡률반지름 R을 측정하여 그 결과를 다음 표에 기록하고 전자의 질량 m을 구하여라. 솔레노이드 중심에서의 자기장 B의 값은 전류천칭에 의한 자기장 측정실험에서 얻은 값을 사용하면 편리하다.

횟 수	1	2	3
I(A)			
B(N/A m)			

횟 수	1	2	3
V(V)			
R(m)			
$m=\frac{eB^2R^2}{2V}$(kg)			

• 전자질량의 평균값은 얼마인가? 실제값과 차이가 있는가?

• 상대오차의 백분율은 몇 %인가? 오차의 원인은 무엇인가?

• e/m의 값은 몇 C/kg인가?

10 전자기 유도

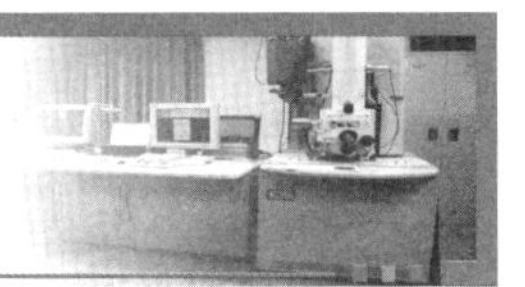

1 목 적

- 코일과 자석을 이용하여 코일을 지나는 자기력선속이 변하면 코일에 유도전류가 흐른다는 것을 확인하고, 유도기전력의 발생조건을 이해한다.
- 한 회로의 전류의 변화에 의한 자기력선속의 변화로 다른 회로에서의 전자기 유도 현상이 일어나는 상호유도 현상을 이해한다.

2 준비물

코일(솔레노이드) 2개, 막대자석 2개, 검류계(50 μA) 1개, 전원공급기 1개, 도선

3 이 론

균일한 자기장 내에서 도선을 움직이거나, 도선을 고정시키고 그 주위의 자기력선속을 변화시키면 전류를 얻을 수 있다. 이와 같이 자석과 코일의 상대운동으로 코일에 전류가 유도되는 현상을 **전자기 유도**(electromagnetic induction)라고 한다. 이 현상은 1831년 영국의 과학자 패러데이(M. Faraday)가 발견하였다.

코일에 전류가 흐르면 코일 주위에 자기장이 생기는데, 코일에 흐르는 전류의 세기를 변화시키면 코일 주위의 자기장도 변한다. 코일 자체에 의한 자기력선속이 시간적으로 변함으로써 전자기 유도에 의한 기전력이 코일 자체에 생기는 현상을 **자체유도**라고 한다.

〈그림 5-39〉와 같이 2개의 코일을 가까이하고, 한쪽 코일(1차코일)에는 전지와 스위치를 연결한 회로를 만들고, 다른 쪽 코일(2차코일)에는 검류계를 연결한

회로를 만들었다고 하자. 이때 1차코일의 회로에서 스위치를 닫으면, 1차코일에 발생하는 자기장의 영향이 2차코일의 회로에 영향을 미친다. 즉, 1차코일에 전류가 증가하는 동안에 자기장이 시간적으로 변하게 되므로, 2차코일을 지나는 자기력선속도 시간적으로 변하게 된다. 이 자기력선속의 시간적 변화에 의해 2차코일에 유도기전력이 생겨 검류계 바늘이 움직이게 된다. 이와 같이 한 회로의 전류의 변화에 의한 자기력선속의 변화로 다른 회로에서의 전자기 유도현상이 일어나는 것을 **상호유도**라고 한다.

4 실험방법 및 결과

1) 전자기 유도

- 코일과 검류계를 〈그림 5-38〉과 같이 연결하고 코일 옆에 막대자석을 놓아보자. 또 막대자석을 코일 위에 놓아보자.

  • 검류계의 바늘은 어떻게 되는가?

- 이번에는 코일 옆에서 막대자석을 상하좌우로 움직여 보자.

  • 검류계의 바늘은 어떻게 되는가?

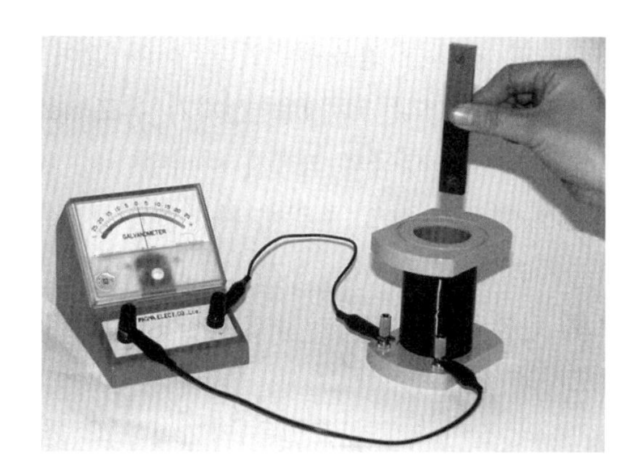

〈그림 5-38〉 전자기 유도 실험

■ 막대자석의 N극을 아래로 향하게 하고 자석을 코일 속으로 빠르게 집어넣어 보아라. 그리고 같은 속도로 자석을 빼내어 보자.

- 자석을 넣을 때와 뺄 때 검류계의 바늘은 어떠한가?

- 자석을 넣을 때와 뺄 때 검류계의 바늘이 움직이는 방향은 어떠한가?

- 코일에 자석을 넣고 움직이지 않으면 검류계의 바늘은 어떻게 되는가?

- 전류가 흐르는 방향을 렌츠의 법칙과 연관시켜 설명해 보자.

■ 이번에는 막대자석의 S극을 아래로 향하게 하고 자석을 코일에 넣다 뺐다 해 보자. 또 속도를 점점 빨리해 보자.

- N극을 넣을 때와 S극을 넣을 때 바늘이 움직이는 방향은 어떠한가?

- 자석을 더 빨리 움직일수록 검류계의 바늘은 어떻게 되는가?

■ 두 개의 자석을 같은 극끼리 한데 묶고 N극을 아래로 하여 코일 속에 넣어 보자.

- 자석 1개로 실험하였을 때의 유도전류와 비교하면 어떠한가?

• 그 이유는 무엇인가?

■ 자석을 고정시키고 코일을 움직여 보자. 속도를 달리하면서 검류계의 눈금을 관찰하자. 또 자석 2개를 같은 극끼리 묶고 코일을 움직여 보자.

• 코일에 유도되는 전류는 어떻게 변하는가?

• 이상의 실험결과로부터 유도전류의 발생원인과 그 크기 및 방향에 대하여 어떤 결론을 내릴 수 있는가?

2) 상호유도

■ 상호유도현상을 확인해 보자. 〈그림 5-39〉와 같이 코일 하나에는 전원공급기와 스위치를 연결하고 다른 코일에는 검류계를 연결한 후, 두 코일의 중심축이 동일 직선상에 오게 하거나 2차코일 속에 1차코일을 겹쳐 집어넣자. 그리고 1차코일의 스위치를 잠깐 닫았다 열어 보자. 이때 스위치를 오래 닫아 놓으면 코일에 많은 열이 발생하므로 주의해야 한다.

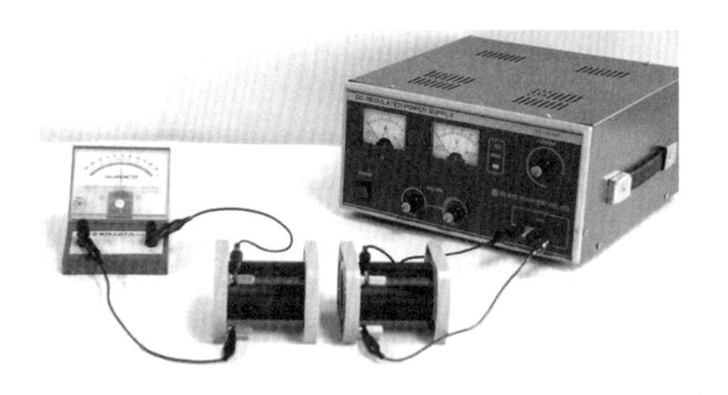

〈그림 5-39〉 **상호유도현상 실험장치**

■ 스위치를 닫을 때와 여는 순간 2차코일에 유도되는 전류의 방향과 검류계의 바늘이 움직이는 방향을 각각 〈그림 5-40〉에 그려라. 그리고 자기장의 방향도 함께 그려보자.

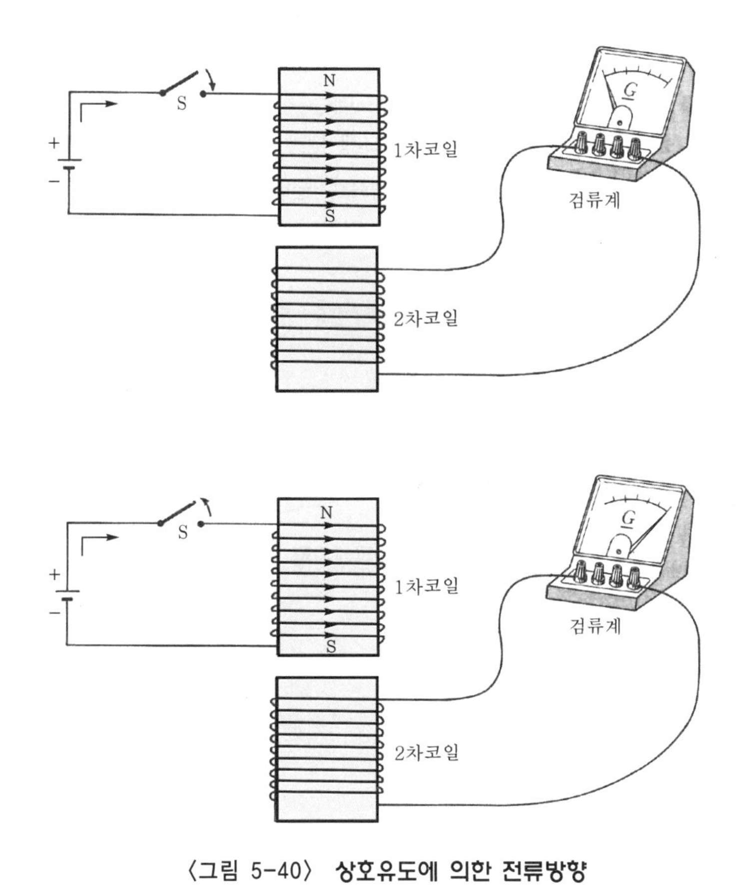

〈그림 5-40〉 **상호유도에 의한 전류방향**

- 스위치를 닫고 여는 순간 2차코일에 유도되는 전류의 방향은 서로 어떠한가?

- 이 결과로부터 2차코일에 유도되는 전류의 방향을 설명해 보자.

5 MBL 실험기구를 이용한 유도전류 측정

- MBL 실험기구를 이용해 유도전류를 측정해 보자. 솔레노이드 하나에는 전원공급기와 스위치를 연결하고 다른 솔레노이드에는 전류센서(측정범위 ±0.6 A)를 연결한 후 두 솔레노이드의 중심축이 동일 직선상에 오게 하거나 2차 솔레노이드 속에 1차 솔레노이드를 겹쳐 집어넣자. 전류센서는 랩프로 인터페이스의 1번 채널에 연결한다. 전류센서에 10 V 이상의 전류가 흐르면 화재의 위험이 있으므로 주의한다.

〈그림 5-41〉 **전류센서를 이용한 유도전류의 측정**

11 Oscilloscope 사용법

1 목 적

Oscilloscope의 구조와 기능을 이해하고 사용법을 익힌다.

2 준비물

Oscilloscope 1조, 저주파 발진기 2조, 가변저항 1개, 변압기(6.3 V), 축전기(0.2 μF)

3 이 론

오실로스코프(Oscilloscope)는 주기적으로 반복되는 전자신호를 나타내는 기구로서, 이 기기를 활용하면 시간에 따라 변화하는 신호를 주기적이고 반복적인 하나의 전압 형태로 파악할 수 있다. 멀티미터(multi-meter)가 전압, 전류, 저항 등의 특정적 신호의 크기만을 나타낸다면 오실로스코프는 신호의 시간적 변화에 따른 신호모양까지를 나타내므로 회로설계자에게 신호 처리 시 많은 정보를 준다. 오실로스코프는 전자공학의 핵심장비로 사용되며 과학, 의학, 통신산업 등의 측정장비로 사용한다. 내부구조는 〈그림 5-42〉와 같이 크게 음극선관(Cathode Ray Tube ; CRT), 수직 증폭기, 수평 증폭기, 시간축 톱니파 발진기 등으로 나눌 수 있다. 음극선관은 전자총(electron gun), 수평 편향판, 수직 편향판, 형광막으로 나누어지며 전자총에서 방출된 전자선속(electron beam)은 형광막쪽으로 사출되고 그 도중에 한 쌍의 수평 편향판과 한 쌍의 수직 편향판 사이를 통과하도록 되어 있다. 전자선속은 각 편향판에 걸리는 전압이 0일 때 형광막의 중심에 **휘점**(spot)을 나타낸다.

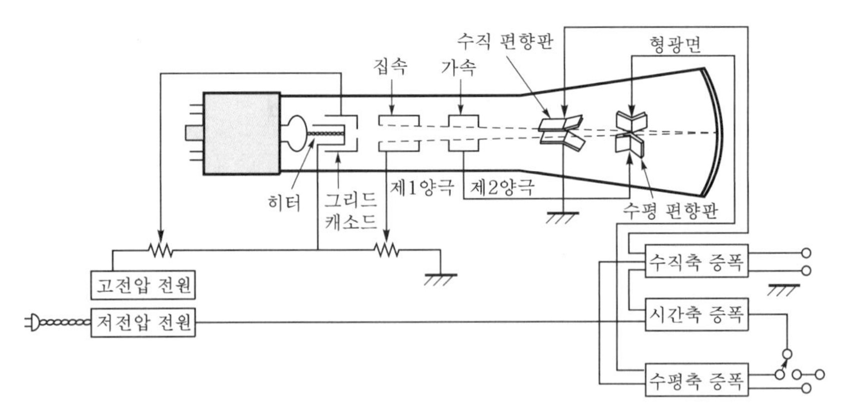

〈그림 5-42〉 Oscilloscope의 구조

전자총 안에 있는 제어 그리드(control grid)는 음극(cathode)에 대해 부전압을 걸어주어 음극에서 방출된 전자의 흐름을 제한하도록 한다. 그러므로 이 부전압(bias 전압)을 변화시켜서 형광막에 나타나는 휘점의 밝기를 조절할 수 있다. 그리고 집속전극인 제1양극에는 약 200 V, 가속전극에는 1000 V 정도의 높은 전압을 걸어서 제어 그리드를 통과한 전자선속은 제1양극에서 집속되고 제2양극에서 가속되어 형광막에 도달된다. 제1양극의 진압을 조절하면 휘점의 크기, 즉 초점을 조절할 수 있다. 그리고 수평 편향판(X축)과 수직 편향판(Y축)의 전압을 조절하면 전자선속의 경로를 바꾸어 형광막 위의 휘점위치를 상하·좌우로 움직일 수 있다. 휘점의 편향은 편향판에 걸리는 전압에 비례한다.
형광막은 규산아연($ZnSiO_3$)이나 황화아연($ZnSO_4$)을 고르게 칠하여 전자가 부딪치면 초록색의 빛을 낸다.

〈그림 5-43〉은 수평 편향판에 소인 회로에 의해서 만들어진 톱니파(sawtooth wave) 전압을 걸고, 수직 편향판에는 사인파(sine wave) 전압을 걸어 줄 때 형광막에 나타나는 휘점의 운동을 나타낸 것이다. 즉, 수평 편향판에 걸리는 톱니파 전압은 휘점을 일정한 속도로 왼쪽에서 오른쪽으로 이동시키는 역할을 하며 형광막에는 휘점이 이동한 흔적이 나타난다. 그리고 수직 편향판에 걸리는 사인파 전압은 전자의 수직운동에 기여한다. 이들 휘점을 일대일로 대응시키면 형광막에는 사인파의 파형이 그려진다. 왼쪽 출발점으로 되돌아가서 다시 다음 사이클에서 똑같은 파형을 그리게 된다. 휘점이 출발점으로 되돌아갈 때에는 너무 빨리 되돌아가기 때문에 이 사이에서는 흔적을 볼 수 없다. 이와 같이 일정한 비율로 이동하는 휘점의 이동을 '시간기준'(time base)으로 이용할 수 있다. 휘점이

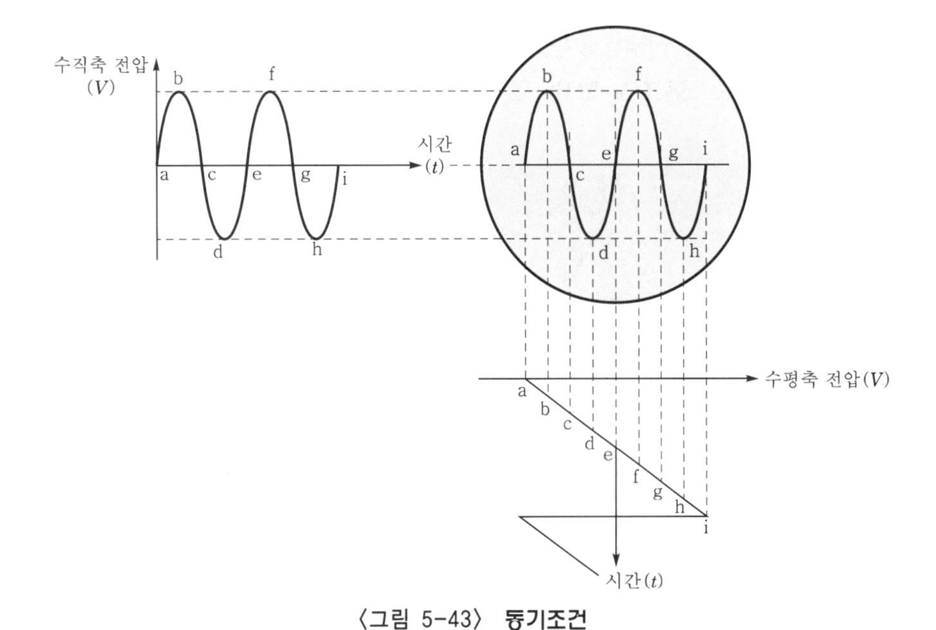

〈그림 5-43〉 **동기조건**

이동한 거리와 걸린 시간은 정확히 비례한다. CRT 수평방향의 편향판에 직선으로 변하는 전압을 가해 전자빔을 왼쪽에서 오른쪽으로 이동하도록 편향하는데 이를 **소인**(sweep, 掃引)이라 한다.

일반적으로 측정하려고 하는 신호를 수직축에 걸고 그 신호의 시간적 변화를 조사한다. 신호가 수직 편향판에 걸리면 형광막에는 이 신호의 시간에 대한 함수모양이 나타난다. 이때 수평축의 소인이 규칙적으로 반복될 때 그 주기가 조사하려는 주기와 같으면(또는 정수배) 파형을 정지하게 되고 같지 않으면 계속 오른쪽으로 진행하게 된다. 톱니파인 소인전압은 수직 편향판에 걸리는 신호와 항상 **동기**(synchronization, 同期)되도록 되어 있다. 현재는 디지털화가 되면서 표시방식이 LCD로 전환되었다.

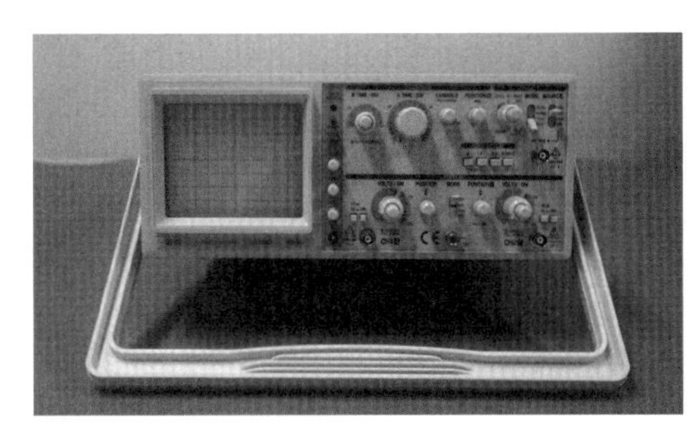

〈그림 5-44〉 **Oscilloscope의 전면**

오실로스코프는 여러 종류가 있고 그 기능도 다양하다. 여기서는 국내에서 생산되는 오실로스코프(50 MHz)를 중심으로 알아본다.

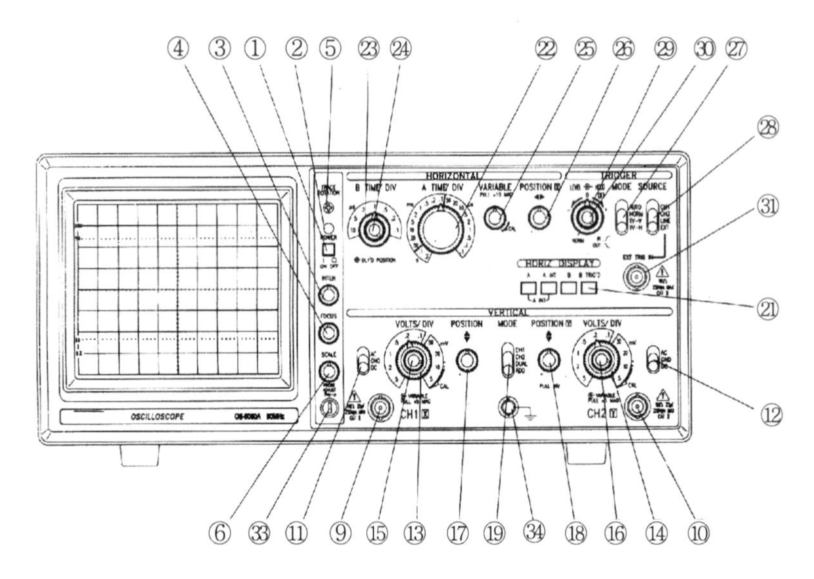

〈그림 5-45〉 Oscilloscope 전면

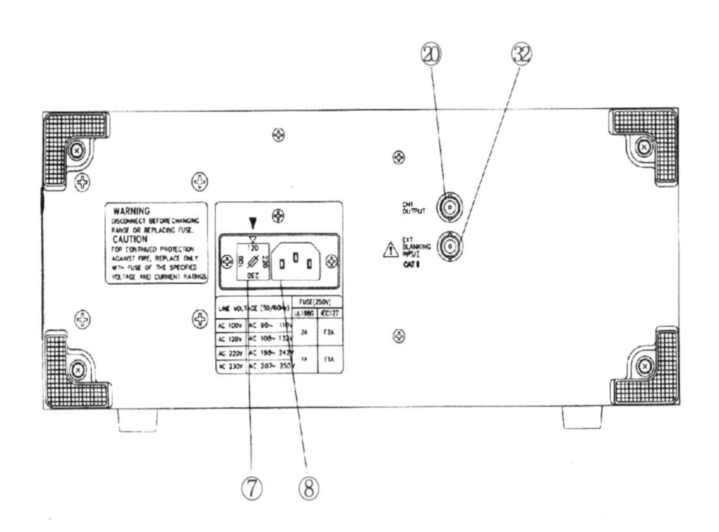

〈그림 5-46〉 Oscilloscope 후면

4 실험방법 및 결과

1) 기본 단자의 기능

〈그림 5-45〉 및 〈그림 5-46〉에 표시된 주요 단자의 기능은 다음과 같다.

① 전원 온오프 단자 (POWER switch) : 스위치를 돌려 기기를 켜고 끄는 단자
② 전원 램프 (POWER lamp) : 동작 중일 때 램프가 켜진다.
③ 세기 조절 단자 (INTEN control) : 신호의 밝기를 조절하는 단자
④ 초점 조절 단자 (FOCUS control) : 신호의 초점을 조절하는 단자
⑤ 회전 조절 단자 (ROTATION control) : 휘선의 수평을 조절하는 단자
⑥ 조명 조절 단자 (ILLUM control) : 어두운 곳에서 화면의 신호를 확인하기 위한 조명장치
⑦ 입력 전원 조절 단자 (Voltage selector) : 입력 전원의 크기를 선택하는 단자(AC 100 V, AC 120 V, AC 220 V, AC 230 V)
⑧ 외부 전원 연결 단자 (Power connector) : 외부 전원과 연결하는 단자

2) 수직증폭 단자의 기능

⑨ CH1 또는 X축 신호 입력 연결 단자 (CH1 or X IN connector) : 외부 신호 입력 단자 1(X, Y축 동시 입력 시에는 X축 입력 신호)
⑩ CH2 또는 Y축 신호 입력 연결 단자 (CH2 or Y IN connector) : 외부 신호 입력 단자 2(X, Y축 동시 입력 시에는 Y축 입력 신호)
⑪ CH1 AC/GND/DC 단자 (CH1 AC/GND/DC switch) : CH1에 입력되는 신호의 종류(AC 또는 DC)를 선택하는 스위치
⑫ CH2 AC/GND/DC 단자 (CH2 AC/GND/DC switch) : CH2에 입력되는 신호의 종류(AC 또는 DC)를 선택하는 스위치
⑬ CH1 VOLTS/DIV 단자 (CH1 VOLTS/DIV switch) : CH1에 입력된 신호의 수직 증폭량을 선택하는 스위치(보통 1칸당의 전압으로 나타냄)
⑭ CH2 VOLTS/DIV 단자 (CH2 VOLTS/DIV switch) : CH2에 입력된 신호의 수직 증폭량을 선택하는 스위치(보통 1칸당의 전압으로 나타냄)
⑮, ⑯ PULL×5MAG 단자 (PULL×5MAG switches) : 수직 증폭의 감도를 5배 증가시킬 수 있는 단자(앞으로 당겨 좌우로 돌림)

⑰ CH1 POSITION 위치 조절 단자 (CH1 POSITION control) : CH1 신호의 위치를 상하로 조절하는 단자

⑱ CH2 POSITION 위치 조절 단자 (CH2 POSITION control) : CH2 신호의 위치를 상하로 조절하는 단자

⑲ V MODE 단자 (V MODE switch) : 입력 신호를 선택하는 단자

3) 소인선 발생 방법

오실로스코프의 전원스위치를 켜기 전에 전원전압을 확인한 후 표와 같이 패널에 있는 손잡이들을 조정하고 그 밖의 모든 손잡이는 위쪽으로 고정시킨다. 조정이 끝나면 전원스위치를 켜고 잠시 기다린 후 INTENSITY 손잡이를 시계 방향으로 돌리면 휘선이 나타난다.

다음에 FOCUS 단자를 조정하여 휘선이 가장 선명하게 되도록 한다. 그리고 좌우 POSITION과 상하 POSITION 손잡이를 조정하여 휘선이 화면의 중앙에 오도록 한다. 경우에 따라서는 지구자기장의 영향 때문에 휘선이 수평축에서 약간 기울어지는데 이런 경우에는 TRACE ROTATION을 조정하여 화면의 중심에서 휘선이 수평축과 일치하도록 교정하면 된다.

실제 측정 시에는 위의 손잡이들을 필요에 따라 다시 조정하면 된다. 전원을 켜둔 채 사용하지 않을 경우에는 INTENSITY를 반시계 방향으로 돌려놓고 FOCUS를 흐려지게 하여야 한다.

소인선을 발생시키기 위해 기본적으로 동작시켜야 하는 단자들의 위치 및 상태는 다음과 같다.

손잡이 명칭	위 치
① POWER switch	OFF(released)
③ INTEN control	Fully CCW
④ FOCUS control	Mid rotation
⑪, ⑫ AC/GND/DC switch	AC
⑬, ⑭ VOLTS/DIV switch	20 mV
⑮, ⑯ VARIABLE controls	Fully CW and pushed in
⑰, ⑱ Vertical POSITION controls	Mid rotation and pushed in
⑲ V MODE switch	CH1
㉑ HORIZ DISPLAY switches	A

손잡이 명칭	위 치
㉒ A TIME/DIV switch	0.5 ms
㉕ A VARIABLE control	Fully CW and pushed in
㉖ Horizontal POSITION control	Mid rotation
㉗ Trigger MODE switch	AUTO
㉘ Trigger SOURCE switch	CH1
㉙ HOLDOFF control	NORM(Fully CCW)
㉚ Trigger LEVEL control	Mid rotation

4) PROBE의 사용법

측정하려고 하는 신호를 PROBE를 사용하여 오실로스코프에 입력시킨다. 이때 입력신호는 PROBE에 의해서 1/10로 감쇠되어 입력되므로 소신호 측정에는 다소 장애가 되지만 고신호 측정 시에는 측정범위가 10배로 확장되어 편리하다. PROBE를 사용하는 경우는 VOLT/DIV 눈금값에 ×10을 한다.
예를 들어 VOLT/DIV이 50 mV/DIV이라면 실제 측정값은 50 mV/DIV×10= 500 mV/DIV이 된다.

측정오차를 줄이려면 프로브(PROBE)를 교정한 후 사용하여야 한다. 먼저 PROBE를 CAL 0.5 V/1 kHz 구형파 출력단자에 연결한다. 이때 PROBE의 극간 용량이 적절하게 조정되어 있으면 〈그림 5-47〉(a)와 같은 파형이 나타난다. 그러나 파형이 (b)나 (c)와 같은 모양으로 나타나면 파형이 (a)와 같아지도록 PROBE에 있는 극간 용량 조정부를 작은 드라이버로 조정한다.

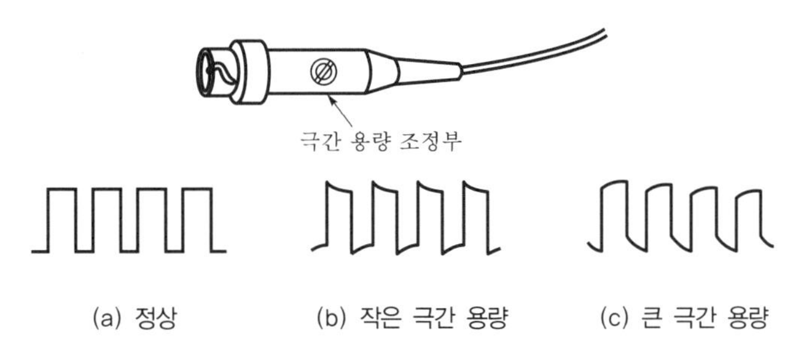

〈그림 5-47〉 **PROBE 극간에 따른 파형**

PROBE를 사용할 때의 입력, 임피던스(impedance)는 10 MΩ, 15 pF가 되므로 피측정 회로에의 영향이 PROBE를 사용하지 않는 경우보다 작아진다.
고주파 신호나 상승시간이 빠른 신호를 측정할 때는 PROBE의 접지선을 측정하려고 하는 위치에서 가장 가까운 곳에 두어야 한다. 접지선의 위치가 멀 때는 Ringing이나 Over-shoot과 같은 파형의 찌그러짐이 발생할 수 있다.

5) 측정의 실제

① **직류전압 측정** : 직류전압은 휘선의 수직 이동거리로 측정한다. 휘선이 위쪽으로 이동할 때는 +, 아래쪽으로 이동할 때는 −이다.

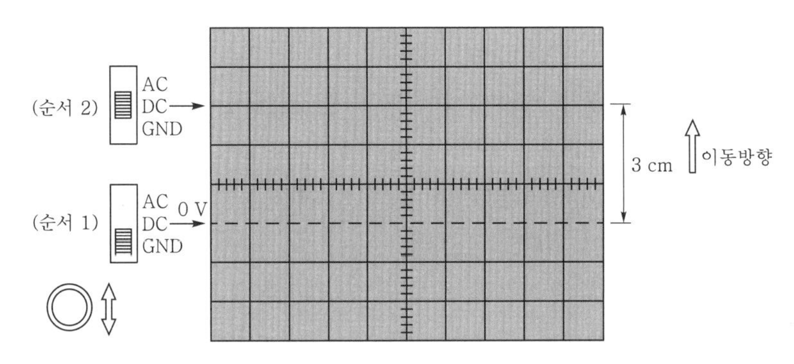

〈그림 5-48〉 **직류전압 측정 시 파형**

먼저 입력단의 연결위치(AC−GND−DC)를 GND에 놓고 0전위(기준전위) 위치를 결정한다. 다음에 VOLT/DIV을 적절히 조정하고 AC−GND−DC를 DC로 바꾼다. 그러면 휘선은 DC 전압만큼 이동하게 되므로 이때의 DC 전압은 VOLT/DIV의 지시값에 휘선이 이동한 눈금을 곱하면 된다. 예를 들어 〈그림 5−48〉과 같이 VOLT/DIV가 20 mV/DIV 휘선이 위쪽으로 3 DIV만큼 이동하였다면 직류전압은 20 mV/DIV × 3 DIV = 60 mV가 된다. 그리고 10 : 1 PROBE를 사용하였으면 전압의 실제값은 10배가 된다. 즉,

$$20\ \text{mV/DIV} \times 3\ \text{DIV} \times 10 = 600\ \text{mV} = 0.6\ \text{V}$$

이다. 일반적으로 1 DIV은 1 cm이다.

■ 건전지의 단자전압을 직류전압계로 측정하고 또 오실로스코프로도 측정하여 그 값을 비교하여 보아라.

- 직류전압계로 측정한 전압은 몇 V인가?

- 오실로스코프로 측정한 전압은 몇 V인가?

- 두 측정값은 서로 같은가? 다르다면 그 이유는 무엇인가?

② **교류전압 측정** : 직류전압을 측정할 때와 같은 방법으로 측정하면 된다. 그러나 교류전압 측정 시에는 기준전위를 결정하지 않아도 되며, 다만 기준전위는 측정이 용이한 위치로 이동시키면 된다.

예를 들어 VOLT/DIV이 20 mV/DIV일 때 〈그림 5-49〉와 같은 파형이 나타났다면 교류전압은 $20\text{ mV/DIV} \times 4\text{ DIV} = 80\text{ mV}_{p-p}$가 되고 10 : 1 PROBE를 사용하였으면 전압의 실제값은 10배가 된다. 즉,

$$20\text{ mV/DIV} \times 4\text{ DIV} \times 10 = 800\text{ mV}_{p-p} = 0.8\text{ V}_{p-p}$$

가 된다.

작은 신호를 확대하여 관찰할 때는 AC-GND-DC 스위치를 AC로 놓고 측정한다. 이때에는 직류전압이 제거되고 교류전압만 높은 감도로 측정할 수 있다.

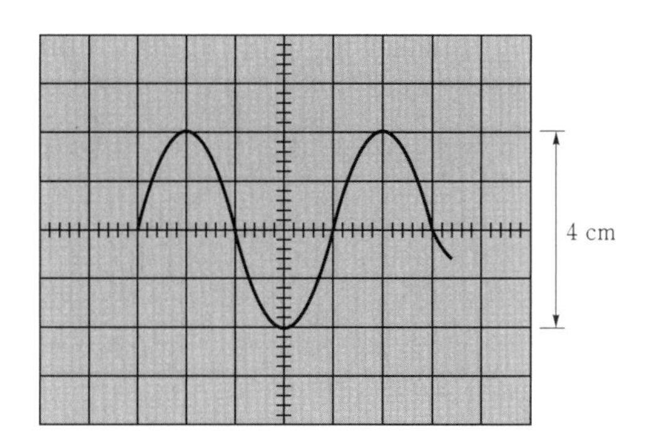

〈그림 5-49〉 교류전압 측정 시 VOLT/DIV 설정이 중요하다.

■ PROBE의 감쇠기를 써서 실험실에 들어오는 교류전원의 전압을 측정하고 이를 교류전압계로 측정한 값과 비교하자.

- 교류전압계로 측정한 전압은 몇 V인가?

- 오실로스코프로 측정한 전압은 몇 V인가?

- 이 전압의 실효값은 얼마인가?

③ **주파수와 주기 측정** : 교류전압을 측정할 때 화면에 나타난 파형이 〈그림 5-50〉과 같다면 이 신호의 한 주기는 A에서 B까지이며, 그 간격은 2.0 DIV이다. 이때 TIME/DIV이 1 ms/DIV에 놓여 있다면 이 신호의 주기 T는

$$T = 1\ \text{ms/DIV} \times 2.0\ \text{DIV} = 2.0\ \text{ms} = 2.0 \times 10^{-3}\ \text{s}$$

이다. 따라서 이 신호의 주파수 f는

$$f = \frac{1}{T} = \frac{1}{2.0 \times 10^{-3}} = 500\ \text{Hz}$$

이다. 만일 MAG×10 손잡이가 앞으로 당겨진 상태에 있으면 TIME/DIV은 $\frac{1}{10}$로 바꾸어야 한다.

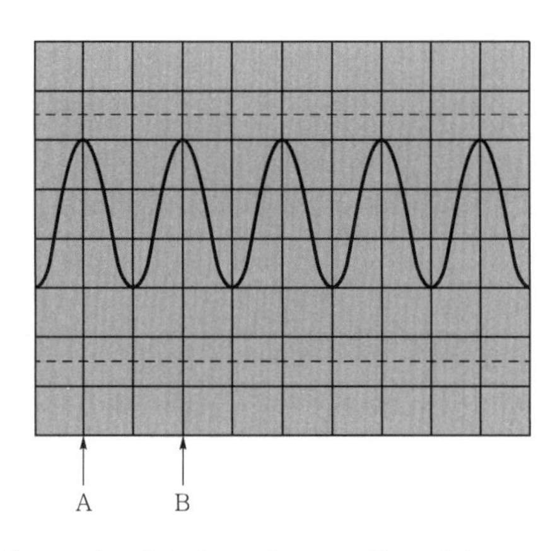

〈그림 5-50〉 **화면의 세로눈금값을 이용한 주기 측정**

■ 변압기의 2차측 6.3 V 단자의 교류전압을 교류전압계로 측정하여라. 그리고 이 단자를 오실로스코프에 연결하고 그 파형과 전압을 측정하자.

- TIME/DIV의 위치는 어디인가?

- 한 주기의 간격은 몇 DIV인가?

- 이 신호의 주기는 얼마인가?

- 이 신호의 주파수는 얼마인가?

④ **리서쥬 도형에 의한 주파수와 위상차 측정** : 동기신호원 선택스위치 SOURCE를 EXT로 놓고 CH1과 CH2에 각각 신호를 가하면 두 신호 사이의 관계를 나타내는 **리서쥬(lissajous) 도형**이 나타난다. 이 도형에서 두 신호 사이의 위상 및 주파수를 측정할 수 있다.
어떤 신호의 주파수를 측정하는 데 리서쥬에 의한 방법이 많이 사용된다. 먼저 CH1에 발진기(sine square generator)를 접속하여 진폭을 약 4 DIV(4 cm)로 한다. 그리고 미지주파수의 신호를 CH2에 가하여 진폭을 4 DIV로 조정한다. 다음 발진기의 주파수를 서서히 변화시켜 가면 어느 곳에서 파형이 〈그림 5-51〉과 같이 되는 곳이 있다.
기본적으로 직선 또는 원이 될 때 두 신호의 주파수의 관계는 1 : 1이 되고 이때가 발진기의 주파수와 미지신호의 주파수가 일치하는 곳이다. 리서쥬 도형은 두 신호의 주파수를 구할 수 있다.

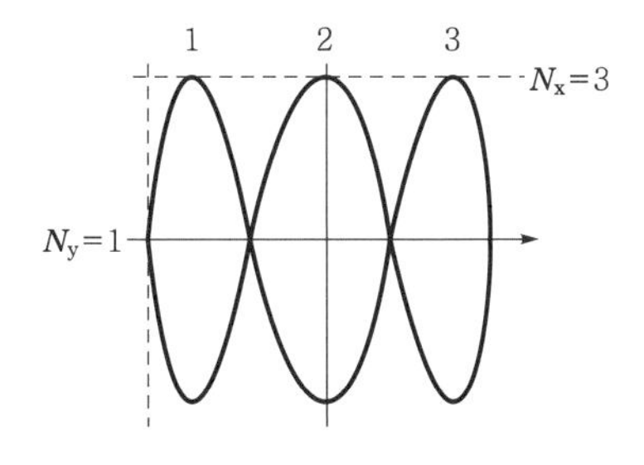

〈그림 5-51〉 리서쥬 도형

리서쥬 도형에서 수평의 접선에 접하고 있는 루프의 수를 N_x, 수직의 접선에 접하고 있는 루프의 수를 N_y라고 하자. 이때 수평방향의 입력신호 주파수를 f_x, 수직방향의 입력신호를 f_y라고 하면 다음 관계가 성립한다.

$$\frac{f_y}{f_x} = \frac{N_x}{N_y}$$

만약 f_x의 값을 모른다면 다음 식으로 구할 수 있다.

$$f_x = f_y \times \frac{N_y}{N_x}$$

- 〈그림 5-51〉에서 발진기의 주파수가 15 kHz이었다면 미지의 주파수는 얼마인가?

■ 두 대의 발진기를 사용하여 CH1과 CH2에 연결하고 여러 가지 주파수의 비를 만들어 〈그림 5-52〉와 같은 리서쥬 도형을 만들어 보자.

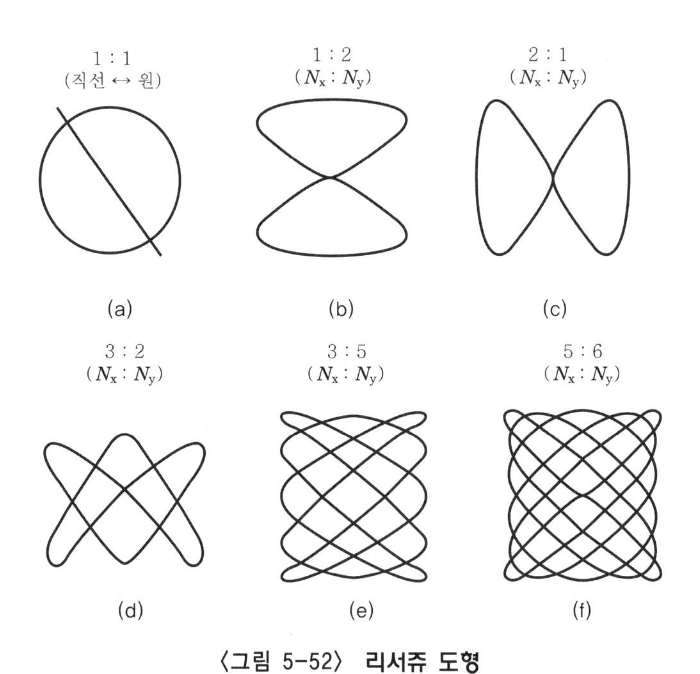

〈그림 5-52〉 리서쥬 도형

- 리서쥬 도형의 모양에 따라 두 신호의 주파수비는 어떠한가?

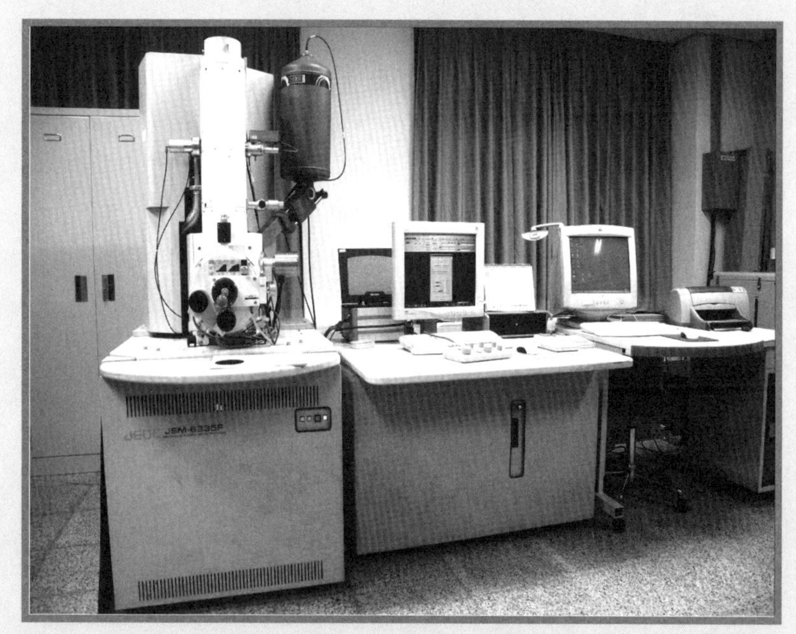

전자현미경은 가속된 전자빔을 시료에 조사시켜 표면에서 발생되어 나오는 2차 전자, 후방 산란전자를 수집하여 그 신호들을 영상화시켜 미시영역을 관찰하는 표면분석장비이다.

chapter

06 현대물리

01 음극선 실험

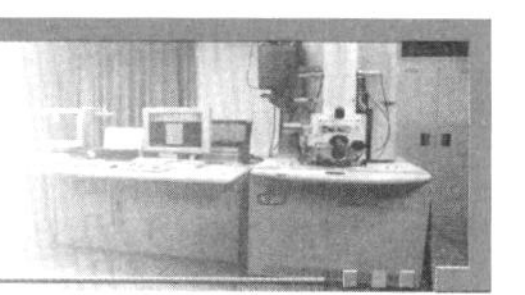

1 목 적

진공관 내의 압력에 따른 방전모습을 관찰하고, 여러 종류의 음극선관을 이용하여 음극선의 성질을 알아본다.

2 준비물

진공방전관 1개, 음극선관(십자, 활차, 형광판) 각 1개, 진공펌프 1개, 진공호스, 진공그리스, 유도코일(또는 고압 전원장치) 1개, 말굽자석 1개, 압력계 1개, 전원장치 1개

3 이 론

일반적으로 진공상태는 공간에 어떤 물질도 존재하지 않는 상태를 일컫지만, 그러한 상태를 만들기는 매우 어렵다. 따라서 일정한 용기 속에 들어 있는 공기를 어느 정도 빼내어 압력이 낮아진 상태가 되면 이를 **진공상태**라고 부른다. 이러한 상태에서 아주 높은 전압을 걸어주면 기체분자들이 이온화되고 전기를 띤 입자들이 충돌로 인해 전기를 잃으면서 불꽃이 튀는데 이 현상을 **진공방전**(vacuum discharge)이라고 부른다.

진공방전관 내의 압력이 비교적 낮은 기압(50 mmHg 이하)에서 수천 V의 인가전압을 걸 때 일어나는 방전현상은 1859년 독일의 유리공이었던 **가이슬러(Heinrich Geissler)**가 발견하였고 이런 방전관을 **가이슬러관**(Geissler tube)이라고 부른다.

19세기 초기의 진공방전관은 부분적인 진공상태로 제작되었으며, 그중에서 **크룩스관**(Crookes tube)은 1869~1875년경 영국의 물리학자 **크룩스**(Sir William Crookes)가 고안했다. 크룩스관을 연구하는 과정에서 음극선이 발견되었다. 이 음극선의 정체는 1897년 영국의 물리학자 **톰슨**(J. J. Thomson)에 의해 (−)전하를 띤 전자의 흐름이라는 것이 증명되었다.

진공방전관 내에 저압의 여러 가스를 넣고 방전시켜 기체의 특성 등을 연구하는 형태의 방전을 **글로방전**(glow discharge)이라고 한다. 글로방전은 함유가스 유리관 두 금속 전극 사이에 전압을 인가함으로써 생성된다. 사용되는 가스에 따라 색상이 달라진다. 글로방전은 네온등, 형광등, 플라즈마 디스플레이 등과 같은 장치의 광원으로 사용된다.

〈그림 6−1〉과 같은 진공방전관의 두 전극에 높은 전압을 걸고 진공펌프를 연결하여 관 속의 공기를 빼면 관 내의 압력에 따라 여러 모습으로 방전하게 된다. 이것은 방전관 내의 분자들이 강한 전기장에 끌려 전극과 충돌하면서 이온화되고, 이렇게 이온화된 분자들이 전기장 속에서 힘을 받아 운동하면서 인접한 분자들과 충돌하여 들뜬 상태를 만들어 빛을 내기 때문이다.

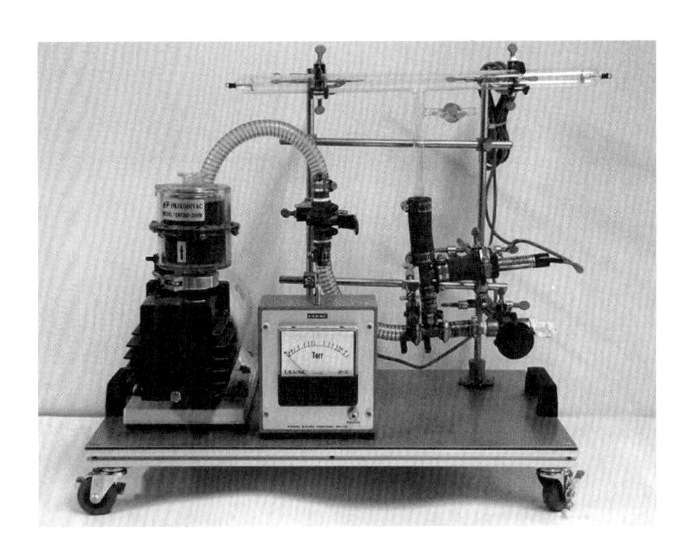

〈그림 6−1〉 진공방전현상 관찰장치

4 실험방법 및 결과

- 진공방전관, 유도코일, 진공펌프, 압력계를 〈그림 6-2〉와 같이 연결하고 관 내의 압력을 낮추어 가면서 방전하는 모습을 관찰하자.

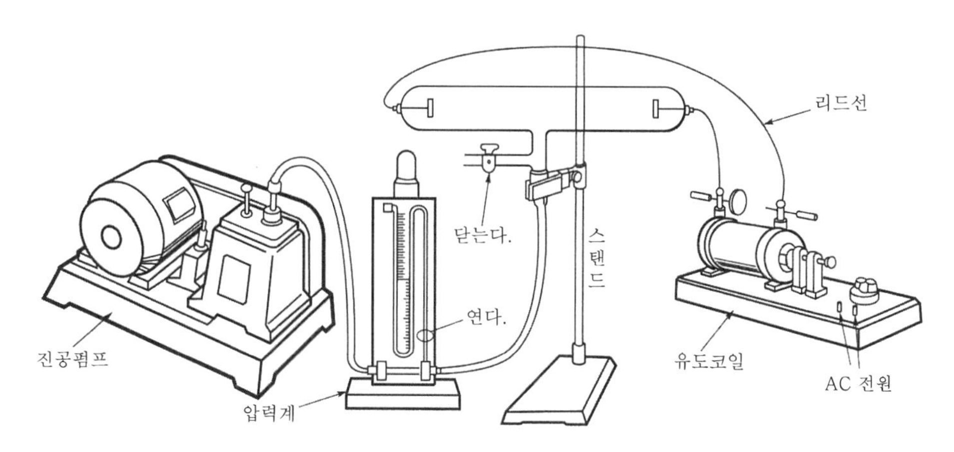

〈그림 6-2〉 **진공방전장치의 개략도**

- 압력에 따라 방전하는 모습을 조사해 보자.

- 양극 근처에 형광이 생기는 것은 음극에서 무엇이 나와 양극쪽으로 이동하기 때문으로 생각할 수 있다. 이때 음극에서 나오는 것은 무엇이라고 생각하는가?

- 〈그림 6-3〉과 같이 활차가 들어 있는 음극선관을 유도코일에 연결하고 방전시켜 나타나는 현상을 알아 보자.

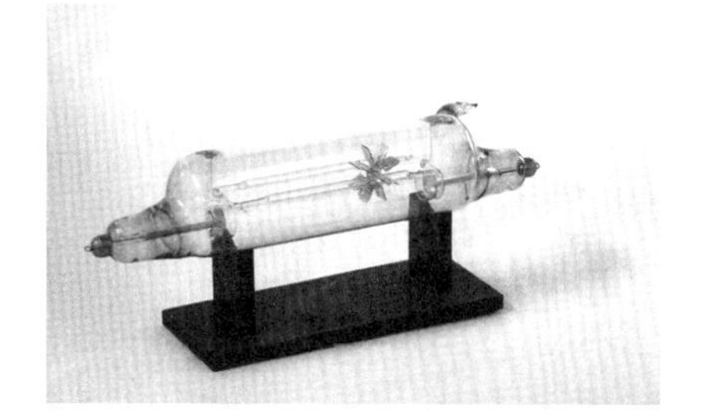

〈그림 6-3〉 **활차가 들어 있는 음극선관**

- 활차는 어떻게 되는가?

- 전극을 바꾸면 어떻게 되는가?

- 이 실험에서 음극선은 어떤 성질을 갖고 있음을 알 수 있는가?

■ 〈그림 6-4〉와 같은 형광판이 들어 있는 음극선관을 유도코일에 연결하고 방전시켜 나타나는 현상을 알아보자.

- 어떤 현상이 나타나는가?

- 음극선의 진행방향과 수직이 되도록 말굽자석으로 자기장을 걸어 줄 때 음극선의 진로는 어떻게 되는가?

- 자기장의 방향을 반대로 할 때에는 어떻게 되는가?

- 음극선은 균일한 자기장에서 어떤 운동을 하는가?

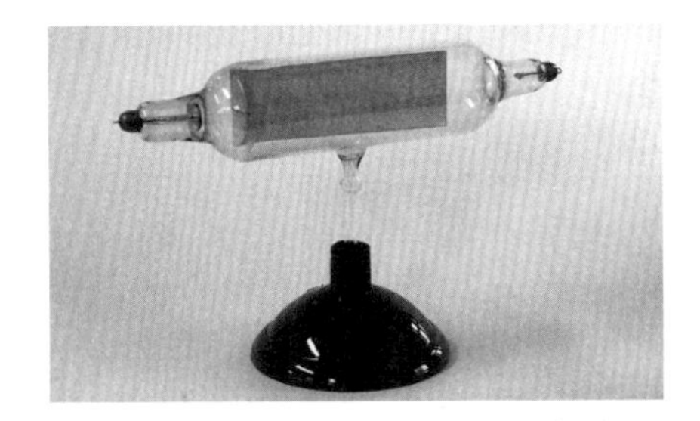

〈그림 6-4〉 **형광판이 들어 있는 음극선관**

- 이 실험으로 음극선에 대해 어떤 사실을 알 수 있는가?

- 자기장 대신 전기장을 걸어준다면 어떻게 될까?

■ 〈그림 6-5〉와 같이 음극의 앞쪽에 십자모양의 알루미늄판이 들어 있는 음극선관을 유도코일에 연결하고 방전시켜 나타나는 현상을 알아보자.

- 양극 쪽의 유리벽에 어떤 변화가 생겼는가?

- 이 결과에서 음극선은 어떤 성질을 갖고 있음을 알 수 있는가?

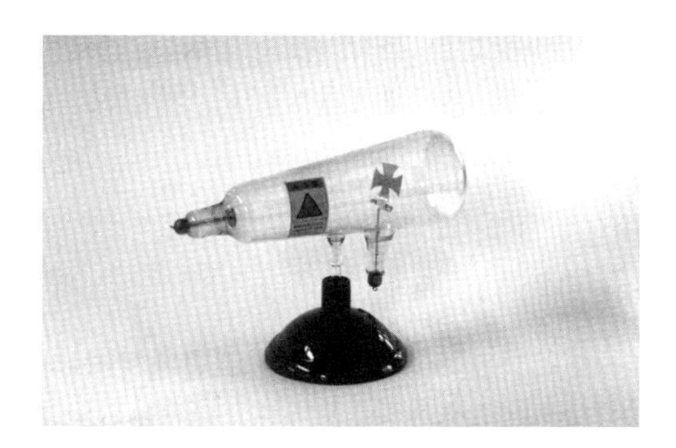

〈그림 6-5〉 **십자판이 들어 있는 음극선관**

■ 이상의 실험을 통해 알게 된 음극선의 성질을 정리해 보자.

■ 음극선이 금속과 부딪치면 X선이 발생할 수 있다. 이 X선은 인체에 유해한 요소로 작용할 수 있다.

- X선으로부터 보호하기 위해 어떤 주의가 필요한가?

02 광전 효과

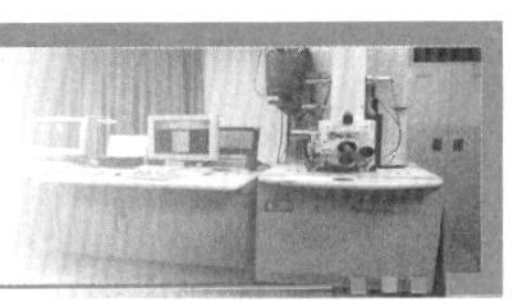

1 목 적

- 광전관을 이용하여 광전 효과 현상을 관찰하고 이해한다.
- 단색광의 파장에 따른 광전자의 저지전압을 측정하여 플랑크 상수(Planck's constant)를 구한다.

2 준비물

광전 효과 실험장치(광전관 부착) 1조, 단색 광원용 필터(빨강, 주황, 노랑, 초록, 파랑) 1조, 전압계 1개, 전류계 1개

3 이 론

금속에 빛이나 자외선을 쪼였을 때 그 표면에서 전자가 튀어나오는 현상을 **광전 효과**(photoelectric effect)라고 한다. 이때 튀어나오는 전자를 **광전자**라고 한다.

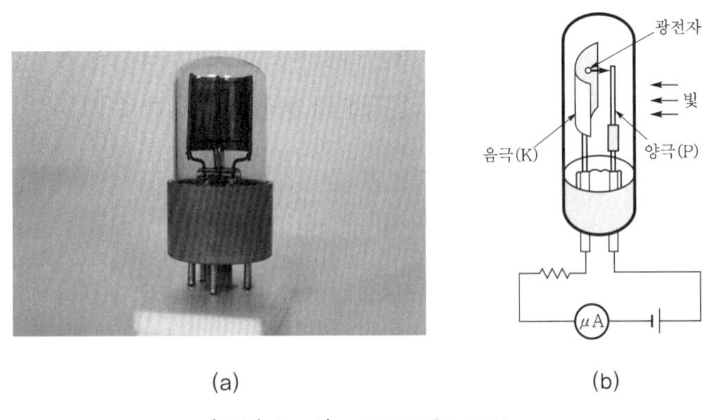

(a) (b)

〈그림 6-6〉 광전관의 구조

광전관은 〈그림 6-6〉과 같이 광전효과가 잘 일어나는 금속을 음극(K)으로 하고, 이와 마주 보는 양극(P)으로 구성된 진공관으로 되어 있다.

두 극 사이에 (−)와 (+) 전극을 각각 연결하고 일정한 전압을 걸어 준 다음 광전관의 금속에 빛을 조사하면 광전자가 방출되어 양극으로 이동하므로 회로에 미세한 광전류가 흐르게 된다. 이때 빛의 양을 조리개를 이용하여 조절하면 이에 따라 광전류의 크기가 변한다.

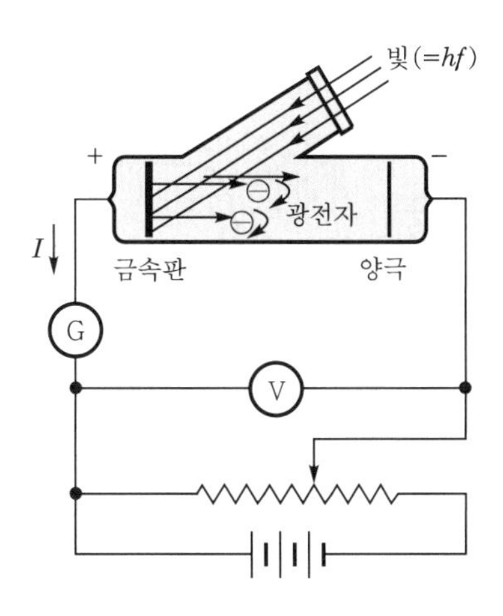

〈그림 6-7〉 저지전압의 측정원리

이번에는 〈그림 6-7〉과 같이 금속판을 (+)로, 양극을 (−)로 연결하여 역전압을 걸어 주면 광전자는 감속되고, 계속해서 이 역전압이 증가하면 속도가 더 빠른 전자들도 감속되어 양극에 도달하는 광전자의 수가 적어지므로, 광전류가 점점 작아져서 전류계의 눈금이 0이 된다. 즉, 어떤 전압($V_{저지}$)에 이르면 가장 빠른 전자(최대 운동에너지를 갖는 전자)까지 정지되어 전류가 흐르지 않게 된다. 이때 역전압에 의해서 가장 빠른 전자를 멈추게 하는 데 해준 일은 전자의 전하량과 저지전압의 곱인 $eV_{저지}$며, 이 일은 이 전자들이 금속표면에서 튀어나올 때 갖고 있던 운동에너지와 같다.

$$\frac{1}{2}mv^2 = eV_{저지} \quad \cdots\cdots (1)$$

이때 m은 전자의 질량이고, v는 전자의 속도이다.

아인슈타인은 빛을 금속표면에 조사하면, 금속 내의 각 전사가 각각 한 개의 광자에너지를 흡수하여 hf 만큼의 에너지를 얻는다고 하였다. 여기서, h는 **플랑**

크 상수(plank constant)이고, f는 빛의 진동수이다. 이때 광전자의 운동에너지를 $KE = \frac{1}{2}mv^2$, 각 전자가 금속표면에서 벗어나는 데 필요한 에너지를 **일함수**(work function) W라고 하면 다음의 관계가 성립한다.

$$KE = hf - W \quad \cdots\cdots (2)$$

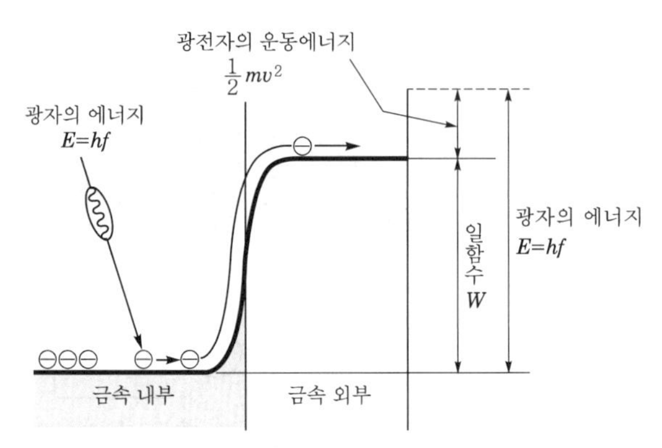

〈그림 6-8〉 **광자의 에너지, 일함수, 광전자의 운동에너지 사이의 관계**

따라서 $hf > W$일 때 〈그림 6-8〉에서와 같이 각 전자는 광자의 에너지 hf를 흡수하여 일함수 W를 소비하고, 남은 에너지를 운동에너지로 하여 금속 밖으로 튀어나온다. 그러나 $hf < W$일 때는 $KE < 0$가 되므로 광전자는 방출되지 않는다. $hf = W$일 때의 f_c를 **문턱 진동수** 또는 **한계 진동수**(threshold frequency)라고 한다.

따라서, 식 (1), (2)에서 다음과 같은 관계식이 성립한다.

$$eV_{저지} = hf - W \quad \cdots\cdots (3)$$

따라서, 저지전압 V저지를 측정하면 광전자의 최대 운동에너지를 알 수 있다. 즉, eV저지 $= \frac{1}{2}mv^2$이다. 일함수나 광전자의 에너지를 나타내는 단위는 J 또는 eV를 사용한다.

$1\ eV = 1.602 \times 10^{-19}$ J이고, $1\ J = \frac{1}{1.602 \times 10^{-19}}$ eV이다.

따라서, $1\ J = 6.242 \times 10^{18}$ eV이다.

4 실험방법 및 결과

- 광전관에 Filter를 통과하지 않은 빛이 들어가지 않도록 광전관을 완전히 차단하고, Collector 눈금을 최저로 놓는다. ZERO ADJ를 좌우로 돌리며 검류계의 눈금이 0 이 되도록 조절한다. GAIN CONT를 최대로 조절한 후 광전관에 Filter를 끼우고, 광원장치의 세기 조절 손잡이를 돌려 광원을 켠다.

〈그림 6-9〉 **광전효과 실험장치의 앞면과 뒷면**

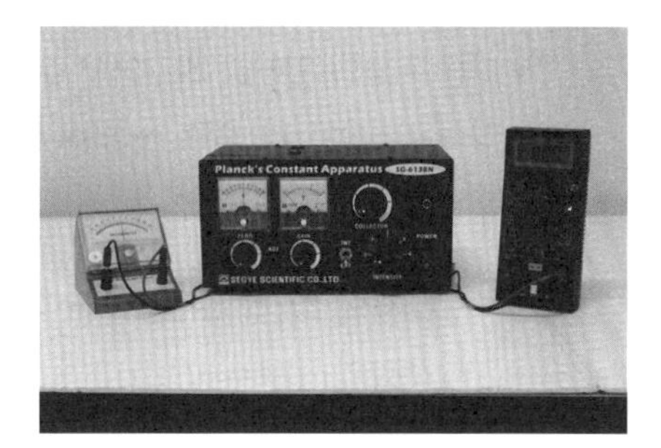

〈그림 6-10〉 **광전관을 비춰주는 광원과 실험장치의 연결모습**

• 검류계를 통해 광전류가 흐르는 것을 확인할 수 있는가?

- 검류계의 지침이 측정 가능범위에 올 수 있도록 GAIN 손잡이를 조절한다. Collector를 돌리며 광전류가 0 이 되도록 역전압을 증가시켜 저지전압 $V_{저지}$를 측정하자.

※ 앞에 있는 외부출력 선택스위치를 INT에 놓을 경우 장치에 있는 검류계와 직류전압

계를 사용하고, EXT에 놓을 경우 〈그림 6-10〉과 같이 장치의 뒷면에 검류계와 직류전압계를 연결하여 사용할 수 있다.

- 이때 필터의 파장 λ는 몇 nm인가?

- 필터를 통과한 빛의 진동수 f는 몇 Hz인가?

- 실험에 사용한 광전관의 금속 물질은 무엇인가? 그 일함수는 몇 eV인가?

- 저지전압 $V_{저지}$는 얼마인가?

- 이때 광전자의 최대 운동에너지 $\mathrm{KE}_{최대}$는 얼마인가?

■ 다른 종류의 필터로 바꾸어서 실험하고, 그때마다 저지전압을 측정하여 다음 표에 기록하자. 그리고 광전자의 최대 운동에너지 $\mathrm{KE}_{최대}$와 진동수 f 사이의 관계 graph를 그려 보자.

필터의 종류					
단색광의 파장 λ(nm)					
단색광의 진동수 f(Hz)					
저지전압 $V_{저지}$(V)					
최대 운동에너지 $\mathrm{KE}_{최대}\left(\frac{1}{2}mv^2\right)$(J)					

(* 파장값은 필터의 종류에 따라 다를 수 있다.)

- 저지전압 $V_{저지}$와 진동수 f 사이의 관계는 어떠한가?

- 광전자의 최대 운동에너지 $\mathrm{KE}_{최대}\left(\frac{1}{2}mv^2\right)$와 진동수 f 사이에는 어떤 관계가 있는가?

- 〈그림 6-11〉 graph의 기울기는 얼마인가? 이 값은 무엇을 뜻하는가?
- graph에서 구한 플랑크 상수와 기준값 사이에는 얼마나 차이가 있는가? 차이가 있다면 그 이유는 무엇인가?

- graph에서 광전관 내에 있는 금속의 일함수 W 및 문턱 진동수 f_c 를 구하자.

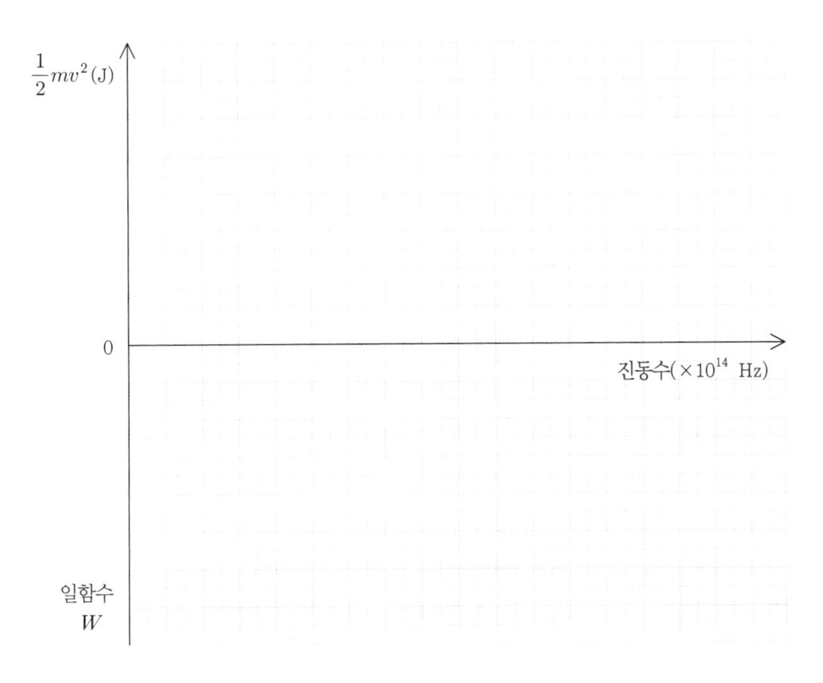

〈그림 6-11〉 $\frac{1}{2}mv^2 - f$의 관계 graph

■ 몇 가지 물질의 일함수는 다음과 같다.

물질	일함수 (eV)	물질	일함수 (eV)
Cs	1.80	Al	4.08
Na	2.28	Pb	4.14
Ca	2.70	Zn	4.31
Mg	3.70	Cu	4.70

03 전자의 비전하(e/m) 측정

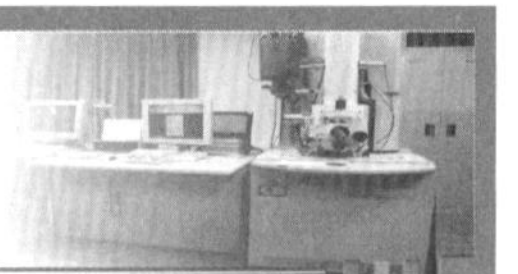

1 목 적

균일한 자기장 속에서 전자를 원운동시키고, 이를 분석하여 전자의 전하량과 질량의 비(e/m)를 구한다.

2 준비물

전자빔 편향관 1개, 고압 전원장치(150 ~ 300 VDC) 1조, 헬름홀츠 코일($N=$ 130 회, $R=$ 0.15 m) 2개, 헬름홀츠용 전원장치(6 ~ 9 VDC) 1조, 필라멘트 가열용 전원장치(AC 또는 DC 6.3 V) 1조, 반지름 측정용 거울 1개

3 이 론

자기장이 B (N/A m)인 곳에서 자기장의 방향과 수직하게 전하량 e (C)인 대전입자가 속도 v (m/s)로 운동할 때 이 입자가 받는 힘은 다음과 같다.

$$F = evB(\mathrm{N}) \quad \cdots\cdots (1)$$

〈그림 6-12〉 자기장 내 수직으로 입사한 전자가 편향되어 원운동하는 모습

이 힘을 **로렌츠(Lorentz) 힘**이라 하며 자기장 내에서 대전입자가 등속원운동을 하게 하는 구심력이 된다. 이때 입자의 궤도반지름을 r(m)이라고 하고, 질량을 m이라 하면 구심력은 mv^2/r 이다.

$$\frac{mv^2}{r} = evB \quad \cdots\cdots (2)$$

한편 전위차가 V인 평행판 축전기 사이에서 대전입자가 가속되는 경우에 대전입자가 얻는 운동에너지는 다음과 같다.

$$\frac{1}{2}mv^2 = eV \quad \cdots\cdots (3)$$

따라서 식 (2)와 (3)에서 다음의 관계가 얻어진다.

$$e/m = \frac{2V}{B^2r^2}\,(\mathrm{C/kg}) \quad \cdots\cdots (4)$$

여기서, e/m 을 **전자의 비전하**라고 한다. 이 식에서 V, B, r 을 측정하면 e/m 을 결정할 수 있다.

〈그림 6-13〉 **헬름홀츠 코일**

이때 자기장의 형성은 〈그림 6-13〉과 같이 2개의 코일로 이루어진 **헬름홀츠(Helmholtz) 코일**을 사용한다. 각 코일 간의 거리가 코일의 반지름 만큼 떨어져 있으면, 그 중간 지점에는 거의 균일한 자기장이 형성된다. 이때 중간 지점에서 자기장의 세기는 다음과 같다.

$$B = \frac{\mu_0 NI}{R}\frac{8}{\sqrt{125}}\,(\mathrm{N/A\,m}) \quad \cdots\cdots (5)$$

여기서, N은 각 코일의 감긴 횟수이며, I는 코일에 흐르는 전류이고, R은 코일의 반지름, μ_0는 진공 중에서의 투자율로 $4\pi \times 10^{-7}\,\mathrm{N\,s^2/C^2}$ 이다. 따라서 식 (5)에서 B를 구하고 V와 대전입자의 궤도반시름 r(m)을 측정하면 e/m이 얻어진다.

4 실험방법 및 결과

- 〈그림 6-14〉와 같이 회로를 연결하고, 필라멘트를 충분히 가열한다. 그리고 양극판에 가속전압을 걸어 주면 필라멘트에서 방출된 열전자는 가속되어 가늘고 선명한 선으로 나타난다. 헬름홀츠 코일에 일정한 전류를 흐르게 하여 자기장을 형성시키면 전자의 궤도가 바뀌게 되는데, 이때 전자의 궤도반지름은 전자빔 편향관 뒤쪽에 있는 거울에 비친 모습을 보고(시차법 이용) 측정할 수 있다.

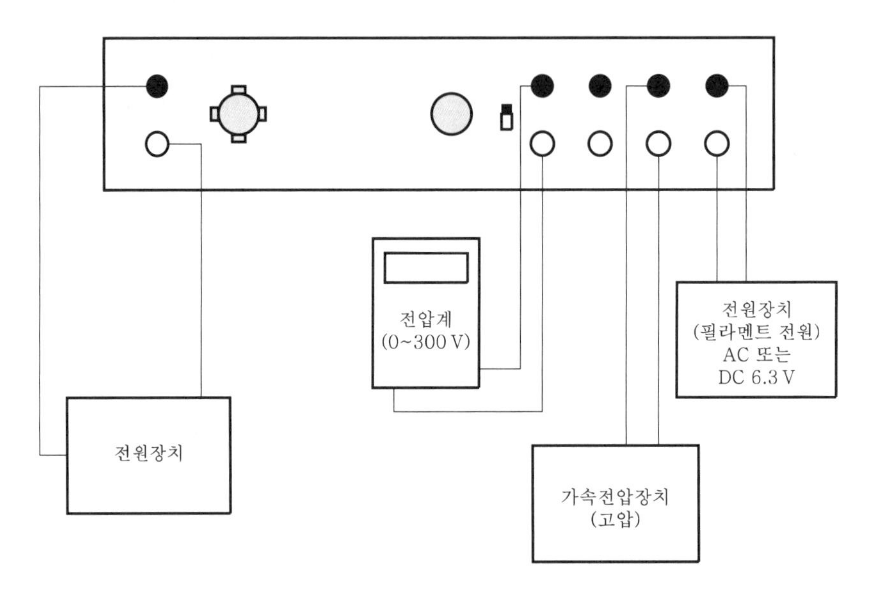

〈그림 6-14〉 e/m 측정장치와 회로 연결방법

■ 헬름홀츠 코일에 흐르는 전류를 일정하게 하고, 전자의 가속전압을 변화시켜 본다. 반대로 가속전압을 일정하게 유지하고, 헬름홀츠 코일에 흐르는 전류를 바꾸어 가면서 다음 표를 완성하라.

구 분	헬름홀츠 코일의 전류 I(A)	B (N/A m)	가속전압 V(V)	궤도반지름 r(m)	e/m(C/kg)
헬름홀츠 코일에 흐르는 전류가 일정한 경우	$I_{\mathrm{H}} =$	$B=$	$V_1 =$		
			$V_2 =$		
			$V_3 =$		
			$V_4 =$		
가속전압이 일정한 경우	$I_{\mathrm{H}} =$	$B_1 =$	$V=$		
	$I_{\mathrm{H}} =$	$B_2 =$			
	$I_{\mathrm{H}} =$	$B_3 =$			
	$I_{\mathrm{H}} =$	$B_4 =$			

- 헬름홀츠 코일의 반지름은 몇 m인가?

- 각각의 코일의 감긴 수는 몇 회인가?

- 전자의 가속전압은 얼마인가?

- 헬름홀츠 코일에 흐르는 전류는 얼마인가?

- 전자의 궤도반지름은 얼마인가?

- 식 (4)를 이용하여 e/m 를 계산해 보자.

- e/m의 기준값과 비교하고 오차가 있으면 그 원인을 찾아보자.

- 헬름홀츠 코일에 흐르는 전류를 일정하게 하고 가속전압을 증가시키면 전자의 궤도 반지름 r은 어떻게 변하는가?

- 가속전압을 일정하게 하고 헬름홀츠 코일에 흐르는 전류를 증가시키면 전자의 궤도 반지름 r은 어떻게 변하는가?

■ 영국의 물리학자 톰슨(J. J. Thomson)은 다른 금속으로 필라멘트를 만들어 e/m 을 측정한 결과 모두 같은 값을 얻었다고 한다.

- 이 사실로부터 무엇을 알 수 있는가?

04 기본전하량 측정

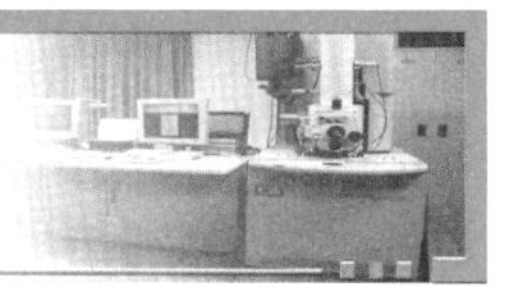

1 목 적

대전된 기름방울을 전기장이 걸려 있는 극판 사이에 넣었을 때의 운동을 조사하고 전기장 내에서 기름방울의 운동속도와 대전량 사이의 관계를 구하여 전하량의 기본 단위를 측정한다.

2 준비물

밀리칸의 기본전하량 측정장치 1개, 전원공급장치(0 ~ 500 VDC) 1개, 밀도를 알고 있는 기름 1병, 레이저(He−Ne, 1 mW) 1개, 서포트 잭(Support jack) 1개, 초시계

3 이 론

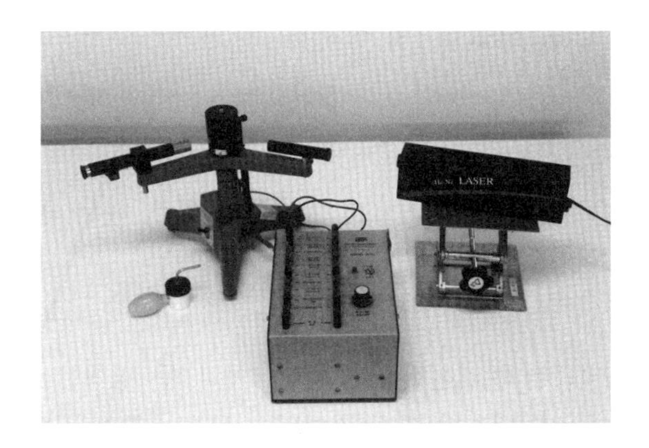

〈그림 6-15〉 **밀리칸의 기본전하량 측정장치**

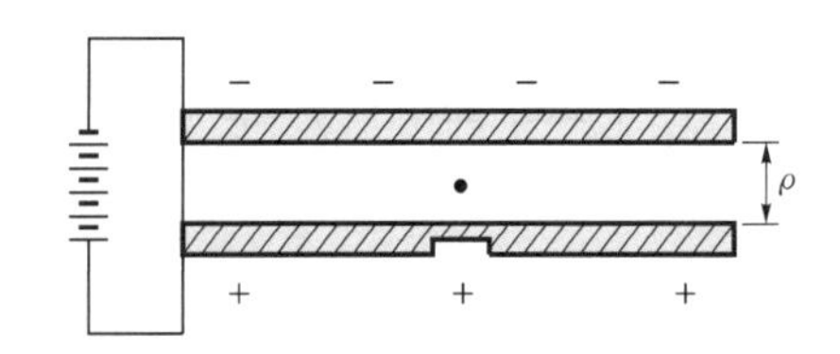

〈그림 6-16〉 밀리칸의 기본전하량 측정장치의 전압이 걸리는 극판

〈그림 6−16〉과 같은 밀리칸(R. A. Millikan)의 기본전하량 측정장치의 평행한 두 금속판 사이에서 대전입자의 운동을 생각해 보자. 두 평행판에 전압이 걸리지 않았을 때는 입자에 중력만 작용하지만 전압이 걸렸을 때는 중력과 전기력이 동시에 작용한다.

중력과 전기력이 같은 방향으로 작용할 때 입자의 속도를 v^+, 중력과 전기력이 서로 반대로 작용할 때의 속도를 v^-라고 하면 두 종단속도(terminal velocity) 사이에는 다음과 같은 관계가 있다.

$$F_g + F_e = kv^+ \quad \cdots\cdots (1)$$

$$F_g - F_e = kv^- \quad \cdots\cdots (2)$$

여기서, k는 비례상수이며, F_g와 F_e는 각각 중력과 전기력이다.

$$2F_g = k(v^+ + v^-) \quad \cdots\cdots (3)$$

$$2F_e = k(v^+ - v^-) \quad \cdots\cdots (4)$$

이 된다. 식 (4)에서 $(v^+ - v^-)$는 F_e에 비례하므로 $(v^+ - v^-)$는 입자의 대전량에 비례하는 것을 알 수 있다. 그런데 입자가 낙하할 때 받는 공기의 점성저항력 F_r은 스토크스(Stokes)의 법칙에서 $F_r = 6\pi r\eta v$ 이므로 식 (1)과 (2)는

$$F_g + F_e = 6\pi r\eta v^+ \quad \cdots\cdots (5)$$

$$F_g - F_e = 6\pi r\eta v^- \quad \cdots\cdots (6)$$

으로 쓸 수 있다. 여기서, r은 입자의 반지름, η는 공기의 점성계수이다. 그러면 식 (5)와 (6)에서 전기력 F_e는

$$F_e = 3\pi r\eta(v^+ - v^-) \quad \cdots\cdots (7)$$

가 된다. 밀리칸의 기본전하량 측정장치의 두 평행한 금속판 사이의 전기장 세기를 E, 입자에 대전된 최소 전하의 수를 n, 최소 전하량을 e라고 하면 입자에 대전된 전하량은 ne가 되고 입자에 작용되는 전기력은

$$F_e = neE \quad \cdots\cdots (8)$$

가 된다. 또 두 평행판 사이의 간격을 d, 평행판에 걸리는 전압을 V라고 하면 전기장의 세기는 $E = V/d$이므로 식 (8)은

$$F_e = \frac{neV}{d} \quad \cdots\cdots (9)$$

로 된다. 따라서 식 (7)과 (9)에서

$$e = \frac{3\pi r\eta d}{V} \times \frac{(v^+ - v^-)}{n} \quad \cdots\cdots (10)$$

이 되므로 이 식으로 최소전하량인 기본전하량 e를 구할 수 있다. 전자 1개가 띠고 있는 전하량은 1.6×10^{-19}C이고, 이를 **기본전하량**이라고 한다.

이 실험에서 측정하려고 하는 전하량은 대단히 작기 때문에 입자에 작용하는 전기력도 아주 작을 것이므로 대전입자에 작용하는 중력도 아주 작아야 한다.

4 실험방법 및 결과

- 〈그림 6-15〉와 같이 밀리칸의 기본전하량 측정장치를 준비하자. 기름방울이 운동하는 두 평행판의 관찰구에 망원경의 초점을 명확하게 조정하고, 두 극판에 연결하는 전원의 (+), (−) 단자를 정확하게 확인하자. 두 극판에 전원을 연결하지 않은 채로 기름방울이 들어 있는 병을 〈그림 6-17〉과 같이 오일 주입구에 대고 서서히 쥐었다 놓았다 하면서 기름방울을 평행한 두 금속판 사이로 뿜어 보자.

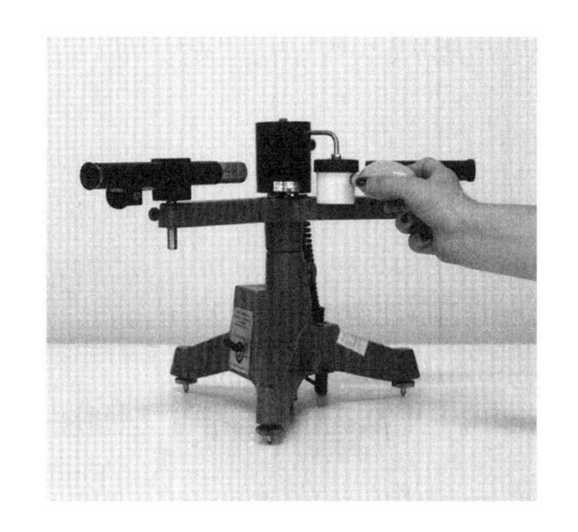

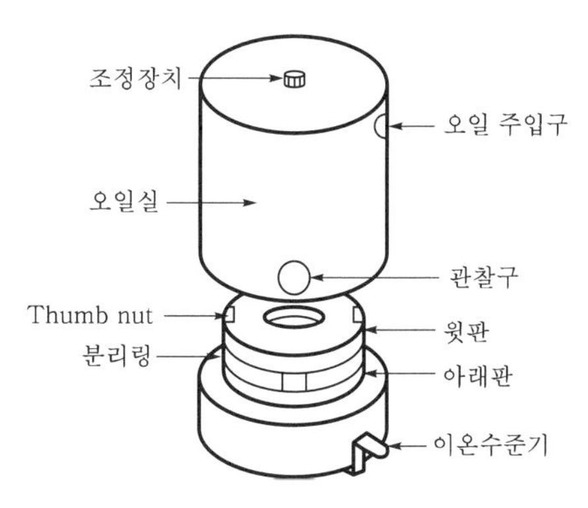

〈그림 6-17〉 밀리칸의 기본전하량 측정장치 및 오일실의 구조

• 기름방울들은 어떻게 움직이는가? 모두 같은 방향으로 운동하는가?

• 기름방울들은 가속되고 있는가?

• 기름방울들에는 어떤 힘들이 작용하고 있는가?

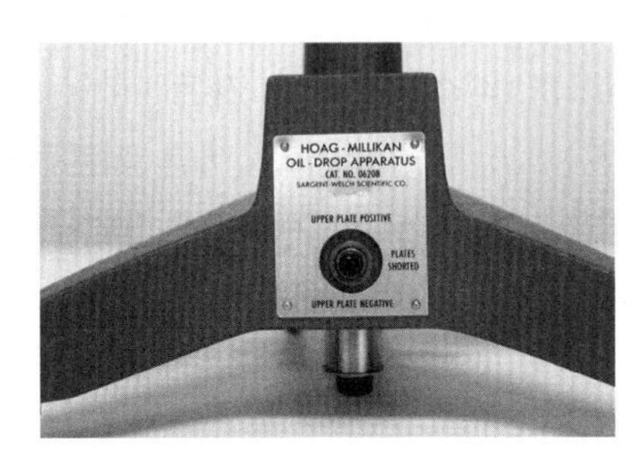

〈그림 6-18〉 **실험장치에서 기름방울에 전압을 걸어주는 (+), (−) 선택스위치**

■ 극판에 200 ~ 300 V의 전압을 걸어보자(기구에 따라 걸어주는 전압의 차이가 있다). 극판의 극성을 〈그림 6-18〉의 선택스위치를 이용하여 (+), (−)로 바꾸면서 한 입자에 대하여 다음의 세 경우를 측정하고, 약 20여 개의 입자에 대하여 같은 방법으로 측정하여 다음 표를 완성하여라.

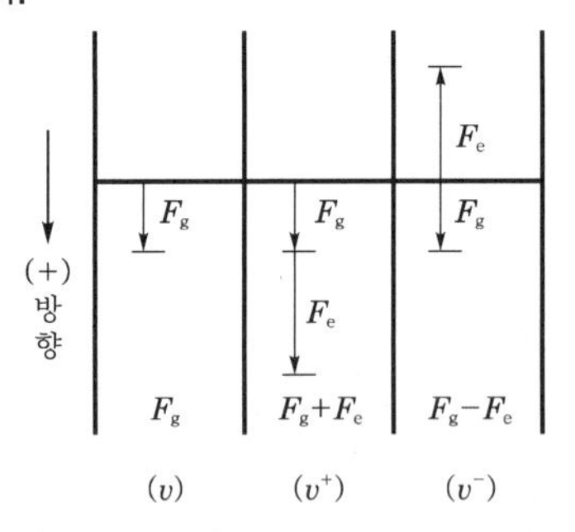

〈그림 6-19〉 **대전구가 받는 힘**

① t(초) : 전기장을 걸지 않았을 때, 즉 중력만에 의해 자유낙하 시 망원경 속의 10 눈금을 이동하는 데 걸리는 시간

② t^+(초) : 전기력과 중력이 같은 방향으로 작용할 때 망원경 속의 10 눈금을 이동하는 데 걸리는 시간

③ t^-(초) : 전기력이 중력과 반대방향으로 작용할 때 망원경 속의 10 눈금을 이동하는 데 걸리는 시간

No.	t(초)	t^+(초)	t^-(초)	v^+ (눈금/초)	v^- (눈금/초)	$v^+ + v^-$ (눈금/초)	적합 여부	$v^+ - v^-$ (눈금/초)
1								
2								
3								
4								
5								
6								
7								
8								
9								
10								
11								
12								
13								
14								
15								
16								
17								
18								
19								
20								

▪ 측정오차를 생각하여 $v^+ + v^-$의 값이 특정범위에 있는 것만을 적합한 것으로 고른다. (예 $0.45 \le v^+ + v^- \le 0.55$)

• $v^+ + v^-$ 값이 일정하다는 것은 무엇을 의미하는가?

■ 위 표의 적합한 경우만을 택하여 $v^+ - v^-$ 의 값이 비슷한 경우끼리 몇 개의 그룹으로 묶어 보자.

• $v^+ - v^-$ 값이 비슷하다는 것은 무엇을 의미하는가?

■ 각 그룹마다 $v^+ - v^-$ 의 평균값을 구하고, 그 값이 어떤 정수의 n배인가를 결정하자. 또 $\Delta = \dfrac{v^+ - v^-}{n}$라 하고 그때의 Δi의 값을 찾아 다음 표를 완성하자.

No.	$v^+ - v^-$ (눈금/초)	평 균	n 및 Δi	$\overline{\Delta}$
			$n=$ $\Delta_1=$	
			$n=$ $\Delta_2=$	
				$\overline{\Delta} = \dfrac{\sum \Delta i}{n} \cong$
			$n=$ $\Delta_3=$	
			$n=$ $\Delta_4=$	

이렇게 얻은 데이터를 앞의 식 (10)에 대입하여 기본전하량 e를 구할 수 있다. 즉, $\Delta = (v^+ - v^-)/n$의 평균값 $\overline{\Delta}$(눈금/초)를 사용하면 다음과 같다.

$$e = \frac{3\pi r \eta d}{V} \cdot \overline{\Delta} \quad \cdots\cdots (11)$$

• $\overline{\Delta}$의 값은 얼마인가? 이 값은 망원경으로 읽은 값이다. 실제 값으로 환산하면 몇 m/s 인가?

- r의 값은 몇 m 인가? 또 d의 값은 얼마인가?

- 20 ℃ 에서 공기의 점성계수 η는 1.8×10^{-5} N s/m^{2}라면 기본전하량은 얼마인가?

5 직접 기름방울의 전하량 구하는 방법

점성유체(viscous fluid)에서 정상적인 운동(steady motion)에 맞서는 저항력(부력)은 Stokes 법칙에서 다음과 같다.

$$F_{\mathrm{r}} = 6\pi r\eta v \quad \cdots\cdots (12)$$

여기서, v는 중력장에서 기름방울의 속도이다.

질량이 m이고, 전하량이 q인 기름방울을 생각하자. q는 $(+)$, $(-)$ 어떤 값도 가질 수 있다. 전기장이 없다면 기름방울은 중력의 영향만을 받고, 기름방울에 미치는 중력은 점성력의 값과 같다. 즉,

$$F_{\mathrm{r}} = 6\pi r\eta v = mg \quad \cdots\cdots (13)$$

만일 전기장 E를 위 방향 종단속도 v^-를 갖도록 선택하면

$$qE - mg = 6\pi r\eta v^- \quad \cdots\cdots (14)$$

이다. 위 식을 풀면

$$q = \frac{6\pi r\eta}{E}(v + v^-) \quad \cdots\cdots (15)$$

이다. $E = V/d$를 사용하여 다시 쓰면 다음과 같다.

$$q = \frac{6\pi r\eta d}{V}(v + v^-) \quad \cdots\cdots (16)$$

한편 기름방울의 질량 $m = \alpha\frac{4}{3}\pi r^3$이므로 식 (13)에 대입하면

$$6\pi r\eta v = \alpha\frac{4}{3}\pi r^3 g \quad \cdots\cdots (17)$$

이다. 따라서

$$v = \frac{2gr^2\alpha}{9\eta} \quad \text{(18)}$$

이고, 식 (18)을 r에 대해 풀면 다음과 같다.

$$r = \sqrt{\frac{9\eta v}{2\alpha g}} \quad \text{(19)}$$

이 값을 식 (16)에 대입하면

$$q = \frac{6\pi d}{V}\sqrt{\frac{9\eta^3}{2\alpha g}}\,(v^- + v)\sqrt{v} \quad \text{(20)}$$

이다.

기름방울의 반지름이 공기에서의 평균자유거리(mean free path)와 비슷할 때에는 점성계수 η는 다음과 같이 보정되어야 한다.

$$\eta(T) = \eta_0(T)\left[1 + \frac{b}{rP}\right] \quad \text{(21)}$$

여기서, $\eta_0(T)$는 온도 T에서의 점성계수, b는 보정인자상수($b = 6.17\times 10^{-6}$)이다. P는 cmHg 단위의 대기압, r은 기름방울의 반지름으로 10^{-6} m 정도이다.
따라서 기름방울의 기본전하량 값은 다음 식으로 구할 수 있다.

$$q = \frac{6\pi d}{V}\sqrt{\frac{9{\eta_0}^3}{2\alpha g}}\left[1 + \frac{b}{rP}\right]^{3/2}(v^- + v)\sqrt{v} \quad \text{(22)}$$

여기서, η_0는 공기의 점성계수(20 ℃ 일 때 1.8×10^{-5} N s/m^2)이고, α는 기름의 밀도(Nye's watch oil 의 경우 890 kg/m^3)이다.

05 수소원자의 스펙트럼

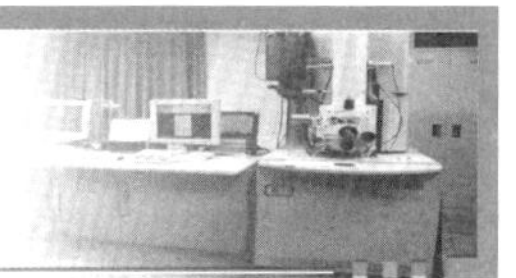

1 목 적

수소원자의 여러 선스펙트럼을 관찰하고, 파장을 측정하여 플랑크 상수를 구한다.

2 준비물

회절격자 분광계 1조, 방전관용 고압 전원장치 1조, 수소방전관 1개, 회절격자 (600 line/mm)

3 이 론

Bohr(1885 ~ 1962 덴마크의 물리학자)의 양자가설에서 원자가 전자기파를 방출할 때 그 원자는 에너지변화가 생긴다. 그 에너지변화는 처음상태의 에너지를 E_i, 나중상태의 에너지를 E_f라 할 때 $\Delta E = E_i - E_f$가 된다. 여기서, ΔE는 방출되는 전자기파의 에너지와 같으므로 플랑크 상수를 h, 전자기파의 진동수를 f라 하면 $\Delta E = hf$이다. 그러므로 다음과 같이 쓸 수 있다.

$$hf = E_i - E_f$$

그리고 보어의 원자모형에 의하면 수소원자는 양자수 $n = 1$인 바닥상태에서 $-13.6\,\text{eV}$의 에너지를 갖는다.

$$\therefore\ E_n = -\frac{13.6}{n^2}\,(\text{eV}) = -\frac{21.76}{n^2} \times 10^{-19}\,(\text{J})$$

그러므로 양자수변화에 따른 에너지의 변화량 ΔE는 다음과 같다.

$$\Delta E = E_i - E_f = 13.6\left(\frac{1}{{n_f}^2} - \frac{1}{{n_i}^2}\right)(\text{eV})$$

발머계열은 $n_f = 2$ 이므로

$$hf = 13.6\left(\frac{1}{2^2} - \frac{1}{{n_i}^2}\right) \quad (n_i = 3, 4, 5, \cdots\cdots)$$

로 쓸 수 있다.

그리고 c를 광속도, λ를 선스펙트럼의 파장이라 하면, $c = f\lambda$ 이므로 위의 식을 플랑크 상수 h에 대해 정리하면 다음과 같다.

$$h = 13.6\,\frac{\lambda}{c}\left(\frac{1}{2^2} - \frac{1}{{n_i}^2}\right)(\text{eV s})$$

$$h = 21.76\,\frac{\lambda}{c}\left(\frac{1}{2^2} - \frac{1}{{n_i}^2}\right) \times 10^{-19}(\text{J s})$$

4 실험방법 및 결과

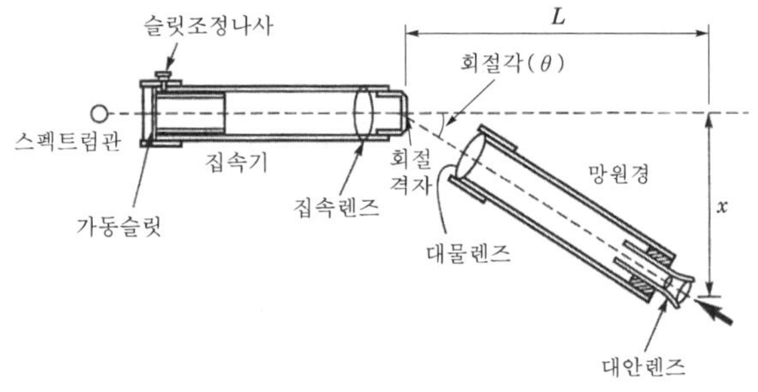

〈그림 6-20〉 **회절격자 분광계와 그 구조**

- 〈그림 6-20〉의 회절격자 분광계를 수평이 되도록 조절하고, 고압전원장치에 끼워져 있는 수소방전관 앞에 설치하자. 망원경을 들여다보며 가운데 십자선이 명확하게 보이도록 대안렌즈를 앞뒤로 조절하여 십자선이 수직이 되도록 돌려준다. 〈그림 6-21〉의 콜리메이터 끝에 붙어 있는 나사를 이용하여 슬릿을 조금 열어 밝은 빛이 십자선의 수직선과 일치하도록 맞추고, 슬릿의 폭을 최대한 줄여 상이 가늘게 보이도록 조절한다.

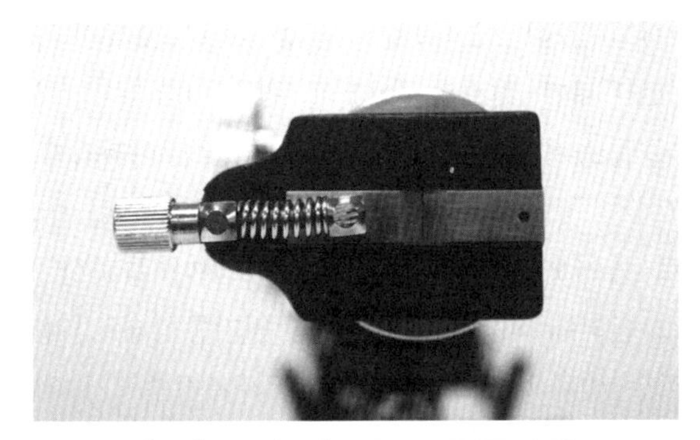

〈그림 6-21〉 **회절격자 분광계 슬릿**

■ 회전대 밑부분을 회전시켜 양쪽의 버니어 눈금이 0°와 180°가 되도록 맞추고 회전하지 못하도록 고정시킨다. 회절격자를 회전대의 설치대에 끼우고, 실험실에 암막을 친 다음 망원경의 각도를 변화시키면서 가시광선 영역 내의 선스펙트럼들을 관찰해 보자.

• 망원경의 각도를 변화시키며 스펙트럼을 관찰하자. 몇 개의 선스펙트럼이 보이는가?

■ 망원경을 회전시키며 색깔별로 분리된 선스펙트럼과 망원경 십자선의 수직선과 일치시키고 그때의 각도를 읽는다. 〈그림 6-22〉와 같이 버니어의 영점이 가리키는 각도를 읽고(155°), 아래의 각도 눈금과 일치하는 위쪽의 눈금을 읽어(162°30′ 눈금과 위쪽 15′ 눈금이 일치) 두 값을 더하면 망원경의 각도가 된다(155°+15′=155°15′ 60진법이므로 10진법으로 환산하면 155.25°이다).

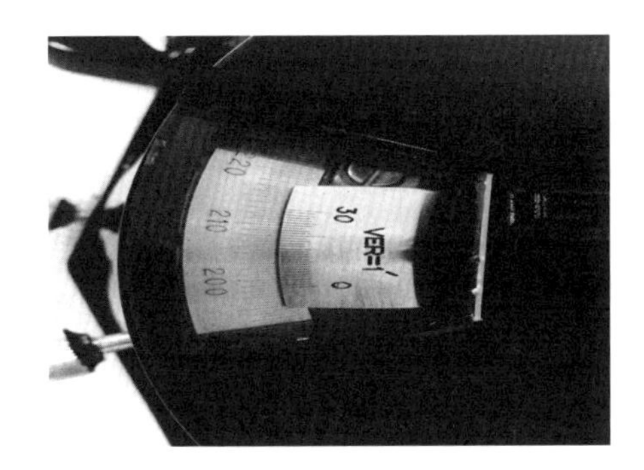

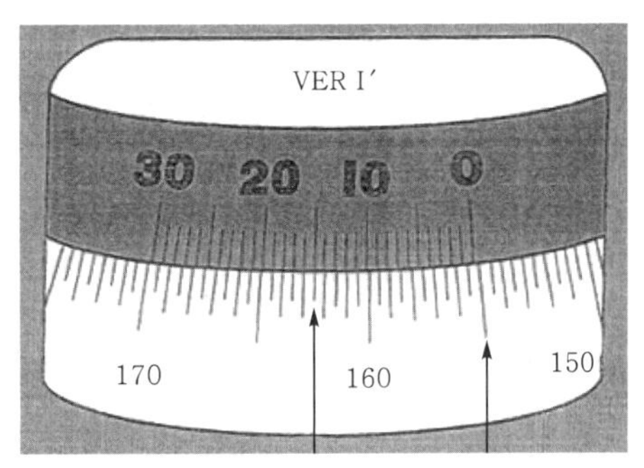

〈그림 6-22〉 **버니어 눈금 읽는 법**

〈그림 6-23〉과 같이 회절격자는 평면유리나 오목한 금속판에 다수의 평행선을 같은 간격으로 새긴 것으로, 이것에 빛을 비추면 투과 또는 반사된 빛이 파장별로 나뉘어서 스펙트럼을 얻을 수 있다. 이 회절격자에 평행으로 입사한 빛들은 금이 그어진 곳에서는 흡수가 되거나 산란하여 버리고, 금이 그어지지 않은 좁은 틈으로 들어오는 빛은 통과한다. 그러나 통과한 빛은 그대로 직진하지 않고 호이겐스 원리에 의하여 회절되고, 원기둥형태로 퍼져 나간다. 이때 이웃하는 틈으로 통과한 빛과의 광로 차이가 파장의 정수배가 되는 조건이라면 서로 보강간섭이 일어나서 빛이 강해지나, 광로차가 파장의 정수배가 아닐 때에는 소멸해 버린다. 따라서 보강간섭이 일어나는 조건이 성립하는 어떤 특정한 방향으로만 빛이 밝게 비추어지고, 그 조건은 그 빛의 파장에 따라 달라지기 때문에 여러 파장의 빛이 섞여 있을 때는 프리즘에서처럼 파장별로 분리가 된다.

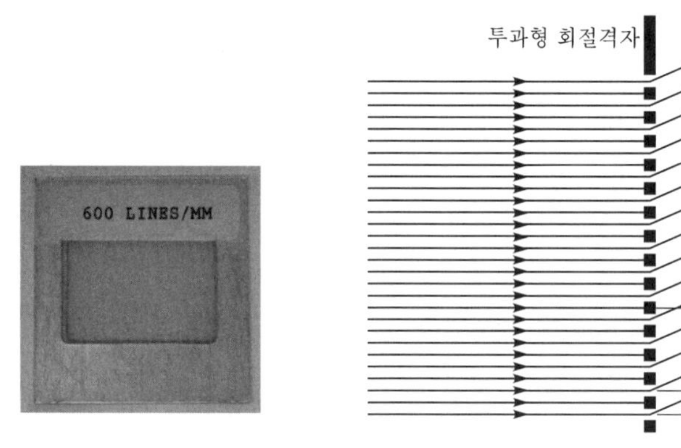

〈그림 6-23〉 투과형 회절격자 **〈그림 6-24〉 회절격자에서 θ로 산란된 빛**

- 선스펙트럼의 파장 λ와 회절격자의 슬릿간격 d, 회절각 θ 사이에는 $\lambda = d\sin\theta$ 의 관계가 있다. 이때 〈그림 6-20〉과 같이 회절격자 분광계의 회전 중심에서 대안렌즈까지의 거리를 L (m), 중심선에서 대안렌즈까지의 거리를 x (m)라고 하면 파장은 다음과 같다.

$$\lambda = d\sin\theta = d\frac{x}{L}$$

이 실험에 적합한 회절격자는 1 mm당 600개 정도의 슬릿이 있는 것이다.

- 각 선들의 파장은 얼마인가?

- 이 파장들을 이용하여 플랑크상수를 구해보자. 그 값은 얼마인가?

- 파장값의 비로부터 스펙트럼에 관계하고 있는 양자수가 어느 것들인가 확인해 보자. 수소원자 발머계열의 파장 비는 다음과 같다.

$$\frac{\lambda_2}{\lambda_1} = \frac{\dfrac{1}{\lambda_1}}{\dfrac{1}{\lambda_2}} = \frac{\dfrac{1}{2^2} - \dfrac{1}{n_1^2}}{\dfrac{1}{2^2} - \dfrac{1}{n_2^2}}$$

- 파장 λ_1 인 빨간색 선스펙트럼의 경우 $n_1 = 3$, 파장 λ_2 인 청자색 스펙트럼의 경우 $n_2 = 4$ 로 하며 λ_2 / λ_1 을 구한 결과가 실제 측정한 파장값들의 비와 같은가 확인해 보자.

- mm당 그어진 홈의 수가 다른 격자로 스펙트럼을 관찰해 보자.

- 회절격자 분광기의 분해능에 영향을 미치는 요소에는 어떤 것들이 있는가 설명해 보자.

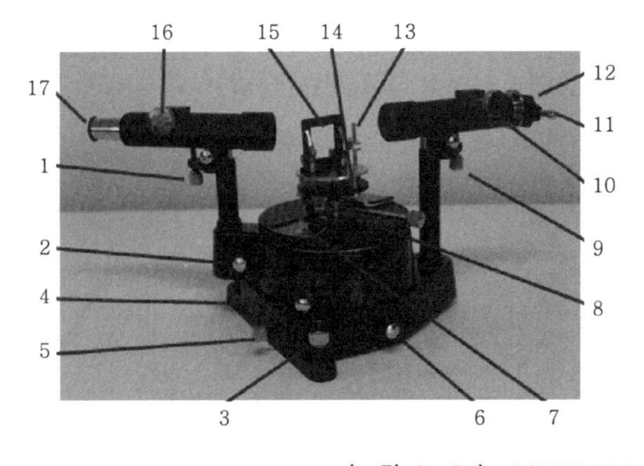

1. 망원경 수평조절나사
2. 망원경 미세조정손잡이
3. 수평조절나사
4. 망원경 단위잠금나사
5. 테이블/버니어 미세조정손잡이
6. 테이블/버니어 잠금나사
7. 버니어 관찰창
8. 버니어 돋보기 끼우개
9. 콜리메이터 수평조절나사
10. 콜리메이터 초점손잡이
11. 슬릿 폭 조정나사
12. 슬릿
13. 프리즘 클램프
14. 테이블 수평조절나사
15. 격자 홀더
16. 망원경 초점조절손잡이
17. 망원경 접안렌즈

〈그림 6-25〉 **분광계 구조**

06 Franck-Hertz 실험

1 목 적

불활성 기체(He, Ne, Ar)를 넣은 프랑크-헤르츠 4극관을 이용하여 각 원자의 에너지준위가 불연속적임을 확인하고, 들뜸에너지를 구한다.

2 준비물

프랑크-헤르츠(Franck-Hertz) 실험장치 1조, 프랑크-헤르츠 4극관 1개, 전압계 1개, 전류계 1개, 오실로스코프 1대

3 이 론

프랑크(J. Franck)와 헤르츠(G. Hertz)는 3극 진공관 내에 수은증기를 넣고 필라멘트를 가열시켜서 방출되는 전자들이 수은원자와 충돌하여 나타나는 현상으로, 원자 내의 에너지 준위가 불연속적임을 실험적으로 밝혔다.

실험에서는 보다 정밀한 값을 얻기 위하여 〈그림 6-26〉과 같이 그리드가 하나 더 있는 4극관이 많이 이용된다.

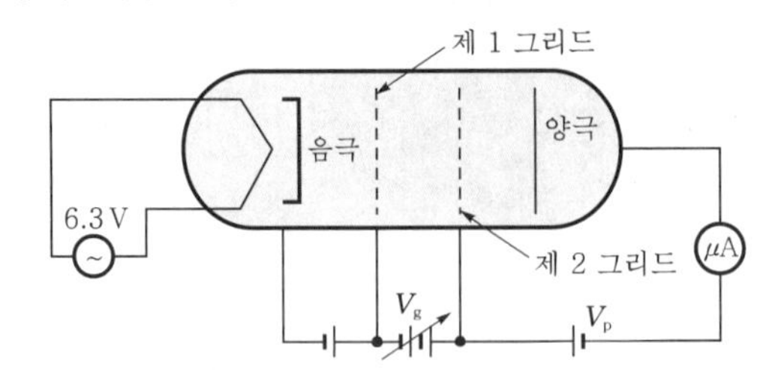

〈그림 6-26〉 Franck-Hertz 실험용 4극관의 구조

이 실험은 전자와 원자를 충돌시켜 원자 내부의 전자 들뜸을 통해 에너지 준위의 존재를 입증하는 것으로, 열전자를 가속하여 전자빔을 만들고, 이를 저압 기체 속으로 지나가게 하여 기체를 이루는 원자와 충돌하게 한다. 그리고 전자빔을 가속시키는 데 따른 전류의 세기를 조사하면 전자가 원자와의 충돌에 의해 어떤 방식으로 에너지가 변화했는지 알 수 있다.

처음에는 가속전압이 증가할 때 전류도 함께 증가하지만 전압이 계속 증가하여 어떤 한계값에 도달하면 전류가 감소하게 된다. 여기서 가속전압이 더 증가하면 전류도 다시 증가하게 되고, 가속전압이 제2차 한계값에 이르게 되면 전류가 급격히 감소한다. 이와 같은 전류의 증가와 감소가 반복되는데, 이 결과로 어떤 특정 에너지보다 낮은 운동에너지를 가진 전자는 원자와 탄성충돌하여 운동방향만 바뀌고, 그 이상의 운동에너지를 가지는 전자는 원자와 충돌하여 에너지를 주고받는 비탄성충돌을 한다는 것을 알 수 있다. 이러한 한계 가속전압은 각 원소에 대해 고유하며, 원자스펙트럼의 관측으로부터 얻은 전자의 에너지 준위(energy level) 차이와 일치한다. 따라서 이는 양자론을 뒷받침하는 실험적 근거가 된다.

4 실험방법 및 결과

- 먼저 네온(Ne)이 들어있는 진공관을 〈그림 6-27〉의 장치에 끼우고, 모든 손잡이를 최소로 돌린 후 전환스위치를 모두 아래로 놓는다. 히터 전류측정을 위해 측면에 있는 단자에 교류전류계를 연결하고 측정 선택스위치를 Open에 놓는다.

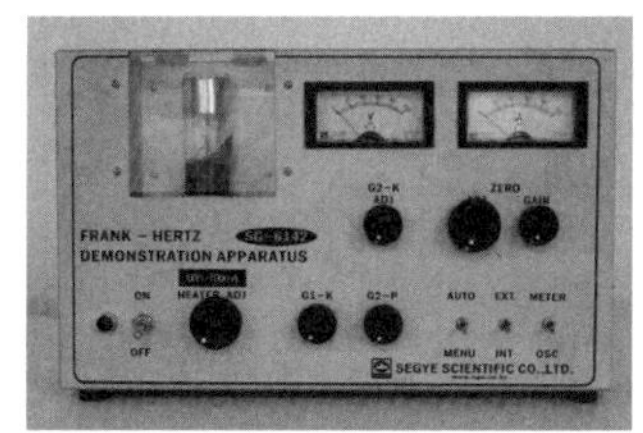

〈그림 6-27〉 **Franck - Hertz 실험장치**

- ZERO ADJ를 돌려 전류계의 영점을 조절하고, GAIN(G2-P 전류의 증폭조절) 스위치를 적당히(표시된 부분이 위쪽을 향하도록) 조절한 후 G2-K 스위치를 조절하여 전압계가 약 30 V를 가리키도록 한다.

HEATER ADJ를 돌려 필라멘트에 전류를 $600 \sim 700\,\mathrm{mA}$ 정도 공급한 후 정상적인 기구동작을 위해 3분 정도 기다린다. 제1그리드의 전압 가변범위는 $0 \sim 5\,\mathrm{V}$, 제2그리드의 전압 가변범위는 $0 \sim 20\,\mathrm{V}$ 정도이다.

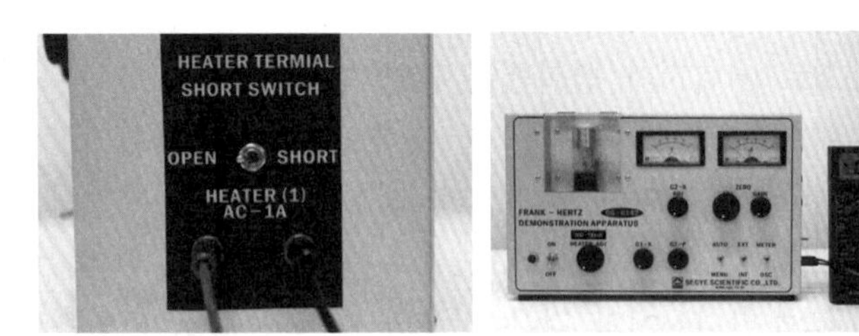

〈그림 6-28〉 **히터 전류측정용 외부 전류계 연결법**

- G1−K 스위치를 조금씩 증가시킬 때 전류계의 눈금이 가장 민감하게 움직이는 위치를 찾는다(G1−K 스위치를 움직여도 전류계의 변화가 작으면 G1−K 스위치를 최소로 하고 HEATER ADJ를 돌려 필라멘트 전류를 약간 증가시킨 후 다시 G1−K 전압을 조절한다). G2−K 전압을 최소로 하고, 전압계의 영점을 조절한 후 다시 G2−K 스위치를 돌려 전압이 30 V 정도가 되도록 조절한다. G2−P 스위치를 돌려 전류계의 눈금이 30 μA 가 되도록 조절한다.
  G2−K 스위치를 최소로 돌려 영점 조절 후 G2−K 스위치를 천천히 증가시키며 가속전압에 따른 플레이트 전류의 변화를 측정하고 그 관계를 〈그림 6-29〉 graph로 그려보자.

- 가속전압의 증가에 따라 플레이트 전류가 증가하다가 급격히 감소하는 현상이 나타나는가? 그때의 전압은 얼마인가?

- 이 같은 현상이 가속전압을 증가시킴에 따라 주기적으로 나타나는가? 그때 마다의 전압값은 얼마인가?

- Ne 원자의 에너지 준위가 불연속성을 갖는 것을 확인할 수 있는가? 에너지 준위의 차는 몇 eV 인가?

- 이 에너지 준위 차는 자외선 영역에 해당된다. 그럼에도 불구하고 가시광선 영역의 여기발광(勵起發光) Ring을 관찰할 수 있는 이유를 설명해 보자.

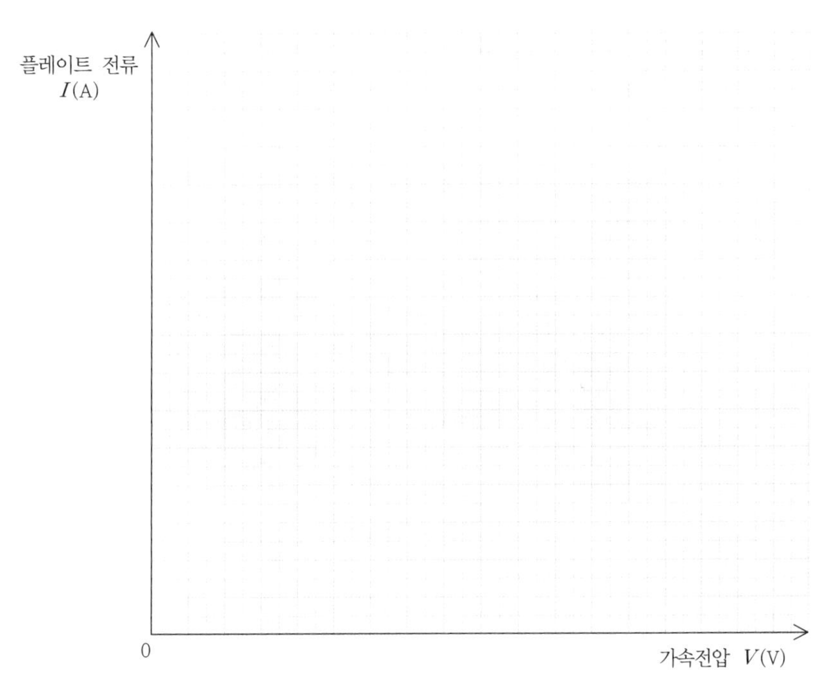

〈그림 6-29〉 **$I-V$ 관계 graph**

■ 이번에는 Ne이 들어 있는 진공관 대신에 다른 불활성 기체(Ar, He)가 들어 있는 진공관으로 바꾸어서 실험을 하자. 실험장치에 첨부된 Manual의 Data에 있는 히터 전류와 제1·2그리드 전압을 공급(기구와 봉입된 기체에 따라 약간 다르다)한다. 실험장치가 안정된 후 가속전압을 80 V 정도까지 변화시키면서 가속전압과 플레이트 전류 사이의 관계를 graph로 그려 보자.

- 각각의 원자마다 가속전압의 증가에 따라 플레이트 전류가 증가하다가 급격히 감소하는 현상이 나타나는가? 또 이 같은 현상이 주기적으로 나타나는가?

- 각 원자의 에너지 준위가 불연속성을 갖는 것을 확인할 수 있는가? 또 에너지 준위의 차는 몇 eV 인가?

■ 가속전압과 플레이트 전류 사이의 관계를 전압계와 전류계를 통하여 측정하는 대신에 〈그림 6-30〉과 같이 오실로스코프나 X-Y recorder를 이용하면 보다 확실히 알 수 있다.

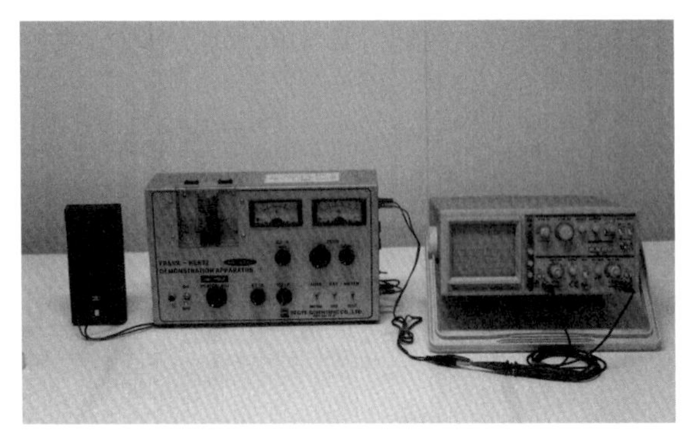

〈그림 6-30〉 **측정기기 접속방법**

- 오실로스코프를 이용하여 구한 가속전압과 플레이트 전류 사이의 관계 graph를 작성해 보자.

■ 제2그리드의 일함수를 eV_p, 음극의 일함수 eV_c라 하면 일반적으로 $V_p > V_c$로 된다. 이 때문에 음극, 제2그리드 사이에서 전자를 가속하기 위한 전압 V는 전원에서 주어지는 전압 V'와 다르게 되고 $V' = V + (V_p - V_c)$로 된다. 이때 $(V_p - V_c)$를 이 진공관의 접촉전위차라 하는데 보통 1~5V의 값을 갖는다.

- 접촉 전위차를 고려하여 실험으로 얻은 데이터를 보정해 보자.

07 전자 회절

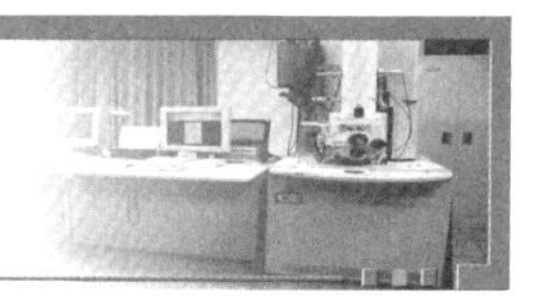

1 목 적

가속된 전자선속을 물질에 입사시켜 나타나는 회절무늬를 통해 전자의 파동성을 확인하고, 스크린에 비친 회절무늬의 지름을 측정하여 물질의 결정격자면 사이의 거리를 구한다.

2 준비물

전자회절 실험장치 1대, 고압 전원장치(0 ~ 6 kV) 1대, 버니어 캘리퍼스 1개

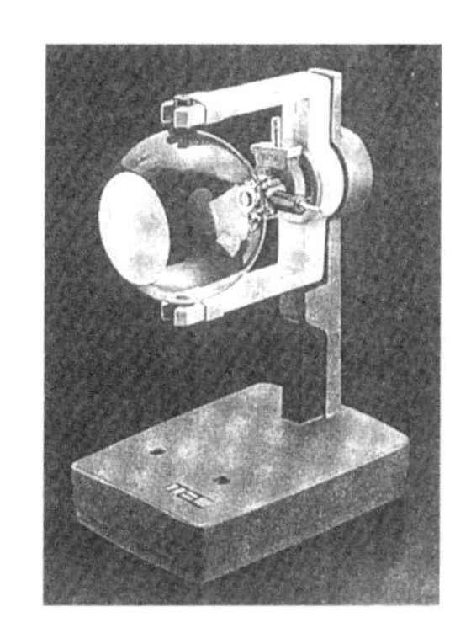

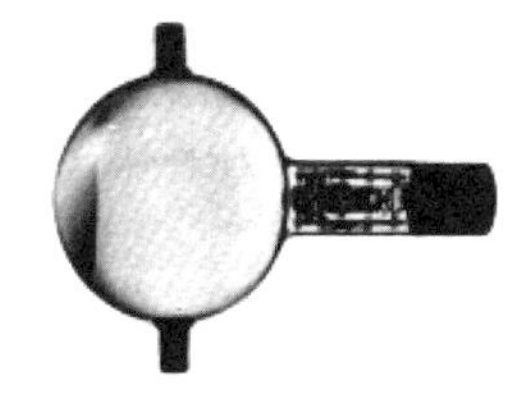

〈그림 6-31〉 **전자회절 실험장치**

3 이 론

드브로이(de Broglie, 1892 ~ 1987 프랑스의 물리학자)의 물질파 이론에 의하면 모든 입자는 파동성을 가지고 있으며, 그 파장은 입자의 운동량에 반비례한다. 즉, 입자가 나타내는 파동의 파장은 다음과 같다.

$$\lambda = \frac{h}{mv} \quad \cdots\cdots (1)$$

또한, 물질을 회절격자로 사용할 경우 **브래그(Bragg)의 회절식**은 다음과 같다.

$$2d\sin\theta = n\lambda \quad (n = 1,\ 2,\ 3,\ \cdots\cdots) \quad \cdots\cdots (2)$$

이 조건을 만족할 때 보강간섭이 일어나 회절무늬가 관측된다. 여기에서 d 는 결정격자면 사이의 거리이고, θ 는 입사각이다.

전자의 질량을 m, 전하량을 e 라 하고, 전자가 가속전압 V 로 가속되었을 때 최종 속도를 v 라고 하면

$$\frac{1}{2}mv^2 = eV \quad \cdots\cdots (3)$$

이므로 전자의 운동량은 $P = mv = \sqrt{2meV}$ 이다. 따라서 이 전자의 물질파 파장 λ 는 다음과 같다.

$$\lambda = \frac{h}{P} = \frac{h}{\sqrt{2meV}} \approx \sqrt{\frac{150}{V}}\ (\text{Å}) \quad \cdots\cdots (4)$$

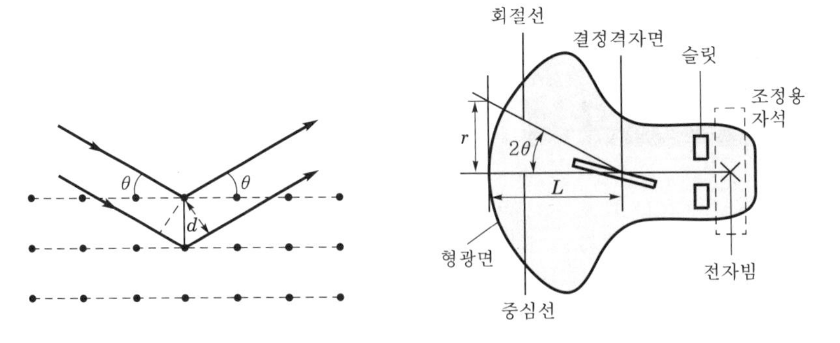

〈그림 6-32〉 가속된 전자가 물질 속으로 입사하면 회절현상이 나타난다.

그리고 입사각 θ 로 물질에 입사한 전자는 〈그림 6-32〉에서와 같이 2θ로 회절된 후 스크린에 회절무늬를 나타낸다. 그림에서 $\tan 2\theta \approx 2\theta$ 가 되어 $\theta = \frac{r}{2L}$ 이 된다. 또한, Bragg의 회절조건 $2d\sin\theta = n\lambda$ 에서 $n=1$, θ가 작은 경우에 $\theta = \frac{\lambda}{2d}$ 가 된다. 따라서 결정격자면 사이의 거리 d 는 다음과 같다.

$$\frac{r}{2L} = \frac{\lambda}{2d} \quad \cdots\cdots (5)$$

$$d = \frac{L}{r}\lambda = \frac{2L}{D}\lambda \quad \left(r = \frac{D}{2},\ D\text{는 무늬의 지름}\right) \quad \cdots\cdots (6)$$

$$\therefore\ d = \frac{2L}{D}\lambda = \frac{2L}{D}\sqrt{\frac{150}{V}}\ (\text{Å}) \quad \cdots\cdots (7)$$

따라서 가속전압 V와 회절무늬의 지름 D와 타깃 물질에서 스크린까지의 거리 $L(=13.5\text{ cm})$을 알면 결정격자면 사이의 간격을 구할 수 있다.

4 실험방법 및 결과

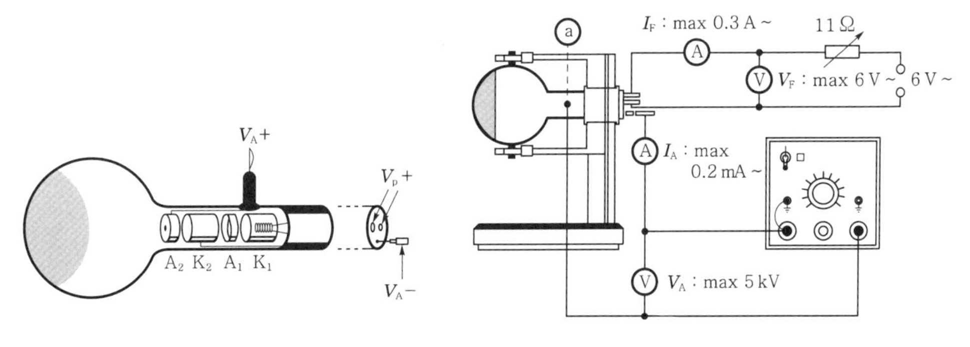

〈그림 6-33〉 전자회절관의 구조와 실험회로

- 탄소막을 타깃으로 사용하도록 만들어진 전자회절관을 준비하고 〈그림 6-33〉과 같이 회로를 구성한 다음, 가속전압을 2 kV로 할 때 나타나는 회절무늬의 지름을 측정하자.

  - 작은 회절무늬의 지름 D_1 은 얼마인가?

- 이때 격자간격 d_1 은 얼마인가?

- 큰 회절무늬의 지름 D_2 는 얼마인가?

- 이때 격자간격 d_2 는 얼마인가?

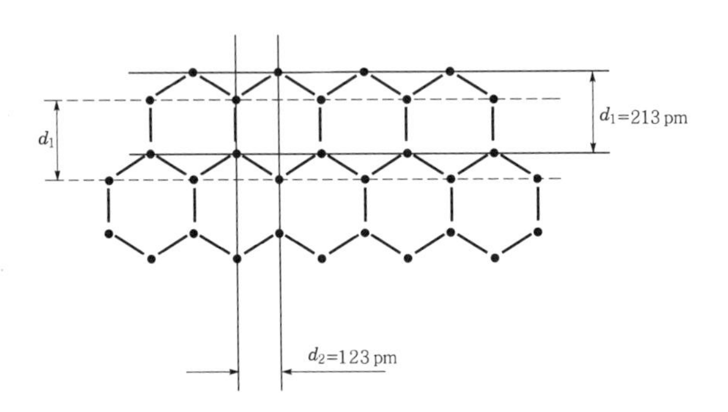

〈그림 6-34〉 d_1, d_2에 해당하는 탄소의 결정격자면

■ 양극전압을 1.5, 2.0, 2.5, 3.0, 3.5 kV 로 증가시키면서 회절무늬의 지름을 측정하고 다음 표를 완성하자.

가속전압 (kV)	1.5	2.0	2.5	3.0	3.5	평 균
작은 회절무늬의 지름 $D_1(\times 10^{-2}\ \mathrm{m})$						
격자면 사이의 거리 d_1						
큰 회절무늬의 지름 $D_2\ (\times 10^{-2}\ \mathrm{m})$						
격자면 사이의 거리 d_2						

- 가속전압이 증가함에 따라 스크린에 나타나는 회절무늬의 크기는 어떻게 변화하는가?

- 결정격자면 사이의 거리 d_1, d_2 의 평균값은 얼마인가?

- 가속전압이 작을 때는 회절무늬가 나타나지 않는다. 그 이유는 무엇일까?

■ 본 장치는 탄소결정의 여러 격자면 사이의 간격 중에서 〈그림 6-34〉에서와 같이 $n=1$인 경우 d_1, d_2에 해당되는 결정면에 의해서 나타나는 회절무늬만 관측되도록 제작되어 있다.

- 〈그림 6-35〉의 d_3, d_4, d_5에 해당되는 결정면에 의해서 얻어지는 회절무늬는 어떻게 하면 관측이 가능한가?

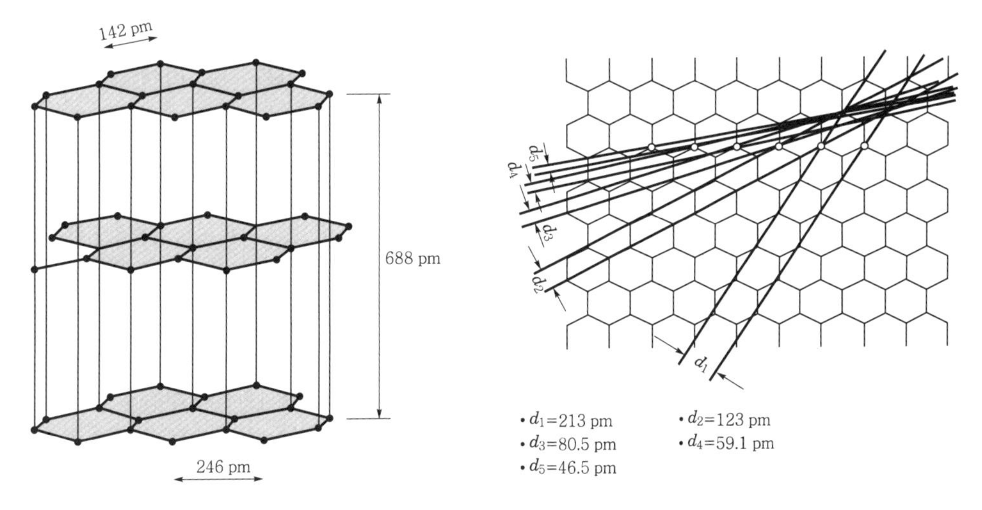

〈그림 6-35〉 흑연의 구조와 여러 결정면의 간격

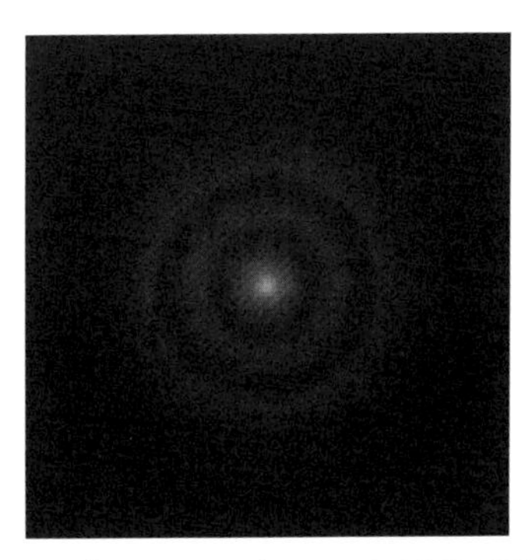

〈그림 6-36〉 전자가 회절되어 만든 원형 무늬

08 G−M관을 이용한 방사선의 세기 측정

1 목 적

Geiger−Muller(G−M)관의 동작원리를 이해하며, 이를 이용하여 거리에 따른 방사선의 세기 사이의 관계를 조사한다.

2 준비물

가이거−뮬러관(Geiger−Muller tube) 1개, 흡수체(종이, 알루미늄판, 납판) 각 1개, 비닐장갑, 계수기 1개, 방사선원 [Po−210(Alpha), Sr−90(Beta), Co−60(Gamma)]

3 이 론

α, β 입자의 수나 전자기파인 γ선의 광자수는 방사선 검출기를 사용하여 간단하게 검출할 수 있다. 그중에서 **가이거−뮬러관**(G−M관)은 가장 고전적이지만 간편하기 때문에 많이 사용되고 있다. 이 검출기는 〈그림 6−37〉과 같이 금속원통과 그 중앙에 고정시킨 가느다란 금속선으로 구성되어 있다. 이 원통 안에는 아르곤과 알코올 등의 혼합기체가 들어 있으며 금속선에는 고전압이 걸리도록 구성되어 있다.

G−M관의 끝에 위치한 운모막을 통해서 α선이나 β선이 원통에 들어오면 그 속에 있는 기체는 전리하여 전자와 양이온이 생긴다. 그리고 γ선이 입사되면 금속원통의 벽에 부딪쳐서 광전자가 방출된다. 이렇게 생긴 전자나 이온들은 중

앙의 금속선과 원통 사이에 형성된 전기장에 의하여 이동하므로 전류가 흐른다. 이 전류를 증폭하여 입사하는 방사선의 수를 기록하거나 소리로 듣도록 되어 있다.

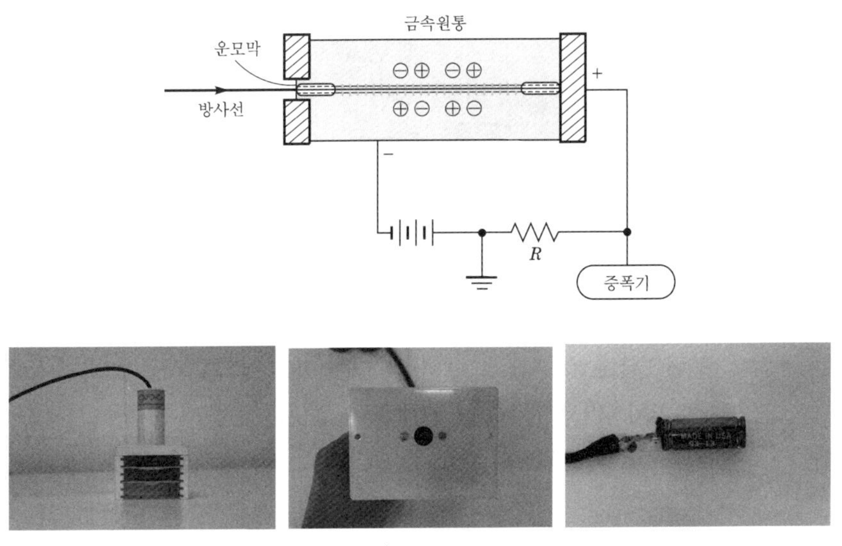

〈그림 6-37〉 G-M관의 구조

계수기는 단위시간당 입사방사선의 양을 회/초(counts/s), 회/분(counts/min) 등으로 표시한다. G-M관의 결점으로는 100 μs 정도의 **불감시간**(不感時間, dead time)이 있기 때문에 연속해서 입사하는 입자를 정확하게 계수하는 데 한계가 있으며 다른 검출기에 비해 수명이 짧다. 일반적으로 G-M관은 β선에 대해 고감도로 계수되고 γ선에 대해서도 비교적 좋은 감도를 나타낸다.

공기는 방사선에 대하여 흡수체로서 역할을 거의 하지 못하므로 금속을 이용하여 방사선을 차폐하고 있다. 만약 방사선이 어떤 물질을 통과한다면 그 물질에 의해 흡수가 일어나며 이때 투과되는 방사선의 계수율은 그 물질의 두께 x에 따라 다음의 관계가 있다.

$$\frac{dN}{dt} = \left(\frac{dN}{dt}\right)_0 e^{-\mu x}$$

여기서, $\left(\frac{dN}{dt}\right)_0$는 흡수물질이 없을 때의 계수율, 즉 입사선의 세기이고, μ는 그 물질의 흡수계수이다. 흡수체의 두께단위는 g/cm^2를 사용하는 것이 일반적이며, 이것은 두께에 밀도를 곱한 양이다.

4 실험방법 및 결과

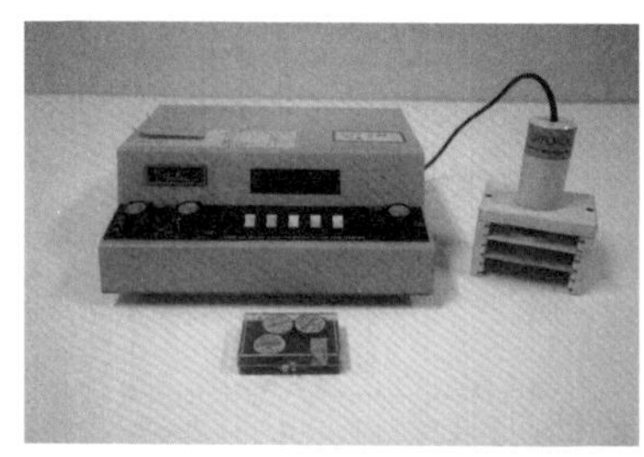

〈그림 6-38〉 **G-M 계수측정장치**

- 방사선원을 일정한 거리에 놓고(비닐장갑을 끼고 집게를 사용한다), G-M관에 걸어주는 전압을 증가시키면서 계수율을 측정하자. 걸어준 전압과 계수율 사이의 관계 graph를 〈그림 6-39〉에 그려라.

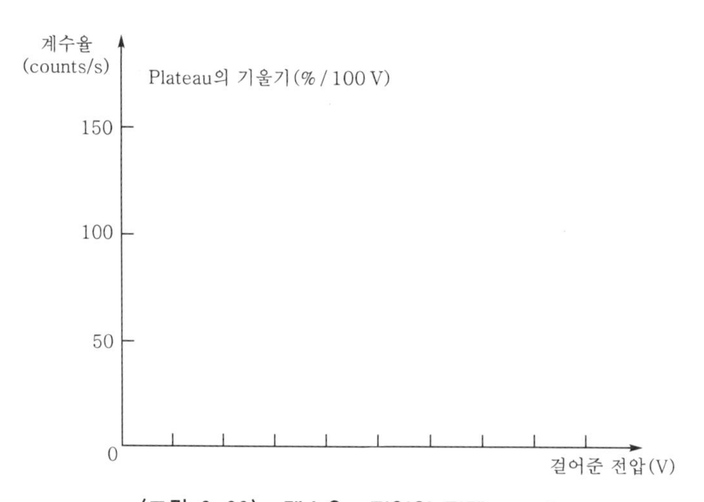

〈그림 6-39〉 **계수율-전압의 관계 graph**

- 계수가 시작되는 전압은 얼마인가?

- graph에서 Plateau의 기울기를 구해보자. 기울기는 보통 100 V의 전압폭에 대한 계수율의 증가율을 취해서 구한다. 4 % / 100 V 이하의 값이 얻어지면 G-M관이 정상적으로 동작하는 것으로 볼 수 있다.

■ G-M 계수기의 동작전압은 Plateau 길이의 약 1/3(개시전압쪽으로부터)쯤이 적당하다. 이 동작전압보다 더 높아지면 연속방전으로 계수율이 불안정하게 된다.

- graph에서 얻어진 동작전압은 얼마인가? (단, 모든 실험은 이 동작전압에서 시행하여야 한다)

〈표 6-1〉 몇 가지 방사선 물질의 특성

물 질	방출 방사선	반감기	물 질	방출 방사선	반감기
Barium-133	γ	7.2년	Polonium-210	α	138일
Cadmium-109	γ	1.3년	Radium-226	α, β, γ	1.6×10^{3}년
Cesium-137	β, γ	30년	Sodium-22	β, γ	2.6년
Cobalt-57	γ	270일	Strontium-90	β	29년
Cobalt-60	β, γ	5.3년	Thallium-204	β	3.8년
Lead-210	α, β	22.3년	Uranyl Nitrate	α, β, γ	4.5×10^{9}년
Manganese-54	γ	312일	Zinc-65	β, γ	244일

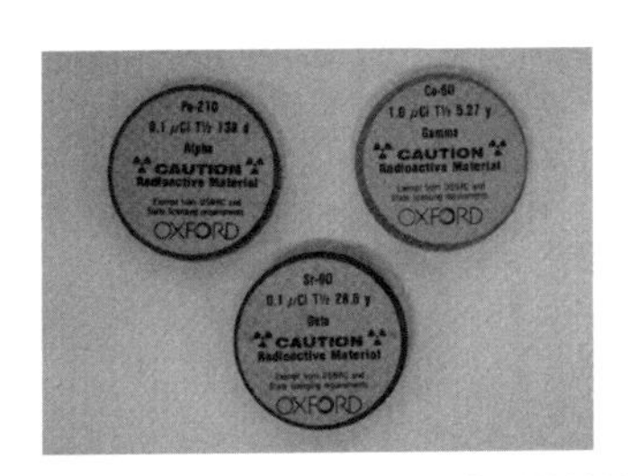

〈그림 6-40〉 몇 가지 종류의 방사선원

■ 방사선원이 주위에 없는데도 계수기에 신호가 나타나는 경우가 있다. 이를 자연계수(background count)라고 한다. 시료로 사용할 방사선원을 아주 멀리하고 G-M 계수기만 장치하여 놓고 계수율을 측정하자.

- 이러한 현상이 생기는 이유는 무엇인가?

- 자연계수율은 얼마인가?

• 이 값은 실험에서 어떻게 처리해야 하는가?

■ 일정한 방사선원과 G-M관 사이의 거리 r 을 변화시키면서 거리와 계수율(dN/dt) 사이의 관계를 알아보자. 자연계수율을 보정하고 dN/dt 과 $1/r^2$ 사이의 관계 graph를 그려보자.

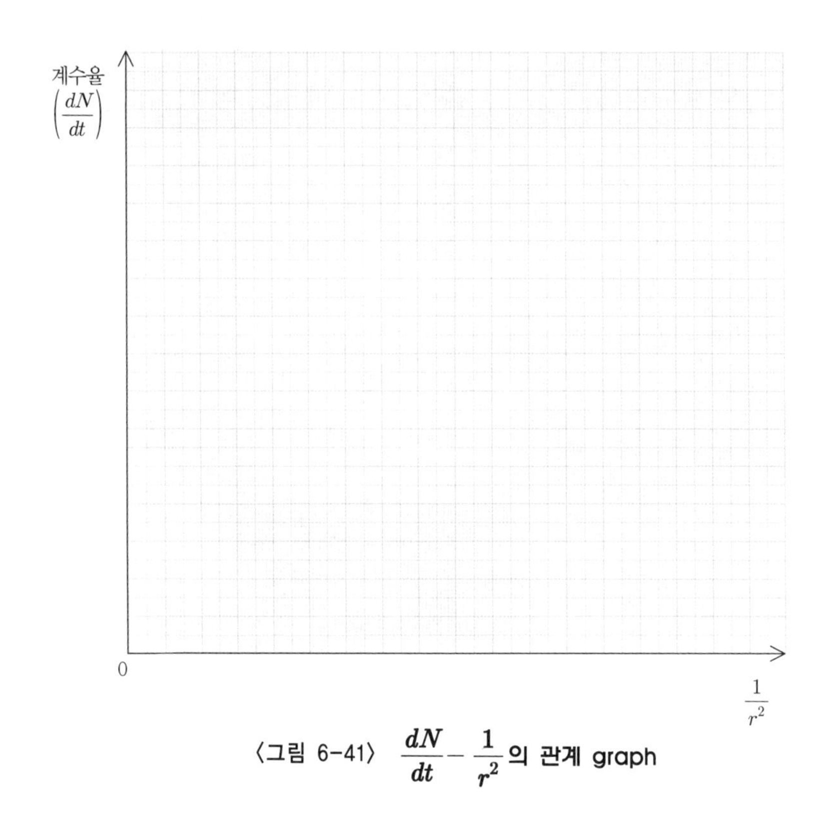

〈그림 6-41〉 $\frac{dN}{dt}-\frac{1}{r^2}$ 의 관계 graph

• 방사선의 세기는 거리에 따라 어떻게 달라지는가?

■ 방사선원을 일정한 위치에 놓고 계수율$\left(\frac{dN}{dt}\right)_0$ 을 측정한 다음, 흡수계수를 알고 싶은 흡수체(Pb, Al판 등)를 설치하자. 흡수체의 두께를 변화시켜 가면서 각각의 계수율$\left(\frac{dN}{dt}\right)$ 을 측정하여라. 이때의 계수율에는 자연계수도 포함되었으므로 이를 보정해야 한다.

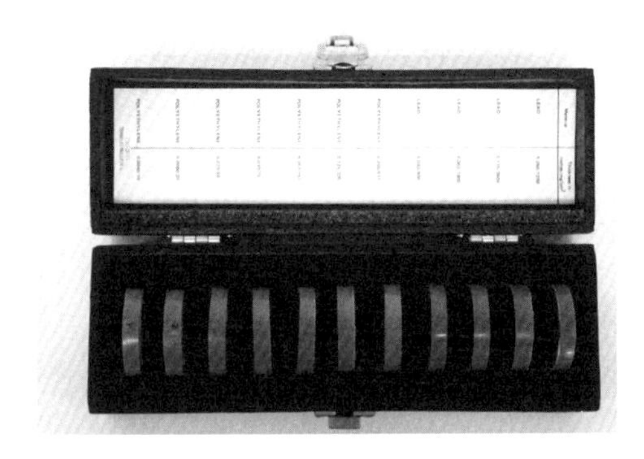

〈그림 6-42〉 **방사선원 흡수체의 종류**

- 어떻게 하면 계수율을 보정할 수 있을까?

- 보정한 값을 아래 표에 적어 넣어라.

흡수체의 종류	Pb판					Al판				
두께 x (g/cm^2)										
계수율 dN/dt										
흡수계수 μ										

- 반대수(semi-log) graph 용지를 사용하여 가로축(선형쪽)을 흡수체의 두께로 잡고 세로축(log scale)을 계수율로 하여 〈그림 6-43〉에 graph를 그려라. 두께가 증가함에 따라 계수율은 어떻게 되는가?

- graph의 기울기는 얼마인가? 이 기울기가 무엇을 의미하는가?

• Pb 판과 Al 판 중에서 어느 경우가 흡수계수가 큰가? 이러한 성질은 방사선분야에서 어떻게 이용되는가?

• 흡수체의 두께가 크게 증가하여도 계수율이 0 으로 줄지 않고 어느 일정한 값을 나타낸다. 그 값과 이유는 무엇인지 설명해 보자.

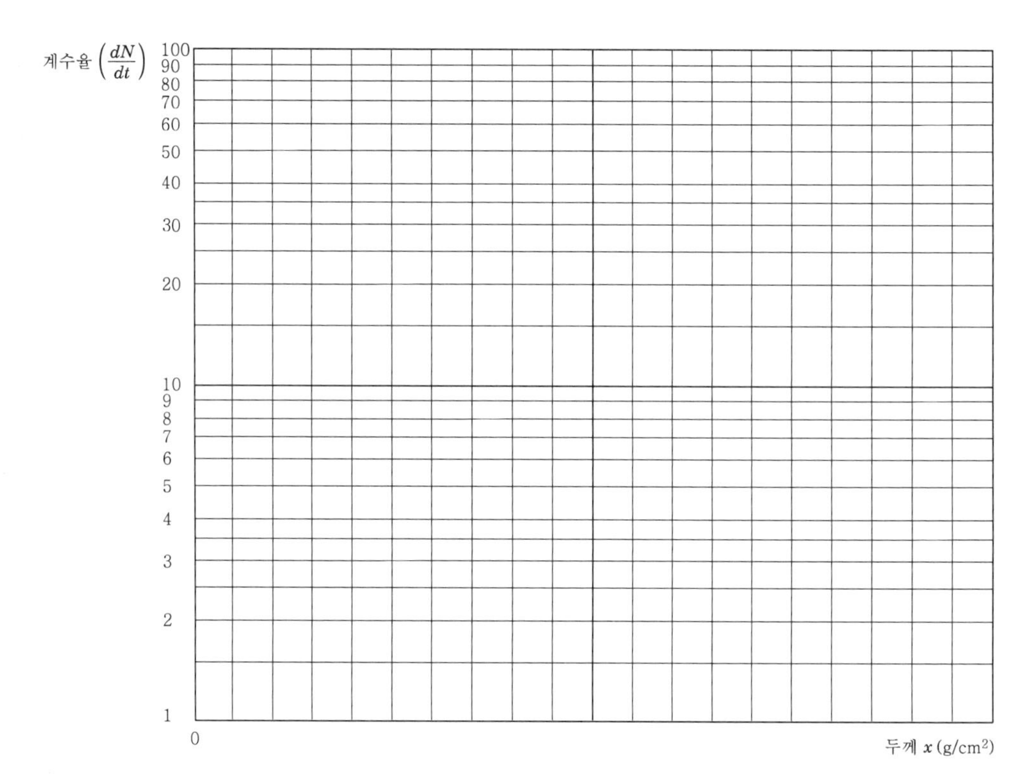

〈그림 6-43〉 $\frac{dN}{dt}-x$의 관계 graph

한빛원자력 발전소 전경. 총 6기의 원자로에서 전기를 생산하고 있다(전남 영광).

부 록

01 실험실 안전

실험은 사고가 나지 않도록 주의하면서 실시해야 한다. 실험 중의 사고는 실험 장치에 의한 부상, 초자기구에 의한 외상, 유해물질에 의한 질환 또는 화상 등 여러 가지가 있을 수 있다. 특히 감전·폭발 등의 사고는 생명에 직접적인 위험을 가져오며, 방사선 사고는 그 당시에는 모르고 지나지만 그 영향이 후세에까지 미칠 수 있기 때문에 각별한 주의가 필요하다.

1 감 전

1) 감전의 세기

감전의 세기는 인체에 흐르는 전류의 크기에 비례한다. 체내를 흐르는 전류가 작을 때는 어떤 자극을 느끼는 정도에 지나지 않지만(1 mA 정도) 전류가 더 증가하면 근육경련을 일으키거나 이동에 지장을 주거나, 스스로의 힘으로 전선에서 떨어지지 못하게 되는 경우도 있다(10 mA 정도). 전류가 더 증가하면 호흡곤란, 의식상실 등의 증세가 나타나고 심지어는 심장경련, 신경장애, 화상 등에 의해서 사망하기도 한다(100 mA 정도).

장애를 일으키는 전류값은 개인의 체질, 건강상태 등 외에도 전류의 통과 부위, 통과시간 등에 의해서 다르다.

2) 인체의 전기저항

인체의 전기저항은 체내의 저항과 피부의 접촉저항으로 나누어 생각하면 편리하다. 인체 내의 저항은 100 ~ 500 Ω 정도라고 추정되며, 피부의 접촉저항은 피부의 건습, 전극에 대한 접촉상태, 접촉면적의 대소에 따라서 다른데 그 값은 100 Ω ~ 500 kΩ 정도이다(손이 젖어 있을 때는 접촉저항이 작아지므로 특별한 주의가 필요하다).

3) 전원의 종류와 감전의 강약

전압이 같더라도 전원이 교류냐 직류냐에 따라서 또 전원의 내부저항 또는 내부 임피던스 등의 대소에 따라서 위험 정도가 다르다.

4) 전기계기의 접지

교류전원 220 V는 보통 배전용 변압기로, 고압 6.6 kV를 220 V로 감압시켜 공급하는 것이므로, 만약 변압기의 절연이 파괴되어 고압측과 저압측이 접촉하면 그 변압기에 연결되어 있는 저압선에 고압이 걸리므로 위험하다. 이 경우에 위험이 감소하도록 변압기 저압측의 한 가닥은 접지되어 있다(따라서 교류전원 220 V의 두 가닥 중에서 이 접지선에 접촉할 때는 감전되지 않지만 다른 쪽에 접촉하면 감전된다).

마찬가지로 절연불량에 의한 누전의 위험을 방지하기 위해서 변압기 및 전동기의 표면, X선 발생장치의 케이스, 기타 전기기기의 금속대나 금속 케이스 등을 접지하여 사용하는 것이 보통이다. 접지되어 있으면 누전이 일어날 때 단락되어 퓨즈나 배선용 차단기가 작동하여 회로를 끊어버린다. 단, 누전이 일어났을 때 금속 케이스 등의 대지전압을 인체에 안전한 값으로 유지하려면 접지저항이 아주 작아야 한다.

5) 감전사고

부주의에 의해서 전기가 흐르는 부분에 접촉하거나 배선공사의 불완전, 불완전한 전기계기의 사용, 전기계기의 잘못된 사용법이나 보수의 불안전 등 때문에 일어나며, 부주의에 의한 감전사고를 방지하기 위해서는 다음과 같은 주의가 필요하다.

① 물이 묻은 손으로 전기계기를 사용하지 않아야 한다. 감전의 위험이 있을 때는 건조한 장갑을 사용하면 좋다. 절연성 신발을 신거나 바닥에 절연성 물질을 깔면 효과가 있다.

② 전기회로에 직접 손을 댈 때는 반드시 스위치를 끊고 접촉해야 한다. 특히 고압 회로에 접촉할 때는 스위치를 두 군데 이상 끊은 것을 확인하고 손을 대야 한다.

③ 축전기를 포함한 회로에서는 스위치를 끊더라도 전하가 남아 있으므로 축전기의 양극을 도체로 단락시켜서 방전시킨 후 손을 대야 한다. 단락시킬 때는 감전되지 않도록 절연부분을 쥐어야 한다. 고압 회로의 축전기를 단락하려면 절연봉이 달린 도체를 써야 한다. 고압 회로의 축전기는 취급을 잘못하면 감전의 위험이 있으므로 충분한 주의가 필요하다.

6) 감전 시 응급조치

① 감전사고에는 직접 전류에 의한 각종 장해 외에 감전 쇼크에 의한 2차적 피해(예를 들면, 넘어져서 머리를 다친다거나 전주에서 떨어져 외상을 입는 것)를 입는 경우가 많다. 이런 때에는 의사의 치료를 받아야 한다.
② 감전에 의한 외상은 내부까지 깊이 상해를 입는 경우가 많으므로 외견상 심하지 않더라도 반드시 의사의 치료를 받아야 한다.
③ 전극을 잡고 감전되어 경련 때문에 손을 뗄 수 없을 때 피해자는 자기 몸무게를 이용하여 넘어지면서 전극으로부터 떨어지도록 한다.

2 초자기구(Lab glasses, 硝子器具)의 취급

1) 유리는 투명하고 가공이 쉬우며 약품에 대한 내구성이 우수하여 많이 사용되고 있다. 그러나 일반적인 유리는 연하며 파괴되기 쉽다. 취급을 잘못하여 파괴되면 그 파편으로 심한 외상을 입을 수 있다. 잘못이 없더라도 가공할 때 부적당한 열처리 등으로 내부에 금이 가서 유리가 돌연히 파괴되는 일도 있다. 특히 데시케이터(desicator) 등 두꺼운 유리에는 이러한 위험이 많으므로 충격은 물론, 온도나 압력을 급변시키지 않도록 주의해야 한다.

2) 유리관에 고무관이나 비닐관을 연결할 때, 또는 고무마개, 코르크(cork) 마개에 유리관이나 온도계 등을 꽂아 넣을 때 주의하지 않으면 유리관이 파괴되어 심한 상처를 입는 경우가 있다. 이런 일이 없도록 하기 위해서 관의 굵기와 구멍의 크기가 적당한 것을 사용하고, 넣을 때 연결부위에 물이나 그리스 등을 발라 부드럽게 하고 서두르지 말아야 하는 등 주의가 필요하다.

3) 진공계의 배관에도 유리관이 쓰이고 있다. 유리 콕 등을 올릴 때 유리부분에 큰 힘이 걸리지 않게 해야 한다. 또 유리관을 급격히 가열하면 관벽에 흡착했던 기체가 급격히 팽창하여 폭발하는 경우가 있다. 또 진공증착 장치의 Bell-jar 등 파괴될 위험이 있는 유리기자재는 금속제의 보호용기 내에서 사용하도록 한다.

4) 진공 플라스크, 진공관, 방전관, 마법병 등과 같이 내부가 저압인 유리용기가 파괴되면 유리조각이 날려 다치는 경우가 생긴다. 따라서 깨지지 않도록 주의해야 한다.

5) 유리기구가 서로 접촉하는 부분(배기계의 접속부분, 데시케이터의 뚜껑, 입이 넓은 병의 뚜껑 등)이 떨어지지 않을 때 무리해서 떼어 내려고 하면 파손되어 상해를 입는 경우가 많다. 이러한 때에는 서두르지 말고 유리기구의 상태, 내용물의 성질 등을 잘 살펴본 다음 가장 적합한 방법(가령 침투성이 강한 액체에 장기간 담가 놓거나 마개의 바깥부분을 뜨겁게 한다. 또는 나무망치로 가볍게 친다)으로 서서히 떼어낸다.

6) 유리용기 또는 유리창이 있는 금속용기 등의 내부가 고압일 경우에는 파손 시 대단히 위험하다. 내부를 고압으로 해야 하는 유리용기에서는 아주 작은 흠집이라도 파괴나 폭발의 원인이 되므로 잘 조사하여 위험이 없는 것을 사용한다.

3 위험물질의 취급

1) 액체 질소(liquid nitrogen)

질소의 끓는점은 −195.80 ℃, 산소의 끓는점은 −182.96 ℃이므로 이 차이를 이용하여 공기를 액화한 후 분류하여 산소와 질소를 분리시킬 수 있다. 액체 질소는 무미・무취・무독・불연성이므로 액화 가스 중에서 가장 안전한 냉매 중의 하나이다. 액체 질소의 온도는 약 −196 ℃로서 아주 저온이므로 취급 시 다음과 같은 주의가 필요하다.

① 액체 질소에 손 등을 절대로 넣지 않아야 한다. 넣으면 치명적인 동상을 입게 된다.

② 덜어낼 때 처음에는 액체 방울이 심하게 튀어나오고 소량의 경우 바로 증발해 버린다. 이때 위험은 없으나 장갑이나 옷에 튀어 섬유 사이에 끼어서 그 부분의 피부가 동상을 일으키는 수가 있으므로 주의해야 한다.
③ 액체 질소로 냉각되어 있는 물체에 직접 손을 대면 달라 붙어서 떨어지지 않는다. 무리하게 떼려 하면 피부가 같이 떨어져 나갈 수도 있다.
④ 액체 질소 속에 큰 물체(또는 대량의 물질)를 급하게 집어 넣으면 기화에 의해서 체적이 급격히 증가하여 폭발과 유사한 현상이 나타날 수 있으므로 위험하다. 큰 물체를 냉각시키고자 할 때는 용기 속에 냉각시키려는 물체를 넣은 다음 액체 질소를 서서히 주입시켜야 한다.
⑤ 액체 질소를 다른 그릇에 쏟을 때는 그릇을 천천히 기울여서 다른 그릇에 서서히 부어야 한다.

2) 발화성 물질

황산(H_2SO_4), 나트륨(Na) 등과 같이 공기 중의 산소가 수분과 반응하여 발화하기 쉬운 물질은 불활성인 기체나 액체 속에서 취급하거나 보관해야 한다.

3) 인화성 물질

수소가스(H_2 gas), 에테르(ether), 벤젠(C_6H_6) 등과 같이 쉽게 인화하여 화재나 폭발을 일으키는 물질은 불이나 고온 물체의 부근, 전기불꽃이 발생할 우려가 있는 장소 등에서 취급해서는 안 된다(건조한 날에는 합성섬유 등의 옷에서 전기불꽃이 튀는 경우가 있다). 실험실에서는 금연해야 한다.

4) 폭발성 물질

질산암모늄(NH_4NO_3), 니트로글리세린[$C_3H_5(NO_3)_3$] 등과 같이 가열이나 마찰·충격 등으로 폭발할 가능성이 있는 물질은 이러한 자극을 주지 않도록 최대한 주의를 기울여 취급해야 한다.

5) 부식성 물질

대부분의 산, 알칼리 등과 같은 부식성 물질은 피부나 의류에 직접 접촉하지 않도록 해야 한다. 눈이나 피부에 닿았을 때는 즉시 물로 여러 번 닦아야 한다.

6) 유독성 물질

① 유독 가스 등이 발생하는 물질은 배기실에서 조작하고 가스·증기·분말 등을 흡수하지 않도록 주의해야 한다. 독성이 약해 배기장치가 되어 있는 곳에서 취급할 필요가 없는 경우에도 창문을 열거나 환기장치(선풍기 등)를 돌려 환기에 노력한다.

② 물리실험에는 수은(Hg)을 사용하는 경우가 많다. 수은 온도계 등이 파손되어 수은이 흩어졌을 때 그대로 두면 수은 증기 때문에 서서히 장해를 입게 된다. 그러므로 수은을 스포이트 등으로 즉시 회수하고, 회수한 수은은 병에 넣고 그 위에 물을 부어 수은의 증발을 막아야 한다. 스포이트로 회수할 수 없을 정도로 미립자가 된 수은(이때 수은은 증발하기 쉬우므로 특히 주의해야 한다)은 아연 분말을 뿌려서 아말감(amalgam)을 만들어 회수한다.

③ 유독성 물질 중에는 즉시 장해가 나타나는 것, 어느 시간이 경과한 다음 나타나는 경우 장기간 후에 나타나는 경우 등이 있으며, 또한 장해의 종류나 독성의 강약도 여러 가지이다. 특성을 잘 모르는 물질을 취급할 때는 사전에 주의사항을 확인하여 위험이 없도록 유의한다.

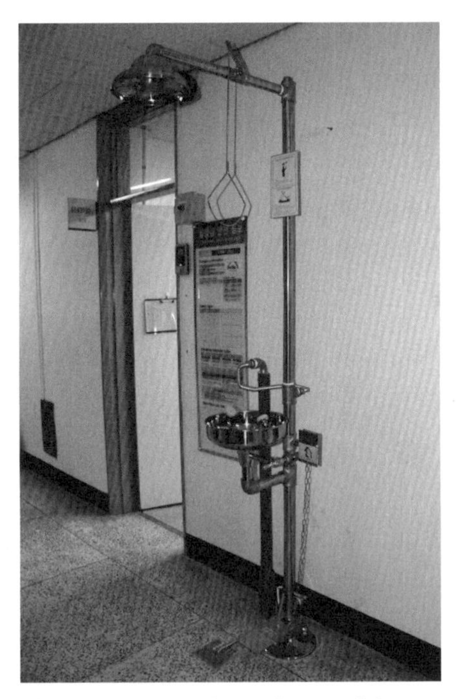

〈그림 7-1〉 유독물질에 노출되었을 때 사용하는 비상샤워기

02 국제단위계(SI units)

1) 기본 단위

양	명 칭	기 호
길이	미터	m
질량	킬로그램	kg
시간	초	s
전류	암페어	A
절대온도	켈빈	K
광도	칸델라	cd
물질의 양	몰	mol

2) 보조 단위

양	명 칭	기 호
평면각	라디안	rad
입체각	스테라디안	sr

3) 유도 단위

양	명 칭	기 호	다른 단위와의 관계	
진동수	헤르츠	Hz	s^{-1}	
힘	뉴턴	N	$m\ kg\ s^{-2}$	
압력	파스칼	Pa	N/m^2	$m^{-1}\ kg\ s^{-2}$
에너지, 열량	줄	J	$N\ m$	$m^2\ kg\ s^{-2}$
전력	와트	W	J/s	$m^2\ kg\ s^{-3}$
전기량(전하량)	쿨롬	C	$A\ s$	$s\ A$

양	명 칭	기 호	다른 단위와의 관계	
전압, 전위	볼트	V	W/A	$m^2\ kg\ s^{-3}\ A^{-1}$
전기용량	패럿	F	C/V	$m^{-2}\ kg^{-1}\ s^4\ A^2$
전기저항	옴	Ω	V/A	$m^2\ kg\ s^{-3}\ A^{-2}$
자기다발	웨버	Wb	V s	$m^2\ kg\ s^{-2}\ A^{-1}$
자기장	테슬라	T	Wb/m^2	$kg\ s^{-2}\ A^{-1}$
인덕턴스	헨리	H	Wb/A	$m^2\ kg\ s^{-2}\ A^{-2}$
빛다발	루멘	lm		cd sr
조도	럭스	lx	lm/m^2	m^{-2} sr cd
방사능	베크렐	Bq		s^{-1}
흡수선량	그레이	Gy	J/kg	$m^2\ s^{-2}$
선량당량	시버트	Sy	J/kg	$m^2\ s^{-2}$

4) 접두어

인 자	명 칭	기 호	인 자	명 칭	기 호
10^{18}	엑사(exa)	E	10^{-1}	데시(deci)	d
10^{15}	페타(peta)	P	10^{-2}	센티(centi)	c
10^{12}	테라(tera)	T	10^{-3}	밀리(milli)	m
10^{9}	기가(giga)	G	10^{-6}	마이크로(micro)	μ
10^{6}	메가(mega)	M	10^{-9}	나노(nano)	n
10^{3}	킬로(kilo)	k	10^{-12}	피코(pico)	p
10^{2}	헥토(hecto)	h	10^{-15}	펨토(femto)	f
10^{1}	데카(deca)	da	10^{-18}	아토(atto)	a

※ 단위 환산표

길이와 체적

1 inch = 2.54 cm

1 ft = 0.03048 m

1 m = 39.37 in

1 mi = 1.6093440 km

1 liter = 10^3 cm^3 = 10^{-3} m^3

시 간

1 year = 365.25 day = 3.1558×10^7 s

1 d = 86400 s

1 h = 3600 s

질 량

1 kg = 1000 g

1 kg 무게 = 2.205 lb

1 amu = 1.6605×10^{-27} kg

압 력

1 Pa = 1 N/m^2

1 atm = 1.01325×10^5 Pa

1 lb/in^2 = 6895 Pa

에너지와 힘

1 cal = 4.184 J

1 kWh = 3.60×10^6 J

1 eV = 1.602×10^{-19} J

1 u = 931.5 MeV

1 hp = 746 W

속 력

1 m/s = 3.60 km/h = 2.24 mi/h

1 km/h = 0.621 mi/h

힘

1 lb = 4.448 N

1 N = 10^5 dyne

03 물리 상수

1) 기본 상수

물리량	기 호	값	단 위	
			SI	cgs
만유인력상수	G	6.67259	$\times 10^{-11}$ Nm^2 kg^{-2}	$\times 10^{-8}$ dyn cm^{2}kg^{-2}
광속도(진공에서)	c	2.99792458	$\times 10^{8}$ m s^{-1}	$\times 10^{10}$ cm s^{-1}
기본전하량	e	1.60217733	$\times 10^{-19}$ C	$\times 10^{-20}$ emu
플랑크 상수	h	6.6260755	$\times 10^{-34}$ J s	$\times 10^{-27}$ erg s
아보가드로수	N_A	6.0221367	$\times 10^{23}$ mol^{-1}	
볼츠만 상수	k	1.380658	$\times 10^{-23}$ J K^{-1}	$\times 10^{-16}$ erg K^{-1}
보편기체상수	R	8.314510	J mol^{-1} K^{-1}	$\times 10^{7}$ erg mol^{-1} K^{-1}
패러데이 상수	F	9.6485309	$\times 10^{4}$ C mol^{-1}	
리드베리 상수	R_∞	1.0973731534	$\times 10^{7}$ m^{-1}	$\times 10^{5}$ cm^{-1}
진공 중에서의 유전율	ε_0	8.854187817	$\times 10^{12}$ F m^{-1}	
진공 중에서의 투자율	μ_0	1.25663706	$\times 10^{-6}$ H m^{-1}	
보어 반지름	r_B	5.29177249	$\times 10^{-11}$ m^{-1}	
원자질량단위	u	1.6605402	$\times 10^{-27}$ kg	$\times 10^{-24}$ g
전자의 질량	m_e	9.1093897	$\times 10^{-31}$ kg	$\times 10^{-28}$ g
전자의 비전하	e/m_e	1.75881962	$\times 10^{11}$ C kg^{-1}	$\times 10^{8}$ C g^{-1}
양성자의 질량	m_p	1.6726231	$\times 10^{-27}$ kg	$\times 10^{-24}$ g
중성자의 질량	m_n	1.6749286	$\times 10^{-27}$ kg	$\times 10^{-24}$ g

2) 고체 상수

물 질		밀도 (20 ℃) (g/cm³)	Young률 (10^{10} N/m²)	선팽창계수 (0~100 ℃), ($10^{-5}K^{-1}$)	비 열		녹는점 (℃)	열전도도(20 ℃)	
					(kJ/ kg K)	(cal/ g K)		(10^2 W/m K)	(cal/cm s K)
아연	Zn	7.14	9.3	2.62	0.39	0.092	419.5	1.1	0.26
알루미늄	Al	2.70	7.0	2.4	0.90	0.21	658	2.2	0.52
금	Au	19.3	8.0	1.4	0.13	0.031	1063	3.0	0.72
은	Ag	10.50	7.9	1.9	0.23	0.056	961	4.2	1.01
철	Fe	7.86	22	1.2	0.45	0.107	1540	0.75	0.18
구리	Cu	8.93	12	1.6	0.39	0.092	1083	3.9	0.93
니켈	Ni	8.9	20	1.3	0.45	0.108	1450	0.70	0.17
주석	Sn	7.31	5.5	2.7	0.23	0.054	232	0.65	0.16
납	Pb	11.34	1.5	2.9	0.13	0.031	327	0.34	0.083
백금	Pt	21.37	16.5	0.90	0.13	0.032	1773	0.71	0.17
텅스텐	W	19.3	36	0.43	0.13	0.032	3370	1.7	0.41
안티몬	Sb	6.67	7.8	1.1	0.21	0.050	630	0.18	0.042
카드뮴	Cd	8.64	7.1	3.2	0.23	0.055	321	0.92	0.22
코발트	Co	8.8	21	1.3	0.42	0.10	1490	0.70	0.17
마그네슘	Mg	1.74	4.4	2.6	1.02	0.25	651	1.7	0.41
창연	Bi	9.8	3.2	1.3	0.12	0.029	271	0.09	0.021
운모		2.8	16 ~ 21	0.3	0.88	0.210	—	0.35 ~ 0.60	0.083
화강암		2.7	5	0.83	0.80	0.191	—	3.5	0.84
대리석		2.7	3 ~ 5	1.2	0.88	0.210	—	2.1 ~ 3.5	0.50 ~ 0.84
에보나이트		1.15	—	8.5	1.67	0.399	—	0.17	0.040
유리		2.5	4.5 ~ 10	0.8	0.84	0.201	1400	0.9	0.20
사기		2.3 ~ 2.5	7 ~ 8	0.2 ~ 0.5	0.8	0.191	—	0.08 ~ 0.18	0.019
참나무		0.65	1.3	—	—	—	—	0.17	0.040

3) 액체 상수

물 질	밀도 (20 ℃) (g/cm³)	점성계수 (20 ℃) (10^{-3} N s /m²)	표면 장력 (20 ℃) (10^{-3} N/m)	체적 팽창 계수 (20 ~ 100 ℃) (10^{-3} ℃$^{-1}$)	비열 (20 ~ 100 ℃)		열전도도 (20 ℃)		녹는점 (℃)	끓는점 (℃)	굴절률 (D선 589 nm)
					(kJ/ kg K)	(cal/ g K)	(W/ m K)	10^{-4} (cal/cm s K)			
물[H_2O]	0.999	1.06	73	0.18	4.18	0.999	0.560	13.4	0	100	1.33
수은[Hg]	13.55	1.57	500	0.181	0.147	0.035	10.5	250	−39	357	−
에틸알코올 [C_2H_5OH]	0.791	1.25	22	1.10	2.43	0.58	0.181	4.33	−115	78	1.360
메틸알코올 [CH_3OH]	0.793	0.60	23	1.20	2.48	0.58	0.21	5.0	−98	65	1.331
에틸에텔 [$(C_2H_5)_2O$]	0.716	0.238	17	1.62	2.30	0.55	0.138	3.30	−116	35	1.353
아세톤 [$(CH_3)_2CO$]	0.791	0.337	23.3	1.43	2.17	0.52	0.180	4.31	−96	−	1.359
벤젠 [C_5H_6]	0.881	0.673	29	1.15	1.71	0.41	0.139	3.33	5.5	80	1.501
아닐린 [C_6H_5 NH_2]	1.030	4.6	43	0.85	2.05	0.49	0.17	4.1	−6	184	1.586
글리세린 [$C_3H_5(OH)_3$]	1.270	1500	63	0.505	2.43	0.58	0.285	6.81	18	290	1.473
니트로벤젠 [$C_6H_5NO_2$]	1.210	−	23	0.83	1.47	0.35	0.163	3.90	5.7	210	1.553
클로로포름 [$CHCl_3$]	1.498	0.58	27	1.27	0.96	0.23	0.121	2.89	−64	61	1.446
초산에틸 [CH_3 COO C_2H_5]	0.900	0.424	23	1.35	2.01	0.48	0.15	3.6	−84	77	1.372
클리콜 [$(CH_2OH)_2$]	1.116	−	48	−	2.43	0.58	−	−	17	197	1.427
황산 [H_2SO_4]	1.85	28	−	0.56	1.38	0.33	−	−	−	326	−
사염화탄소 [CCl_4]	1.596	1.01	26	1.22	0.84	0.20	0.10	2.5	−23	77	1.453
크실렌 [$C_6H_4(CH_3)_2$]	0.870	0.69	29	0.99	1.67	0.40	−	−	54	139	1.500
올리브유	0.915	90	−	0.72	1.67	0.40	0.167	4.0	−	−	−
피마자기름	0.961	>5000	−	0.69	1.80	0.43	0.184	4.4	−	−	1.48

4) 기체 상수

물 질	밀도 (0 ℃) (kg/m³)	점성계수 (0 ℃) (10^{-6} N s/m²)	비열			열전도도		임계 온도 (℃)	임계압력 (100 kPa =bar)
			C_p (kJ/ kg k)	C_v (cal/ g k)	$\frac{C_p}{C_v}$	(W/ m K)	(10^{-3} cal/ cm s K)		
공기	1.293	17.1	1.00	0.241	1.40	0.024	1.01	−141	38
산소 [O_2]	1.429	19.4	0.92	0.219	1.40	0.025	1.03	−119	51
수소 [H_2]	0.0899	8.5	14.3	3.41	1.41	0.474	7.30	−230	20
질소 [N_2]	1.250	16.7	1.04	0.249	1.40	0.024	1.02	−147	33
아르곤 [Ar]	1.784	21.2	0.52	0.125	1.66	0.016	0.67	−122	49
일산화탄소 [CO]	1.250	16.4	1.05	0.250	1.40	0.023	0.96	−139	36
일산화질소 [NO]	1.340	18.0	1.00	0.239	1.40	0.024	1.00	−93	65
이산화탄소 [CO_2]	1.977	13.9	0.82	0.196	1.31	0.014	0.59	31	73
이산화질소 [NO_2]	1.978	14.0	0.89	0.212	1.28	0.015	0.64	39	73
네온 [Ne]	0.900	29.8	1.03	0.246	1.64	0.046	1.92	−229	27
헬륨 [He]	0.178	18.6	5.1	1.25	1.66	0.144	6.10	−267.9	2.3
불소 [F_2]	1.695	—	0.75	0.179	—	—	—	−129	57
염소 [Cl_2]	3.214	12.3	0.49	0.117	1.36	0.0076	0.32	144	84
아세틸렌 [C_2H_2]	1.171	10.2	1.68	0.402	1.26	0.019	0.80	36	63
암모니아 [NH_3]	0.771	9.3	2.06	0.492	1.32	0.022	0.92	132	119
에탄 [C_2H_6]	1.356	8.6	1.72	0.411	1.22	0.018	0.75	32	49
에틸렌 [C_2H_4]	1.260	9.6	1.50	0.36	1.24	0.017	0.71	10	51
황화수소 [H_2S]	1.539	11.6	1.05	0.250	1.32	0.013	0.54	100	89

5) 여러 물질 내에서 소리의 속도

물 질	온도(℃)	속도(m/s)	물 질	온도(℃)	속도(m/s)
공기(건조)	−45.6	305.6	구리	20.0	3710
	0.0	331.45	금	20.0	2030
	15.7	340.8	은	20.0	2640
	100.0	387.2	납	20.0	1200
수증기	100.0	471.5	철(단)	−	4900 ~ 5100
산소	0.0	316.2	철(강)	−	약 4900
	16.5	323.8	백금	20.0	2880
수소	0.0	1300	니켈	20.0	4790
질소	0.0	337.7	놋쇠(황동)	20.0	3490
헬륨	0.0	981	아연	20.0	3810
일산화탄소	0.0	337.3	알루미늄	20.0	5080
아황산가스	0.0	209.2	에보나이트	18.0	1560
순수한 물	19.0	1505	고무	−	40 ~ 70
증류수	20.0	1470	석영유리	20.0	5370
글리세린	20.0	1923	얼음	4.0	3280
에틸알코올	20.0	1190	대리석	−	3810
메틸알코올	20.0	1006	코르크	−	430 ~ 530
수은	20.0	1450	파라핀	18	1390
석유	20.0	1275	소나무	−	3320

6) 몇 가지 물질의 전기적 특성

물 질		규격 또는 성분	저항률(20 ℃) (10^{-8} Ω m)	온도계수 (20 ℃) (10^{-3} K^{-1})	녹는점 (℃)	밀도 (g/cm^3)
도체	알루미늄	화학용	2.7	3.9	658	2.70
	카드뮴		7.46	3.7	321	8.64
	수은		95.8	0.91	−38.87	13.55
	철	공업용 전해철	10.5	5.76	1530	7.87
	구리		1.724	3.96	1083	8.90
	아연		6.25	3.8	419	7.15
	은		1.65	3.66	960	10.50
	텅스텐		5.5	4.5	3370	19.30
	백금		10.6	3.62	1773	21.40
탄소	탄소	전극	6000	−	−	1.50
		필라멘트	4000	−	−	1.50
		그라파이트 결정	700 ~ 1200	−	−	2.20
저항체	크로맥스 (Chromax)	15 % Cr 35 % Ni 나머지 Fe	100	0.031	1380	7.95
			−	−	−	−
	니크롬 65/15	60 ~ 65 % Ni 15 ~ 19 % Cr 15 ~ 20 % Fe 2 ~ 4 % Mn	100 ~ 115	0.18	1400	8.20
	니크롬 80/20	70 ~ 80 % Ni 20 % Cr 1 ~ 3 % Mn	100 ~ 110	0.18	1410	8.30
	양은	64 % Cu 18 % Zu 18 % Ni	28	0.026	1110	8.72
특수 합금	Ag−Mn 합금	91.22 % Ag 8.78 % Mn	28	-1×10^{-3}	−	9.50
	콘스탄탄 (Constantan)	54 % Cu 45 % Ni 1 % Mn	50	± 0.03	1270	8.90
	망가닌 (Manganin)	86 % Cu 12 % Mn 2 % Ni	43	0.003 ~ 0.02	960	8.40

7) 부도체의 전기적 특성

재 료	절연파괴의 세기 (kV/mm)	체적저항률 (Ω m)	표면저항률 (Ω)	비유전율	
				50 Hz	10^6 Hz
운모	120 ~ 240	10^{12} ~ 10^{15}	10^{13} ~ 10^{14}(30)	–	6.8 ~ 8.0
유리(석영)	20 ~ 40	> 10^{15}	약 10^{15}(20)	3.5 ~ 4.0	3.5 ~ 4.0
유리(소다석회)	–	10^{9} ~ 10^{12}	–	8.0 ~ 9.5	5.0 ~ 8.0
스테아티이트 사기	8 ~ 14	10^{11} ~ 10^{13}	–	–	6.0 ~ 7.0
천연 고무	20 ~ 30	10^{13} ~ 10^{15}	–	2.7 ~ 4.0	–
파라핀	8 ~ 12	10^{14} ~ 10^{17}	약 10^{15}(20) 약 10^{14}(90)	1.9 ~ 2.4	–
폴리에틸렌	18 ~ 28	> 10^{14}	약 10^{15}(20) 약 10^{11}(60)	2.2 ~ 2.4	2.2 ~ 2.4

8) 물의 포화증기압

(단위는 100 ℃ 이하는 mmHg, 100 ℃ 이상은 기압)

온도(℃)	0	1	2	3	4	5	6	7	8	9
0	4.58	4.93	5.29	5.69	6.10	6.54	7.01	7.51	8.05	8.61
10	9.21	9.84	10.52	11.23	11.99	12.79	13.63	14.53	15.48	16.48
20	17.54	18.65	19.33	21.07	22.38	23.76	25.21	26.74	28.35	30.04
30	31.82	33.70	35.66	37.73	39.90	42.18	44.56	47.70	49.69	52.44
40	55.32	58.34	61.50	64.80	68.26	71.88	75.65	79.60	83.71	88.02
50	92.50	97.20	102.1	107.2	112.5	118.0	123.8	129.8	136.1	142.6
60	149.4	156.4	163.8	171.4	179.3	187.5	196.1	205.0	214.2	223.7
70	233.7	243.9	254.6	265.7	277.2	289.1	301.4	314.1	327.3	341.0
80	355.1	369.7	384.9	400.6	416.8	433.6	450.9	468.7	487.1	506.1
90	525.8	546.1	567.0	588.6	610.9	633.9	657.6	682.1	707.3	733.2
100	1.000	1.036	1.074	1.112	1.151	1.192	1.234	1.277	1.322	1.367
110	1.414	1.462	1.512	1.562	1.615	1.668	1.724	1.780	1.838	1.898
120	1.959	2.022	2.087	2.135	2.221	2.292	2.362	2.435	2.510	2.587
130	2.666	2.747	2.830	2.914	3.001	3.089	3.176	3.274	3.369	3.467
140	3.567	3.669	3.773	3.880	3.989	4.101	4.215	4.332	4.451	4.574

04 그리스 알파벳 및 동양 수의 호칭

1) 그리스 알파벳

명 칭	읽는 법	기 호		명 칭	읽는 법	기 호	
		대문자	소문자			대문자	소문자
Alpha	알파	A	α	Nu	뉴	N	ν
Beta	베타	B	β	xi	크사이	Ξ	ξ
Gamma	감마	Γ	γ	Omicron	오미크론	O	o
Delta	델타	Δ	δ	Pi	파이	Π	π
Epsilon	엡실론	E	ε	Rho	로	P	ρ
Zeta	지타	Z	ζ	Sigma	시그마	Σ	σ
Eta	이타	H	η	Tau	타우	T	τ
Theta	시타	Θ	θ	Upsilon	입실론	Y	υ
Iota	요타	I	ι	Phi	파이	Φ	ϕ
Kappa	카파	K	κ	Chi	카이	X	χ
Lambda	람다	Λ	λ	Psi	프사이	Ψ	ψ
Mu	뮤	M	μ	Omega	오메가	Ω	ω

2) 동양 수의 호칭

수	명 칭	수	명 칭	수	명 칭	수	명 칭
10^{-22}	淨(정)	10^{-11}	膜(막)	1	一(일)	10^{32}	溝(구)
10^{-21}	淸(청)	10^{-10}	渺(묘)	10	十(십)	10^{36}	澗(간)
10^{-20}	空(공)	10^{-9}	埃(애)	10^{2}	百(백)	10^{40}	正(정)
10^{-19}	虛(허)	10^{-8}	塵(진)	10^{3}	千(천)	10^{44}	載(재)
10^{-18}	六德(육덕)	10^{-7}	沙(사)	10^{4}	萬(만)	10^{48}	極(극)
10^{-17}	刹那(찰나)	10^{-6}	纖(섬)	10^{8}	億(억)	10^{52}	恒何沙(항하사)
10^{-16}	彈指(탄지)	10^{-5}	忽(홀)	10^{12}	兆(조)	10^{56}	阿曹(아조)
10^{-15}	瞬息(순식)	10^{-4}	糸(사)	10^{16}	京(경)	10^{60}	那由地(나유지)
10^{-14}	須臾(수유)	10^{-3}	毛, 毫 (모, 호)	10^{20}	垓(해)	10^{64}	不可思議(불가사의)
10^{-13}	浚巡(준순)	10^{-2}	厘(리)	10^{24}	秭(자)	10^{68}	無量(무량)
10^{-12}	模糊(모호)	10^{-1}	分(분)	10^{28}	穰(양)	10^{72}	大數(대수)

05 노벨물리학상 수상자

수상연도	이 름	출생국	수상 업적
1901	뢴트겐(W.C. Röntgen)	독일	X선의 발견
1902	로렌츠(H.A. Lorentz) 제만(P. Zeeman)	네덜란드	복사에 대한 자기장의 영향에 관한 연구
1903	베크렐(H.A. Becquerel) 퀴리(P. Curie) 퀴리(M. Curie)	프랑스	방사능의 발견과 우라늄의 연구
1904	레일리(Lord Rayleigh)	영국	아르곤 발견
1905	레나르트(P.E.A. Lenard)	독일	음극선에 대한 연구
1906	톰슨(J.J. Thomson)	영국	기체 내 전도전자의 전리에 관한 연구
1907	마이컬슨(A.A. Michelson)	미국	간섭계의 고안과 그것에 의한 분광학 및 미터원기에 관한 연구
1908	리프만(G. Lippmann)	프랑스	빛의 간섭을 이용한 천연색 사진 연구
1909	마르코니(G. Marconi) 브라운(K.F. Braun)	이탈리아 독일	무선전신의 개발
1910	반 데르 발스(Van der Waals)	네덜란드	기체와 액체의 상태방정식에 관한 업적
1911	빈(W. Wien)	독일	열복사에 관한 법칙 발견
1912	달렌(N.G. Dalén)	스웨덴	등대용 가스 자동조절기의 발명
1913	카멀링 오네스(H. Kamerling-Onnes)	네덜란드	액체헬륨 제조에 관련되는 저온 현상 연구
1914	라우에(M. von Laue)	독일	결정에 의한 X선 회절 발견
1915	브래그(W.H. Bragg) 브래그(W.L. Bragg)	영국	X선에 의한 결정구조의 해석
1916		수상자 없음	
1917	바클라(C.G. Barkla)	영국	원소의 특성 X선 발견
1918	플랑크(M. Planck)	독일	양자이론에 의한 물리학 발전에 대한 공헌
1919	슈타르크(J. Stark)	독일	전기장에서 스펙트럼의 슈타르크 효과의 발견
1920	기욤(C.E. Guillaume)	프랑스	팽창이 작은 니켈강 합금과 인바 합금의 발견
1921	아인슈타인(A. Einstein)	독일	이론물리학에 공헌과 광전 효과의 법칙 발견
1922	보어(N. Bohr)	덴마크	원자의 구조와 복사에 대한 연구
1923	밀리컨(R.A. Millikan)	미국	기본전하와 광전 효과 연구

수상연도	이 름	출생국	수상 업적
1924	시그반(M. Siegbahn)	스웨덴	X선 분광학에 대한 연구
1925	프랑크(J. Franck) 헤르츠(G. Hertz)	독일	원자에 대한 전자 충돌에 관한 법칙 발견
1926	페렝(J.B. Perrin)	프랑스	물질의 불연속 적구조에 대한 연구
1927	콤프턴(A.H. Compton)	미국	콤프턴 효과 발견
	윌슨(C.T.R. Wilson)	영국	전기적으로 하전된 입자의 경로를 가시화시키는 방법
1928	리처드슨(O.W. Richardson)	영국	열전자현상의 연구
1929	드브로이(L.V. de Broglie)	프랑스	전자의 파동성 발견
1930	라만(C.V. Raman)	인도	빛 산란에 대한 연구 및 라만 효과 발견
1931		수상자 없음	
1932	하이젠베르크(W. Heisenberg)	독일	양자역학의 불확정성 원리 발견
1933	디렉(P.A.M. Dirac) 슈뢰딩거(E. Schrödinger)	영국 오스트리아	양자역학에 파동방정식 도입
1934		수상자 없음	
1935	채드윅(J. Chadwick)	영국	중성자 발견
1936	헤스(V.F. Hess)	오스트리아	우주선 발견
	앤더슨(C.D. Anderson)	미국	양전자 발견
1937	데이비슨(C.J. Davisson) 톰슨(G.P. Thomson)	미국 영국	결정에 의한 전자 회절의 실험적 연구
1938	페르미(E. Fermi)	이탈리아	중성자에 의한 인공방사성 원소의 연구
1939	로렌스(E.O. Lawrence)	미국	사이클로트론의 발명
1940 1941 1942		수상자 없음	
1943	슈테른(O. Stern)	미국	양성자의 자기모멘트 발견
1944	래비(I.I Rabi)	미국	공명법에 의한 원자핵의 자기모멘트 측정
1945	파울리(W. Pauli)	오스트리아	파울리의 원리 발견
1946	브리지먼(P.W. Bridgman)	미국	고압 물리학의 재발견
1947	애플턴(E.V. Appleton)	영국	전리층에서의 애플턴층 발견
1948	블래킷(P.M.S. Blackett)	영국	핵물리학 및 우주선의 재발견
1949	유카와 히데키(Y. Hideki)	일본	핵력이론에 의한 중간자의 존재 예언
1950	파웰(C.F. Powell)	영국	핵과정에 대한 연구에 있어 사진적 방법 : 중간자 발견
1951	코크로프트(J.D. Cockcroft) 월턴(E.T.S. Walton)	영국 아일랜드	가속입자에 의한 원자핵 변환 연구
1952	블로흐(F. Bloch) 페셀(E.M. Purcell)	미국	핵자기 공명 흡수의 방법에 의한 원자핵의 자기모멘트 측정

<table>
<tr><th>수상연도</th><th>이 름</th><th>출생국</th><th>수상 업적</th></tr>
<tr><td>1953</td><td>제르니케(F. Zernike)</td><td>네덜란드</td><td>위상차 현미경 연구</td></tr>
<tr><td rowspan="2">1954</td><td>보른(M. Born)</td><td>영국</td><td>양자 역학에 관한 연구</td></tr>
<tr><td>보테(W. Bothe)</td><td>독일</td><td>원자핵 반응과 감마선에 관한 연구</td></tr>
<tr><td rowspan="2">1955</td><td>쿠슈(P. Kusch)</td><td rowspan="2">미국</td><td>전자의 자기모멘트 측정</td></tr>
<tr><td>램(W.E. Lamb)</td><td>수소 스펙트럼의 구조에 관한 여러 발견</td></tr>
<tr><td rowspan="3">1956</td><td>쇼클리(W. Shockley)</td><td rowspan="3">미국</td><td rowspan="3">반도체 연구 및 트랜지스터 효과의 발견</td></tr>
<tr><td>바딘(J. Bardeen)</td></tr>
<tr><td>브래튼(W.H. Brattain)</td></tr>
<tr><td rowspan="2">1957</td><td>리정다오(L. Tsung Dao)</td><td rowspan="2">중국</td><td rowspan="2">반전성의 비보존에 관한 연구</td></tr>
<tr><td>양전닝(Y. Chen Ning)</td></tr>
<tr><td rowspan="3">1958</td><td>체렌코프(P.A. Cherenkov)</td><td rowspan="3">소련</td><td rowspan="3">체렌코프 효과의 발견과 해석</td></tr>
<tr><td>프랑크(I.M. Frank)</td></tr>
<tr><td>탐(I.E. Tamm)</td></tr>
<tr><td rowspan="2">1959</td><td>세그레(E. Segré)</td><td rowspan="2">미국</td><td rowspan="2">반양성자의 존재 확인</td></tr>
<tr><td>체임벌린(O. Chamberlain)</td></tr>
<tr><td>1960</td><td>글레이저(D.A. Glaser)</td><td>미국</td><td>거품상자의 개발</td></tr>
<tr><td rowspan="2">1961</td><td>호프스태터(R. Hofstadter)</td><td>미국</td><td>원자핵의 형태, 크기 규정</td></tr>
<tr><td>뫼스바우어(R. Mössbauer)</td><td>독일</td><td>되튐없는 핵공명 흡수에 관한 연구와 실험적 증명</td></tr>
<tr><td>1962</td><td>란다우(L.D. Landau)</td><td>소련</td><td>액체 헬륨의 이론적 연구</td></tr>
<tr><td rowspan="3">1963</td><td>위그너(E.P. Wigner)</td><td>미국</td><td>원자핵과 기본입자 해명에 관한 공헌</td></tr>
<tr><td>옌젠(J.H.D. Jensen)</td><td>독일</td><td rowspan="2">원자핵의 껍질구조에 관한 연구</td></tr>
<tr><td>마이어(M.G. Mayer)</td><td>미국</td></tr>
<tr><td rowspan="3">1964</td><td>타운스(C.H. Townes)</td><td>미국</td><td rowspan="3">메이저, 레이저의 개발</td></tr>
<tr><td>바소프(N.G. Basov)</td><td>소련</td></tr>
<tr><td>프로호로프(A.M. Prokhorov)</td><td>소련</td></tr>
<tr><td rowspan="3">1965</td><td>슈윙거(J. Schwinger)</td><td rowspan="2">미국</td><td rowspan="3">양자 전기역학의 기초원리 연구</td></tr>
<tr><td>파인먼(R.P. Feynman)</td></tr>
<tr><td>도모나가신이치로(T. Sinichiro)</td><td>일본</td></tr>
<tr><td>1966</td><td>카스틀레(A. Kastler)</td><td>프랑스</td><td>원자 내의 헤르츠파 공명 연구의 광학적 방법 발견</td></tr>
<tr><td>1967</td><td>베테(H.A. Bethe)</td><td>미국</td><td>별의 에너지 발생에 대한 연구</td></tr>
<tr><td>1968</td><td>앨버레즈(L.W. Alvarez)</td><td>미국</td><td>소립자에 대한 업적, 공명 상태의 발견</td></tr>
<tr><td>1969</td><td>겔만(M. Gell-Mann)</td><td>미국</td><td>소립자의 분류와 상호작용에 관한 발견</td></tr>
<tr><td rowspan="2">1970</td><td>알벤(H. Alfvén)</td><td>스웨덴</td><td>전자 유체역학에 관한 연구</td></tr>
<tr><td>넬(L. Néel)</td><td>프랑스</td><td>컴퓨터 메모리에 응용되는 자기 특성에 관한 여러 발견</td></tr>
<tr><td>1971</td><td>가보르(D. Gabor)</td><td>영국</td><td>홀로그래피 발명과 그 발전에 대한 공헌</td></tr>
</table>

수상연도	이 름	출생국	수상 업적
1972	바딘(J. Bardeen)	미국	초전도현상의 이론적 해명(BCS 이론)
	쿠퍼(L.N. Cooper)		
	슈리퍼(J.R. Schrieffer)		
1973	에사키레오나(E. Leona)	일본	고체에 있어서의 터널효과 연구
	예이버(I. Giaever)	미국	
	조셉슨(B.D. Josephos)	영국	
1974	라일(M. Ryle)	영국	전파 천문학 분야의 연구
	휴이시(A. Hewish)		
1975	보어(A. Bohr)	덴마크	원자핵 구조의 연구
	모텔손(B.R. Mottelson)		
	레인워터(J. Rainwater)	미국	
1976	리히터(B. Richter)	미국	무거운 소립자의 발견
	팅(S.C.C. Ting)		
1977	앤더슨(P.W. Anderson)	미국	자성체와 무질서계의 전자구조의 이론적 연구
	반 블렉(J.H. Van Vleck)		
	모트(N.F. Mott)	영국	
1978	카피차(P.L. Kapitsa)	소련	헬륨 액화 장치의 발명
	팬지어스(A.A. Penzias)	미국	우주 흑체복사의 발견
	윌슨(R.W. Wilson)		
1979	글래쇼(S.L. Glashow)	미국	전자기력과 원자구성 입자의 약한 상호작용 간에 추론 확립
	와인버그(S. Weinberg)		
	살람(A. Salam)	파키스탄	
1980	크로닌(J.W. Cronin)	미국	중성 K중간자 붕괴에 있어서의 기본 대칭성의 깨어짐의 발견
	피치(V.L. Fitch)		
1981	시그반(K. Siegbahn)	스웨덴	전자분광학 발전에 공헌
	블룸베르헨(N. Bloembergen)	미국	레이저 분광학 발전에 공헌
	숄로(A. Schawlow)		
1982	윌슨(K.G. Wilson)	미국	상전이에 관련된 임계현상에 관한 이론
1983	찬드라세카르(S. Chandrasekhar)	미국	별의 진화 구조를 아는 데 있어서 중요한 물리학 과정의 연구
	파울러(W.A. Flower)		
1984	루비아(C. Rubbia)	이탈리아	약한 힘을 전달하는 소립자 W, Z의 발견
	반데르미어(Van der Meer)	네덜란드	
1985	클리칭(K. von Klitzing)	서독	양자 홀효과의 발견과 물리상수의 측정기술의 개발
1986	루스카(E. Ruska)	서독	전자현미경에 관한 기초연구와 개발 주사형 터널 전자현미경의 개발
	비니히(G. Binnig)		
	로러(H. Rohrer)	스위스	

수상연도	이 름	출생국	수상 업적
1987	베드노르츠(J.G. Bednorz)	서독	새로운 초전도 물질 발견
	뮐러(K.A. Müller)	스위스	
1988	레더만(L. Lederman)	미국	약력에 관계되는 중성미자의 실재를 밝히고 이의 이론을 확립
	슈바르츠(M. Schwartz)		
	스타인버거(J. Steinberger)		
1989	램지(N.F. Ramsey)	미국	시간과 공간을 매우 정밀하게 측정할 수 있는 물리학의 실험적 기법을 발견
	데멜트(H.G. Dehmelt)		
	파울(W. Paul)	독일	
1990	프리드먼(J.J. Fridman)	미국	원자핵을 구성하고 있는 양성자와 중성자에 내부구조(쿼크)가 존재한다는 증거를 밝혀냄
	켄들(H.W. Kendall)		
	타일러(R. Taylor)		
1991	드젠(P.G De Gennes)	프랑스	초미세학 자기공명분광학 개발
1992	샤르파크(G. Charpak)	폴란드	입자검출기 개발에 선구자적인 공로
1993	헐스(Russell A. Hulse)	미국	이중 맥동성 확인
	테일러(Joseph H. Taylor)		
1994	셜(C.G. Shull)	미국	중성자 산란 기술 개발
	브록하우스(B.N. Brockhouse)	캐나다	
1995	라인스(F. Reines)	미국	원자 구성입자인 중성미자와 타우 경입자 발견
	펄(M.L. Perl)		
1996	리(D.M. Lee)	미국	초유동체 헬륨-3의 발견
	오셔로프(D.D. Osheroff)		
	리처드슨(R.C. Richardson)		
1997	필립스(W.D. Phillips)	미국	레이저광으로 원자를 냉각 포획
	스티븐추(Steven Chu)		
	타누지(C.C. Tannoudji)	프랑스	
1998	래플린(R.B. Laughlin)	미국	극저온의 자기장하에서의 반도체 내 전자에 대한 연구
	추이(D.C. Tsui)		
	슈퇴르머(H.L. Stormer)	독일	
1999	토프트(G. Hooft)	네덜란드	전자기 및 약력의 양자역학적 구조 규명
	벨트만(M.J.G. Veltman)		
2000	알페로프(Z.I. Alferov)	러시아	복합반도체 및 직접회로 개발
	크뢰머(H. Krömer)	독일	
	킬비(J.S. Kilby)	미국	
2001	케테를레(W. Ketterle)	독일	보스-아인슈타인 응축이론 실증
	위먼(C.E. Wieman)	미국	
	코넬(E.A. Cornell)		

수상연도	이 름	출생국	수상 업적
2002	데이비스2세(R. Davis Jr.)	미국	중성미자의 존재 입증, 우주의 X선원 발견
	마사토시(K. Masatoshi)	일본	
	지아코니(R. Giacconi)	이탈리아	
2003	아브리코소프(A. Abrikosov)	러시아	현대 초전도체와 초유체 현상에 대한 이론적 토대 확립
	긴즈부르크(V.L. Ginzburg)		
	레깃(A.J. Leggett)	영국	
2004	그로스(D.J. Gross)	미국	원자핵 내의 강력과 쿼크의 작용을 밝혀냄
	폴리처(H.D. Politzer)		
	윌첵(F. Wilczek)		
2005	글라우버(R.J. Glauber)	미국	양자광학적 결맞음 이론으로 현대 양자광학의 토대 마련
	홀(J.L. Hall)	미국	레이저 분광학 개발에 기여
	헨슈(T.W. Hänsch)	독일	
2006	매서(J.C. Mather)	미국	우주 극초단파 배경복사의 흑체형태와 이방성에 대한 연구
	스무트(F. Smoot)		
2007	페르(A. Fert)	프랑스	거대자기저항(GMR) 발견
	그륀베르크(P. Grünberg)	독일	
2008	남부 요이치로(Yoichiro Nambu)	일본	우주의 대칭성 깨짐에 대한 이론 발견
	고바야시 마코토(Makoto Kobayashi)		
	마스카와 도시히데(Toshihide Maskawa)		
2009	찰스 가오(Chares Kao)	영국	광통신, 디지털카메라 발전에 기여
	윌러드 보일(Willard Boyle)	미국	
	조지 스미스(George Smith)		
2010	안드레 가임(Andre Geim)	영국	꿈의 나노소재인 그라핀 발견
	콘스탄틴 노보셀로프 (Konstantin Novoselov)		
2011	사울 펄무터(Saul Perlmutter)	미국	초신성으로 알아낸 우주 가속팽창
	브라이언 슈미트(Brain P. Schmidt)		
	아담 리스(Adam G. Riess)		
2012	세르주 아로슈(Serge Haroche)	프랑스	개별 양자계의 측정과 조작을 가능하게 하는 원천 실험방법의 개발
	데이비드 와인랜드(David Wineland)	미국	
2013	프랑수아 엥글레르(Francois Englert)	벨기에	힉스 입자의 존재 예언
	피터 힉스(Peter W. Higgs)	영국	
2014	아카사키 이사무(Isamu Akasaki)	일본	청색 발광다이오드 개발
	아마노 히로시(Hiroshi Amano)		
	나카무라 슈지(Shuji Nakamura)		
2015	가지타 다카아키(Kajita Takaaki)	일본	중성미자 진동 발견
	아서 맥도널드(Arthur B. McDonald)	캐나다	

수상연도	이 름	출생국	수상 업적
2016	데이비드 사울레스(David J. Thouless)	영국	물질의 위상 상전이
	덩컨 홀데인(F. Duncan M. Haldane)	영국	
	마이클 코스털리츠(J. Michael Kosterlitz)	미국	
2017	라이너 바이스(Rainer Weiss)	미국	중력파 존재 실험적 입증
	킵 손(Kip S. Thorne)	미국	
	배리 배리시(Barry C. Barish)	미국	
2018	아더 애쉬킨(A. Ashkin)	미국	Laser 물리학분야의 혁신 (광학 핀셋)
	제라무루(Gérard Mourou)	프랑스	
	도나 스트릭랜드(Donna Strickland)	캐나다	
2019	제임스 피블스(James Peebles)	미국	우주 진화의 비밀 (물리우주론의 이론적 발견) (외계 행성 발견)
	미셸 마요르(Michel Mayor)	스위스	
	디디에 쿠엘로(Didier Queloz)	스위스	
2020	라인하르트 겐첼(Reinhard Genzel)	독일	우주와 블랙홀 연구
	앤드리아 게즈(Andrea Ghez)	미국	
	로저 펜로즈(Roger Penrose)	영국	
2021	슈쿠로 마나베(Syukuro Manabe)	일본	지구 기후의 물리적 모델 개발
	클라우스 하셀만(Klaus Hasselmann)	독일	날씨와 기후를 연계하는 모델 개발
	조르조 파리시(Giorgio Parisi)	이탈리아	무질서한 물질과 무작위와 프로세스에 대한 이론
2022	알랭 아스페(Alain Aspect)	프랑스	양자 얽힘 현상을 실험으로 증명
	안톤 차일링어(Anton Zeilinger)	오스트리아	
	존 클라우저(John F. Clauser)	미국	
2023	피에르 아고스티니(Pierre Agostini)	미국	100경 분의 1초(10^{-18}초) 펄스광을 포착하는 전자동 역학적 실험방법의 고안
	페렌츠 크라우스(Ferenc Krausz)	항가리	
	앤 륄리에(Anne L'Huillier)	프랑스	

06 주기율표

원소의 장주기형 주기표

[IUPAC에 따름]

족 / 주기	1A	2A	3A	4A	5A	6A	7A	8			1B	2B	3B	4B	5B	6B	7B	0	족 / 주기
	알칼리금속원소	알칼리토금속원소						철족 원소(위 3) 백금족 원소(아래 6개)			구리족원소	아연족원소	붕소족원소	탄소족원소	질소족원소	산소족원소	할로겐족원소	비활성기체	
1	1.00797 1 H 1 수소																	4.0026 0 He 2 헬륨	1
2	6.939 1 Li 3 리튬	9.0122 2 Be 4 베릴륨											10.811 3 B 5 붕소	12.01115 2 ±4 C 6 탄소	14.0067 ±3 5 N 7 질소	15.9994 -2 O 8 산소	18.9984 -1 F 9 플루오르	20.179 0 Ne 10 네온	2
3	22.9898 1 Na 11 나트륨	24.312 2 Mg 12 마그네슘											26.9815 3 Al 13 알루미늄	28.086 4 Si 14 규소	30.9738 ±3 5 P 15 인	32.064 -2 4 6 S 16 황	35.453 -1 3 5 7 Cl 17 염소	39.948 0 Ar 18 아르곤	3
4	39.098 1 K 19 칼륨	40.08 2 Ca 20 칼슘	44.956 3 Sc 21 스칸듐	47.90 3 4 Ti 22 티탄	50.942 3 5 V 23 바나듐	51.996 2 3 6 Cr 24 크롬	54.9380 2 3 4 6 7 Mn 25 망간	55.847 2 3 Fe 26 철	58.9332 2 3 Co 27 코발트	58.70 2 3 Ni 28 니켈	63.546 1 2 Cu 29 구리	65.38 2 Zn 30 아연	69.72 2 3 Ga 31 갈륨	72.59 4 Ge 32 게르마늄	74.9216 ±3 5 As 33 비소	78.96 -2 4 6 Se 34 셀렌	79.904 -1 3 5 7 Br 35 브롬	83.80 0 Kr 36 크립톤	4
5	85.47 1 Rb 37 루비듐	87.62 2 Sr 38 스트론튬	88.905 3 Y 39 이트륨	91.22 4 Zr 40 지르코늄	92.906 3 5 Nb 41 나오브	95.94 3 4 6 Mo 42 몰리브덴	[97] 6 7 Tc 43 테크네튬	101.07 3 4 6 8 Ru 44 루테늄	102.905 3 Rh 45 로듐	106.4 2 4 6 Pd 46 팔라듐	107.868 1 Ag 47 은	112.40 2 Cd 48 카드뮴	114.82 3 In 49 인듐	118.69 2 4 Sn 50 주석	121.75 3 5 Sb 51 안티몬	127.60 -2 4 6 Te 52 텔루르	126.9044 -1 3 5 7 I 53 요오드	131.30 0 Xe 54 크세논	5
6	132.905 1 Cs 55 세슘	137.34 2 Ba 56 바륨	☆ 57~71 란탄계열	178.49 4 Hf 72 하프늄	180.948 5 Ta 73 탄탈	183.85 6 W 74 텅스텐	186.2 1 4 7 Re 75 레늄	190.2 2 3 4 8 Os 76 오스뮴	192.2 3 4 Ir 77 이리듐	195.09 2 4 Pt 78 백금	196.967 1 3 Au 79 금	200.59 1 2 Hg 80 수은	204.37 1 3 Tl 81 탈륨	207.19 2 4 Pb 82 납	208.980 3 5 Bi 83 비스무트	[209] 2 4 Po 84 폴로늄	[210] 1 3 5 7 At 85 아스타틴	[222] 0 Rn 86 라돈	6
7	[233] 1 Fr 87 프랑슘	[226] 2 Ra 88 라듐	◎ 89~ 악티늄계열																

양쪽성 원소

금속 원소

비금속 원소

전이 원소, 나머지는 전형 원소

원자량 → 55.847 2 3 → 원자가
원소기호 → Fe
원자번호 → 26
원소명 → 철

고딕글자는 보다 안정한 원자가

[ ] 안의 원자량은 가장 안전한 동위체의 질량수

☆ 란탄계열	138.91 3 La 57 란탄	140.12 3 4 Ce 58 세륨	140.907 3 Pr 59 프라세오디뮴	144.24 3 Nd 60 네오디뮴	[145] 3 Pm 61 프로메튬	150.35 2 3 Sm 62 사마륨	151.96 2 3 Eu 63 유로퓸	157.25 3 Gd 64 가돌리늄	158.925 3 Tb 65 테르븀	162.50 3 Dy 66 디스프로슘	164.930 3 Ho 67 홀뮴	167.26 3 Er 68 에르븀	168.934 3 Tm 69 툴륨	173.04 2 3 Yb 70 이테르븀	174.97 3 Lu 71 루테튬
◎ 악티늄계열	[227] 3 Ac 89 악티늄	232.038 4 Th 90 토륨	[231] 5 Pa 91 프로트악티늄	238.03 4 6 U 92 우라늄	[237] 4 5 6 Np 93 넵투늄	[244] 3 4 5 6 Pu 94 플루토늄	[243] 3 Am 95 아메리슘	[247] 3 Cm 96 퀴륨	[247] 3 4 Bk 97 버클륨	[251] 3 Cf 98 칼리포르늄	[254] Es 99 아인시타이늄	[257] Fm 100 페르뮴	[258] Md 101 멘델레븀	[259] No 102 노벨륨	[260] Lr 103 로렌슘

참고문헌

1. 김영유 외 4명, 「일반물리학실험」, 성안당, 2012.
2. 김윤제 외 1명, 「신편계측공학」, 동명사, 1998.
3. 김찬종 외 2명, 「과학교육학개론」, (주)북스힐, 2006.
4. 버니어코리아 편저, 「MBL 중고등학교 실험서」, 한국과학진흥상사, 2008.
5. 이춘우 외 4명 공저, 「일반물리학실험」, 교학연구사, 1992.
6. 이춘우 외 5명 공저, 「새로운 물리학실험」, 탐구당, 1983.
7. 이춘우 외 6명 공역, 「대학물리학」, 탐구당, 2006.
8. 김영유 외 5명, 「고등학교 물리 Ⅰ」, (주)중앙교육진흥연구소, 2003.
9. 김영유 외 5명, 「고등학교 물리 Ⅱ」, (주)중앙교육진흥연구소, 2003.
10. 정기수, 정순영, 「현대물리학실험」, 탐구당, 1994.
11. H. D. Young, 「University Physics」 8th edition, Addison-Wesley Publishing Co., 1992.
12. 한국물리학회, 「일반물리학실험」, 청문각, 1997.
13. P. M. Fishbane, S. Gasiorowitz and S. T. Thornton, 「Physics for Scientists and Engineers」, Prentice-Hall International Inc., 1993.
14. W. Thomas Griffith 「The Physics of Everyday Phenomena」 3rd edition, McGraw-Hill Inc., 2000.
15. David Halliday, Robert Resnick, 「Fundamentals of Physics」 2nd edition, John Wiley & Sons, 1982.
16. Daryl W. Preston, Experiments in Physics, John Wiley & Sons(New York, 1985).
17. Heathkit Educational Systems, AC Electronics Student Workbook, Health Company(Benton Harbor, 1978).
18. 大塚明郎監修, 實驗觀察教材教具, 東京書籍(東京, 1977).
19. 大林康仁・渡部三雄編, 物理學基礎實驗, 共立出版(東京, 1992).
20. 筑波大學, 物理學實驗, 1997.

일반물리학실험 교재집필위원회
김영유, 류지욱, 홍사용, 이기원, 이정화, 박지선

일반물리학실험

2024. 1. 24. 개정증보 5판 1쇄 인쇄
2024. 1. 31. 개정증보 5판 1쇄 발행

검인

지은이 | 김영유, 류지욱, 홍사용, 이기원, 이정화, 박지선
펴낸이 | 이종춘
펴낸곳 | BM ㈜도서출판 성안당
주소 | 04032 서울시 마포구 양화로 127 첨단빌딩 3층(출판기획 R&D 센터)
10881 경기도 파주시 문발로 112 파주 출판 문화도시(제작 및 물류)
전화 | 02) 3142-0036
031) 950-6300
팩스 | 031) 955-0510
등록 | 1973. 2. 1. 제406-2005-000046호
출판사 홈페이지 | www.cyber.co.kr
ISBN | 978-89-315-8656-5 (13420)
정가 | 25,000원

이 책을 만든 사람들
기획 | 최옥현
진행 | 박경희
교정·교열 | 최주연
전산편집 | 이다혜
표지 디자인 | 박현정
홍보 | 김계향, 유미나, 정단비, 김주승
국제부 | 이선민, 조혜란
마케팅 | 구본철, 차정욱, 오영일, 나진호, 강호묵
마케팅 지원 | 장상범
제작 | 김유석